"十三五"国家重点出版物出版规划项目
高分辨率对地观测前沿技术丛书
主编 王礼恒

平流层飞艇总体设计

姜鲁华 蔡榕 等编著

国防工业出版社
·北京·

内 容 简 介

本书系统地介绍了平流层飞艇的基本概念、工作环境特征及发展历史沿革,着重阐述了平流层飞艇总体布局及浮重平衡、推阻平衡、能耗平衡等设计要点,将学科优化设计思想引入了平流层飞艇总体设计。详细描述了平流层飞艇各分系统的基本功能和组成、设计原则、设计要求和设计流程,论述了平流层飞艇设计过程中的仿真分析技术,最后展望了平流层飞艇技术发展和应用趋势。

本书可作为高等院校飞行器设计相关领域教师、研究生和高年级本科生的参考书,也可供我国从事飞行器领域研究、设计、试验的科技人员参考。

图书在版编目(CIP)数据

平流层飞艇总体设计/姜鲁华等编著. —北京:国防工业出版社,2021.7
(高分辨率对地观测前沿技术丛书)
ISBN 978 – 7 – 118 – 12370 – 8

Ⅰ.①平… Ⅱ.①姜… Ⅲ.①平流层—飞艇—总体设计 Ⅳ.①V274

中国版本图书馆 CIP 数据核字(2021)第 150130 号

※

国防工业出版社出版发行
(北京市海淀区紫竹院南路 23 号 邮政编码 100048)
雅迪云印(天津)科技有限公司印刷
新华书店经售

开本 710×1000 1/16 插页 10 印张 18¼ 字数 274 千字
2021 年 7 月第 1 版第 1 次印刷 印数 1—2000 册 定价 148.00 元

(本书如有印装错误,我社负责调换)

国防书店:(010)88540777 书店传真:(010)88540776
发行业务:(010)88540717 发行传真:(010)88540762

丛书学术委员会

主　　任　王礼恒
副 主 任　李德仁　艾长春　吴炜琦　樊士伟
执行主任　彭守诚　顾逸东　吴一戎　江碧涛　胡　莘
委　　员　(按姓氏拼音排序)
　　　　　白鹤峰　曹喜滨　陈小前　崔卫平　丁赤飚　段宝岩
　　　　　樊邦奎　房建成　付　琨　龚惠兴　龚健雅　姜景山
　　　　　姜卫星　李春升　陆伟宁　罗　俊　宁　辉　宋君强
　　　　　孙　聪　唐长红　王家骐　王家耀　王任享　王晓军
　　　　　文江平　吴曼青　相里斌　徐福祥　尤　政　于登云
　　　　　岳　涛　曾　澜　张　军　赵　斐　周　彬　周志鑫

丛书编审委员会

主　编　王礼恒

副主编　冉承其　吴一戎　顾逸东　龚健雅　艾长春
　　　　　彭守诚　江碧涛　胡　莘

委　员（按姓氏拼音排序）

白鹤峰　曹喜滨　邓　泳　丁赤飚　丁亚林　樊邦奎
樊士伟　方　勇　房建成　付　琨　苟玉君　韩　喻
贺仁杰　胡学成　贾　鹏　江碧涛　姜鲁华　李春升
李道京　李劲东　李　林　林幼权　刘　高　刘　华
龙　腾　鲁加国　陆伟宁　邵晓巍　宋笔锋　王光远
王慧林　王跃明　文江平　巫震宇　许西安　颜　军
杨洪涛　杨宇明　原民辉　曾　澜　张庆君　张　伟
张寅生　赵　斐　赵海涛　赵　键　郑　浩

秘　书　潘　洁　张　萌　王京涛　田秀岩

编写委员会

主　　任　姜鲁华　蔡　榕

副 主 任　李兆杰　王　谦　杨燕初　杨希祥　王全保　乔　凯
　　　　　于春锐　刘　强　冯　慧　聂　营

编写人员　（按姓氏拼音排序）
　　　　　才晶晶　崔燕香　付　强　高　衡　何泽青　黄宛宁
　　　　　郝　勇　吕　静　卢　莹　苗景刚　屈正宇　宋　林
　　　　　王保成　王　帆　王旭巍　徐文宽　徐国宁　闫　峰
　　　　　赵凯彬　周江华　祝榕辰　张泰华　张衍垒　张远平
　　　　　张冬辉　张强辉　张向强

序 言

高分辨率对地观测系统工程是《国家中长期科学和技术发展规划纲要（2006—2020年）》部署的16个重大专项之一，它具有创新引领并形成工程能力的特征，2010年5月开始实施。高分辨率对地观测系统工程实施十年来，成绩斐然，我国已形成全天时、全天候、全球覆盖的对地观测能力，对于引领空间信息与应用技术发展，提升自主创新能力，强化行业应用效能，服务国民经济建设和社会发展，保障国家安全具有重要战略意义。

在高分辨率对地观测系统工程全面建成之际，高分辨率对地观测工程管理办公室、中国科学院高分重大专项管理办公室和国防工业出版社联合组织了《高分辨率对地观测前沿技术》丛书的编著出版工作。丛书见证了我国高分辨率对地观测系统建设发展的光辉历程，极大丰富并促进了我国该领域知识的积累与传承，必将有力推动高分辨率对地观测技术的创新发展。

丛书具有3个特点。一是系统性。丛书整体架构分为系统平台、数据获取、信息处理、运行管控及专项技术5大部分，各分册既体现整体性又各有侧重，有助于从各专业方向上准确理解高分辨率对地观测领域相关的理论方法和工程技术，同时又相互衔接，形成完整体系，有助于提高读者对高分辨率对地观测系统的认识，拓展读者的学术视野。二是创新性。丛书涉及国内外高分辨率对地观测领域基础研究、关键技术攻关和工程研制的全新成果及宝贵经验，吸纳了近年来该领域数百项国内外专利、上千篇学术论文成果，对后续理论研究、科研攻关和技术创新具有指导意义。三是实践性。丛书是在已有专项建设实践成果基础上的创新总结，分册作者均有主持或参与高分专项及其他相关国家重大科技项目的经历，科研功底深厚，实践经验丰富。

丛书5大部分具体内容如下：**系统平台部分**主要介绍了快响卫星、分布式卫星编队与组网、敏捷卫星、高轨微波成像系统、平流层飞艇等新型对地观测平台和系统的工作原理与设计方法，同时从系统总体角度阐述和归纳了我国卫星遥感的现状及其在 6 大典型领域的应用模式和方法。**数据获取部分**主要介绍了新型的星载/机载合成孔径雷达、面阵/线阵测绘相机、低照度可见光相机、成像光谱仪、合成孔径激光成像雷达等载荷的技术体系及发展方向。**信息处理部分**主要介绍了光学、微波等多源遥感数据处理、信息提取等方面的新技术以及地理空间大数据处理、分析与应用的体系架构和应用案例。**运行管控部分**主要介绍了系统需求统筹分析、星地任务协同、接收测控等运控技术及卫星智能化任务规划，并对异构多星多任务综合规划等前沿技术进行了深入探讨和展望。**专项技术部分**主要介绍了平流层飞艇所涉及的能源、囊体结构及材料、推进系统以及位置姿态测量系统等技术，高分辨率光学遥感卫星微振动抑制技术、高分辨率 SAR 有源阵列天线等技术。

丛书的出版作为建党 100 周年的一项献礼工程，凝聚了每一位科研和管理工作者的辛勤付出和劳动，见证了十年来专项建设的每一次进展、技术上的每一次突破、应用上的每一次创新。丛书涉及 30 余个单位，100 多位参编人员，自始至终得到了军委机关、国家部委的关怀和支持。在这里，谨向所有关心和支持丛书出版的领导、专家、作者及相关单位表示衷心的感谢！

高分十年，逐梦十载，在全球变化监测、自然资源调查、生态环境保护、智慧城市建设、灾害应急响应、国防安全建设等方面硕果累累。我相信，随着高分辨率对地观测技术的不断进步，以及与其他学科的交叉融合发展，必将涌现出更广阔的应用前景。高分辨率对地观测系统工程将极大地改变人们的生活，为我们创造更加美好的未来！

2021 年 3 月

前言

2006年,我国政府将"高分辨率对地观测系统重大专项(简称'高分专项')"列入《国家中长期科学与技术发展规划纲要(2006—2020年)》;2009年,"高分专项"实施方案经领导小组会议审议通过;2010年,经国务院常务会议审议批准,"高分专项"全面启动实施。

"高分专项"紧紧围绕建立我国战略性空间基础设施的目标,基于卫星、临近空间浮空平台和飞机的高分辨率先进观测系统,与其他观测手段结合,构建天基、临空、航空3个层次的观测平台,形成全天候、全天时、全球覆盖的对地观测能力。2020年,我国建成自主的陆地、大气、海洋先进对地观测系统,为现代农业、防灾减灾、资源环境、公共安全等重大领域提供服务和决策支撑。确保掌握信息资源自主权,促进形成空间信息产业链,加快我国空间信息与应用技术发展,提升自主创新能力,满足国家经济建设、社会发展和国防建设战略需求。

临近空间观测系统在"高分专项"中起到连接天基观测系统和航空观测系统的作用,以补充天基观测系统和航空观测系统的不足。平流层飞艇是临近空间观测系统的浮空平台,它的研制成功是"高分专项"成功实施的前提和保障,对我国国家安全、国民经济建设等方面具有重要意义。

随着"高分专项"的实施,我国在平流层飞艇设计、制造以及飞行试验方面取得了长足的进展。当此之际,"高分专项"管理办公室组织编著出版这套"高分辨率对地观测系统重大专项丛书",对历史、现实和未来都具有重要意义。

本书是"高分辨率对地观测系统重大专项丛书"的一个分册,目的是介绍平流层飞艇总体设计的基本原理、基本方法、设计流程、使用流程、技术发展趋势和应用前景等内容。

本书编写组成员都是我国平流层飞艇设计与应用研究的一线科研工作者,结合科研实践,以严谨的科学作风,力求深入浅出、生动准确地把平流层飞艇总体设计相关的知识介绍给广大读者。

全书共分为11章,第1章和第2章由杨燕初编写,第3章由何泽青编写,第4章由张衍垒编写,第5章由聂营编写,第6章由苗景刚编写,第7章由徐文宽编写,第8章由王保成编写,第9章由张泰华编写,第10章由刘强、崔燕香、王帆编写,第11章由冯慧编写。全书由冯慧、刘强、聂营、赵凯彬统稿和校对。

在本书编写过程中,得到了"高分专项"管理办公室各级领导的关心和支持,中国科学院空天信息创新研究院牛红兵研究员、王生研究员等也给予了大力协助;书稿完成后,国防科技大学侯中喜教授等对全书进行了审阅,并提出了宝贵的修改意见;国防工业出版社田秀岩编辑为本书出版倾注了大量心血。对他们付出的辛劳,在此一并表示衷心的感谢。

鉴于编者的学术水平和知识面有限,书中如有疏漏或者不妥之处,敬请读者批评指正。

编著者

2021.2

目 录

第1章 绪论 ··· 1
1.1 平流层飞艇概念 ··· 1
1.2 平流层环境特征 ··· 5
1.3 国内外研究进展 ·· 10

第2章 平流层飞艇总体设计 ·· 23
2.1 总体布局与构型设计 ·· 23
2.1.1 总体布局 ··· 23
2.1.2 构型设计 ··· 28
2.2 多学科优化设计 ··· 31
2.2.1 平流层飞艇多学科模型 ······································· 32
2.2.2 基于响应面的单级多学科可行法优化（MDF） ········· 41
2.3 浮重平衡设计 ·· 44
2.4 推阻平衡设计 ·· 45
2.5 能耗平衡设计 ·· 46

第3章 平流层飞艇艇体结构设计 ··· 48
3.1 艇体结构总体设计 ·· 48
3.1.1 一般功能和组成 ··· 48
3.1.2 设计原则 ·· 49
3.1.3 设计要求 ·· 49
3.2 柔性结构设计 ·· 50
3.2.1 对囊体材料的要求 ·· 50

  3.2.2 主气囊设计 ·· 53
  3.2.3 副气囊设计 ·· 59
  3.2.4 尾翼设计 ·· 61
 3.3 刚性结构设计 ·· 63
  3.3.1 吊舱结构设计 ·· 63
  3.3.2 艇首结构设计 ·· 63
  3.3.3 推进器支撑结构设计 ······································ 65
  3.3.4 阀门设计 ·· 67
 3.4 刚柔连接结构设计 ·· 68
  3.4.1 太阳能电池铺设连接结构设计 ······························ 68
  3.4.2 吊舱等连接结构设计 ······································ 69
  3.4.3 拉袢及拉索结构设计 ······································ 70

第4章 平流层飞艇能源系统设计 ·································· 71
 4.1 能源系统总体设计 ·· 71
  4.1.1 一般功能和组成 ·· 71
  4.1.2 系统参数分析 ·· 72
 4.2 太阳能电池阵设计 ·· 77
  4.2.1 太阳能电池输出电性能计算 ································ 77
  4.2.2 太阳能电池组件工作温度模型 ······························ 80
  4.2.3 太阳能电池阵构型设计 ···································· 82
 4.3 储能系统设计 ·· 83
  4.3.1 等效电路模型 ·· 84
  4.3.2 神经网络模型 ·· 85
  4.3.3 简化电化学模型 ·· 85
 4.4 能源管理系统设计 ·· 88
  4.4.1 能源管理方案设计 ·· 88
  4.4.2 能源管理拓扑结构设计 ···································· 92
  4.4.3 能源管理功率设备设计 ···································· 95

第5章 平流层飞艇动力推进系统设计 ······························ 97
 5.1 动力推进系统总体设计 ·· 97

  5.1.1 一般功能和组成 ·················· 97
  5.1.2 系统参数分析 ·················· 98
 5.2 动力电机设计 ························ 102
  5.2.1 对动力电机的要求 ·················· 102
  5.2.2 动力电机设计 ·················· 102
 5.3 螺旋桨设计 ·························· 106
  5.3.1 对螺旋桨的要求 ·················· 106
  5.3.2 螺旋桨设计 ·················· 107
 5.4 推力倾转机构设计 ···················· 109
  5.4.1 对推力倾转机构的要求 ·············· 109
  5.4.2 推力倾转机构设计 ················ 110
 5.5 推进器性能测试 ······················ 113
  5.5.1 地面试验测试技术 ················ 113
  5.5.2 飞行试验测试技术 ················ 114

第6章 平流层飞艇飞行控制系统设计 ·········· 116

 6.1 飞行控制系统总体设计 ················ 116
  6.1.1 一般功能和组成 ·················· 117
  6.1.2 飞控工作模式设计 ················ 118
  6.1.3 飞行控制阶段划分 ················ 119
 6.2 典型飞行控制任务 ···················· 121
  6.2.1 飞行任务规划 ·················· 121
  6.2.2 定点控制 ······················ 122
  6.2.3 姿态控制 ······················ 122
  6.2.4 航迹跟踪控制 ·················· 123
 6.3 飞艇动力学特性 ······················ 124
  6.3.1 飞艇动力学特性 ·················· 124
  6.3.2 飘飞特性 ······················ 137
 6.4 飞艇操纵特性 ························ 151
  6.4.1 常用操纵机构及布局 ·············· 151
  6.4.2 操纵特性 ······················ 158

第7章 平流层飞艇测控系统设计 ··· 164

7.1 测控系统总体设计 ··· 164
7.1.1 一般功能和组成 ··· 164
7.1.2 系统参数分析 ··· 165
7.2 天基测控设计 ··· 166
7.2.1 基于中继卫星的测控通信链路设计 ··· 169
7.2.2 基于"天通"卫星的测控通信链路设计 ··· 170
7.3 地面测试技术 ··· 173

第8章 平流层飞艇安控系统设计 ··· 175

8.1 安控系统总体设计 ··· 175
8.1.1 一般功能和组成 ··· 175
8.1.2 安控实施方案 ··· 175
8.2 安控计算机设计 ··· 176
8.3 安控执行机构设计 ··· 176

第9章 平流层飞艇发放回收技术 ··· 178

9.1 发放技术 ··· 178
9.1.1 发放形式 ··· 180
9.1.2 发放流程 ··· 183
9.1.3 制约条件及影响因素 ··· 189
9.2 回收技术 ··· 197
9.2.1 降落与回收方法 ··· 197
9.2.2 重复使用评估 ··· 199
9.3 发放回收配套设备 ··· 202
9.3.1 出库转运设备 ··· 202
9.3.2 发放设备 ··· 204
9.3.3 回收设备 ··· 205

第10章 平流层飞艇仿真分析 ··· 207

10.1 气动分析 ··· 207

  10.1.1 工程估算方法 ······ 208
  10.1.2 计算流体力学方法 ······ 212
  10.1.3 工程案例 ······ 217
 10.2 热特性分析 ······ 225
  10.2.1 平流层热环境 ······ 226
  10.2.2 艇体热特性分析 ······ 228
  10.2.3 吊舱热特性分析 ······ 234
 10.3 结构分析 ······ 236
  10.3.1 柔性结构分析 ······ 236
  10.3.2 刚性结构仿真技术 ······ 241
  10.3.3 工程案例 ······ 242
 10.4 飞行控制仿真分析 ······ 246
  10.4.1 数字仿真分析 ······ 246
  10.4.2 半物理仿真分析 ······ 252

第11章 平流层飞艇技术发展与应用展望 ······ 255

 11.1 技术发展趋势 ······ 255
  11.1.1 总体技术发展趋势 ······ 255
  11.1.2 单项技术发展趋势 ······ 257
 11.2 应用展望 ······ 259

参考文献 ······ 267

第1章 绪 论

1.1 平流层飞艇概念

平流层飞艇是指运行在平流层底部准零风层的飞艇,一般通过艇体内部浮升气体产生的净浮力上升到平飞高度并保持浮重平衡、通过太阳能电池和储能电池构成的循环能源系统实现能耗平衡、通过动力推进系统抵抗风阻实现区域驻空或巡航等可控飞行任务。典型平流层飞艇的构型如图 1-1 所示。

图 1-1 平流层飞艇概念图(见彩图)

本书描述的平流层飞艇是指平流层飞艇平台,即平流层飞艇系统中除载荷系统之外的部分,一般由艇体分系统、能源分系统、动力推进分系统、飞控分系统、测控分系统、安控分系统以及发放回收分系统组成,其组成框图如图 1-2 所示。

1. 平流层飞艇各分系统的一般功能和组成

(1)艇体分系统的主要功能是提供飞艇升空及平飞所需的浮力,为其他艇载系统设备提供安装平台,主要由主气囊、副气囊、尾翼、吊舱、阀门法兰以及其他结构安装基座和绳索等组成。其中,主气囊内一般充氦气,用于提供飞艇升空和驻空平飞所需要的浮力;副气囊内一般充空气,主要用于调节主气囊的内外压差,并可参与飞艇俯仰姿态的调节;尾翼一般为柔性结构,主要用于稳定飞艇飞行姿态;吊舱用于安装各种载荷仪器、控制装置、电池以及动力推进系统等;阀门法兰用于安装压力控制执行机构,如风机、排气阀等;结构安装基座用于飞艇上其他一些部件的安装、固定,如摄像机、天线等。

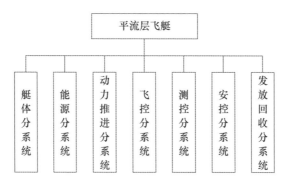

图1-2 平流层飞艇系统构成

(2) 能源分系统的主要功能是为艇上动力推进系统、飞行控制设备以及任务载荷提供能源,主要由主能源、应急能源及附属部件组成。其中,主能源一般由太阳能电池阵、锂电池组和能源管理器等构成循环系统,采用日间由太阳能电池阵供电和为锂电池充电、夜间由锂电池供电的使用模式完成昼夜供电循环;应急能源一般为锂电池组,是飞艇的备份电源,在主电源出现故障时启动工作,主要为安控设备应急供电,以确保飞艇安全降落;附属部件主要指艇上电缆网。

(3) 动力推进分系统的主要功能是为飞艇提供推进动力,并通过推力倾转或/和推力差动提供飞艇偏航控制力矩。一般由多套推进器组成,根据总体构型和飞行控制需要采用不同的推进布局,如吊舱推进、两侧推进或者尾部推进布局等;推进器主要由直流动力电机、复合材料螺旋桨及传动系统组成,动力电机输出功率由飞控系统根据飞行任务需要通过总线进行控制。

(4) 飞控分系统的主要功能是执行对飞艇的飞行控制和压力控制,包括控制飞艇实现升降、转向、调速等基本运动。一般具备自主控制和人工控制两类操控模式,其中,自主控制模式为飞行控制与管理计算机按照预设程序操控飞艇飞行;人工控制为远程遥控模式,由地面人员操控飞行。飞控分系统包括艇载系统和地面系统两部分,艇载硬件设备主要包括传感器单元、计算处理单元和执行机构,传感器单元包括组合导航系统、气压高度计、压差空速计、艇体压差传感器和温度传感器;计算处理单元主要是飞行控制与管理计算机,内置嵌入式软件,通过实时采集艇上传感器数据,实时下传遥测数据并根据上行指令做出相应反应,执行飞行控制、压力控制和应急安全控制算法,完成飞艇在地面放飞、爬升、平飞及降落全过程中的相应控制任务,并定时记录数据日志;执行机构包括压力风机、排气阀等。艇载系统通过测控链路连接,并通过后者与地面指控中心交换数据。地面系统主要是地面监控或操控计算机及其附属操控设备,可对飞艇实施状态监控和飞行操控。

(5)测控分系统的主要功能为飞艇飞行参数和设备工作状态的实时遥测、设备工作状态的实时遥控以及数据传输等。测控设备和艇载飞行控制与管理计算机进行通信,传输测控信息。测控分系统主要由视距测控系统、天基测控系统组成,必要时可增加超视距测控系统。其中,视距测控一般选用 S/L 频段,为主测控链路;天基测控子系统为备用测控链路,主要用于传输安控指令。

(6)安控分系统主要功能是保证飞艇在出现故障时能够采取及时、有效的安全手段和应对措施,避免飞艇失控造成预期之外的损害,主要由安控计算机、安控执行机构组成。安控计算机内置嵌入式安控软件,通过与测控分系统的设备进行信息交互,一方面接收上行指令,进行解算,实现对艇载安控执行机构的操控;另一方面将采集到的数据进行打包,并传输给测控分系统。安控执行机构由撕裂幅、切割索、应急排气阀组成,采用电气执行方式,由应急电源供电,可经由多条测控链路遥控启动,并可在测控链路中断超过一定时间后自主启动。

(7)发放回收分系统主要功能是完成飞艇在地面的转运、放飞和着陆后的处理操作等,主要包括飞艇转运平台、牵引机构、氦气储运及充气装置、释放机构和回收装置等。

2. 与飞机和卫星相比平流层飞艇的特点和优势

(1)平流层飞艇作为临近空间浮空器一类的重要平台,具有长时间航行、可驻留等显著特点。浮空器主要由浮力作为升力源,驻空时消耗能源少,因此可实现长时间驻空和飞行。随着材料技术和能源技术的不断进步,未来平流层飞艇连续驻空的时间将会有大幅度的提升。从应用的角度,利用平流层飞艇平台携带各种应用载荷,在平流层高度可以实现对地面特定区域进行长时间持续覆盖,满足各方用户、各个领域对持久驻空平台不同层面的需求。

(2)平流层飞艇的驻留高度一般在 18km 及以上的高空,飞行高度越高,任务设备的视野就越开阔。与卫星固定的轨道相比,平流层飞艇的航迹更加灵活可控,并且高度位于电离层以下,信号传输不受电磁辐射的影响。目前,规划发展的平流层飞艇大多为长期值守型,功能类似于一个位于平流层高度的空中工作站,一般要求在空中连续工作数月甚至数年的时间。平流层飞艇长时驻空能力的优势为其在公共安全、测绘勘探、环境监测、网络通信等应用领域描绘了非常美好的前景。

(3) 平流层飞艇是低速飞行器,没有剧烈的机动飞行动作,飞行姿态平稳,飞行本身对动力装置的功率需求也不大。因此,在飞行噪声、振动、冲击加速度、姿态稳定性、温度、空气湿度、热辐射、污染物排放等方面具有突出的优势,安装其上的设备可以在相对宽松的环境下工作,有利于保护精密昂贵的载荷设备。同时,也大大减少了有效载荷的设计限制,可以更好地发挥有效载荷的性能。

(4) 平流层飞艇一般工作高度都在18km以上的高空,并且其自身结构简单,多为无金属框架的软体结构,重量轻、动力需求较小,其外部信号特征如雷达反射截面和红外辐射强度都很低,因此它的隐蔽性很高,易于躲避敌方侦察。普通战斗机的飞行高度一般为12~18km,很难爬升到20km的高空对飞艇进行打击。而常规的机载导弹、舰载导弹和地面火炮射程的高度都在20km以下。

(5) 与飞机平台的高速运作相比,平流层飞艇可实现定点悬停或定区域驻空,并且可在指定区域内连续工作数月甚至数年。这种稳定的高空平台可以便捷地用于高空组网,构建新型临近空间通信网络系统,也可构建新型临近空间对地观测系统。在某一指定区域任务完成后,平流层飞艇可平稳机动飞行至下一指定区域,使得组网更加便捷、高效。

(6) 平流层飞艇平台与空间飞行器相比,如卫星平台,具有工作模式灵活、对地观测精度高、可重复使用且起降场地要求相对较低、综合效费比高等重要特点。例如,在无线通信传输领域,平流层飞艇可作为一个介于通信卫星和地面通信基站间的空中通信平台。与地面通信基站相比,平流层的高度增大了通信覆盖的有效面积,并且不会受到地面大型建筑和起伏地势的干扰;与通信卫星相比,平流层飞艇的飞行轨道更低,无线电波所需的传播距离更近、传播时间更短、响应更快、精度更高,并且平流层在电离层以下是天气变化很小的高层空间,电磁波传导不受宇宙射线干扰,电波损失小,所需的通信设备功率也更低。

(7) 与结构精密的其他航空器和卫星相比,平流层飞艇在研发生产周期、采购运行成本、起降场地条件、地面设施建设、使用维护成本、特定任务执行效率及配套设施建设等方面,有其独特优势。有分析数据显示,即使执行相同的任务,浮空器有时也是非常经济、有效的选择。尤其是在特定区域应急应用,如地震、洪水、暴风雪、台风等灾害实时监测和应急通信等方面,由于这类应急任务的主要特点是区域性、紧迫性、随机性和广泛性,如果采用低轨卫星对该类区域进行连续覆盖,不仅要发射数颗卫星构成星座满足紧迫性和实时性要求,而且要求该星座具有很强的频繁重构能力,以满足随机性和广泛性需求,建造和运营该类系统的成本会高达几十亿元人民币。而平流层飞艇具有迅速机动和快速响应能力,1~2艘即可完成相应任务,建造和运营成本仅数亿元,效费比较高。

综上所述,在很多领域,浮空器低能耗、超长航时、空中定点的飞行能力确实能够发挥难以替代的作用,也可与飞机、卫星等手段高低搭配、优势互补,形成层次更加合理、功能更加完善的航空航天应用产品体系。以下主要从环境监测、公共安全、测绘、网络通信等领域介绍浮空器民用应用。

1.2 平流层环境特征

进行平流层飞艇设计时,通常采用美国1976年标准大气模型,该模型假设大气洁净、干燥、静止且遵循理想气体方程。平流层飞艇飞行高度一般在32km以下,此处简要描述32km以下大气温度、大气压强和大气密度随海拔高度的变化情况。

大气温度 T_{air}、大气压强 p_{air} 和大气密度 ρ_{air} 随海拔高度的变化可分别由式(1-1)、式(1-2)和式(1-3)计算,海拔高度、温度、压强和密度的单位分别为 m、K、Pa 和 kg/m³,即

$$T_{air} = \begin{cases} 288.15 - 0.0065h & 0 < h \leqslant 11000\text{m} \\ 216.65 & 11000\text{m} < h \leqslant 20000\text{m} \\ 216.65 + 0.0010 \cdot (h - 20000) & 20000\text{m} < h \leqslant 32000\text{m} \end{cases} \quad (1-1)$$

$$p_{air} = \begin{cases} 101325 \cdot \left(\dfrac{T_{air}}{288.15}\right)^{5.25577} & 0 < h \leqslant 11000\text{m} \\ 22632 \cdot \exp\left(-\dfrac{h - 11000}{6341.62}\right) & 11000\text{m} < h \leqslant 20000\text{m} \\ 5474.87 \cdot \left(\dfrac{T_{air}}{216.65}\right)^{-34.163} & 20000\text{m} < h \leqslant 32000\text{m} \end{cases} \quad (1-2)$$

$$\rho_{air} = \begin{cases} 1.225 \cdot \left(\dfrac{T_{air}}{288.15}\right)^{4.256} & 0 \leqslant h \leqslant 11000\text{m} \\ 0.3672 \cdot \exp\left(-\dfrac{h - 11000}{6341.62}\right) & 11000\text{m} \leqslant h \leqslant 20000\text{m} \\ 0.0889 \cdot \left(\dfrac{T_{air}}{216.65}\right)^{-35.163} & 20000\text{m} \leqslant h \leqslant 32000\text{m} \end{cases} \quad (1-3)$$

根据式(1-1)、式(1-2)和式(1-3),绘制32km以下标准大气温度、大气压强和大气密度随高度的变化曲线如图1-3所示。

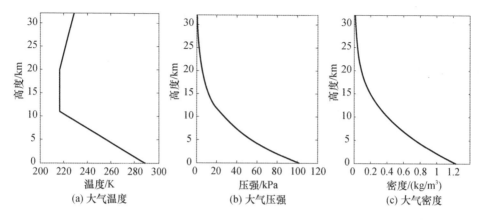

图1-3 地球大气温度、大气压强、大气密度随高度变化曲线

大气温度是影响平流层飞艇艇体结构和设备设计、选型的重要因素。从11km到20km,大气温度随高度基本不变。从20km到55km,温度很快上升,至平流层顶温度可达270～290 K,这主要是由于臭氧吸收太阳辐射所致。臭氧层位于10～50km,在15～30km臭氧浓度最高,30km以上臭氧浓度虽然逐渐减少,但这里的紫外辐射很强烈,故温度随高度迅速升高。大气水汽的含量很少,几乎没有在对流层中出现的各种天气现象。

大气风场是影响平流层飞艇飞行的重要因素。大气风场随着时间和空间不断变化,风速和风向变化具有很大的随机性。这里,通过北京(116°E、40°N)上空在春分、夏至、秋分、冬至4个季节的典型风速分布剖面图,来说明中低纬度地区的典型风速特征。一般将水平风场分解为纬向风和经向风,纬向风是东西风,定义东风为正,经向风是南北风,定义南风为正。图1-4是北京上空不同季节纬向风剖面图;图1-5是北京上空不同季节经向风剖面图。从图中可以看出,风速的大小虽然与季节和高度有关,但是总的变化趋势是一致的。经向风的速度比较小,随着高度的变化也比较小。纬向风在10～15km高度上风速最大,达到20～30m/s,之后慢慢减小。春季和冬季风速大于夏季和秋季,并且在14km高度处,冬天的东风几乎是夏天东风速度的2倍。

平流层大气的逆温现象使大气很稳定,垂直运动很微弱,多为大尺度的平流运动。在20km高度附近,下层的西风(东风)转折为上层的东风(西风),同时其南北分量很小,该层一般称为准零风层。准零风层对于平流层飞艇飞行意义重大,由于准零风层风速几乎为零,气动阻力很小,平流层飞艇可以在此定点驻留而节约能量消耗;而根据准零风层风场转向的特点,可以通过控制平流层飞艇升空速度,利用风场转向来操控平流层飞艇抵达设计高度的同时到达指定驻留区域。因此,掌握平流层准零风层的特点及其变化规律,对平流层飞艇的研究具有重要意义。

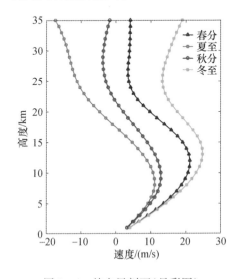

图1-4 纬向风剖面(见彩图)

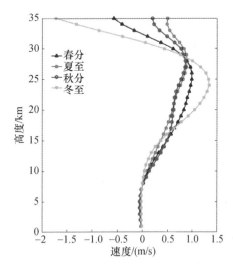

图1-5 经向风剖面(见彩图)

利用欧洲中期天气预报中心(ECMWF)提供的ERA-40风场资料,分析中国上空平流层准零风层的特点及其随季节以及地理位置的变化规律,分析结果表明,准零风层高度一般处于18~25km范围内,有时可能不存在,零风线所在的高度随季节和地理位置的不同而稍有变化。准零风层随纬度、经度及季节的变化特征如下。

1. 准零风层随纬度的变化特征

将我国上空分为3个区域,即低纬度地区(5°~20°N)、中低纬度过渡地区(20°~32.5°N)和中高纬度地区(32.5°~55°N),准零风层随纬度的变化如图1-6所示。从图中可以看出,低纬度地区通常在冬季和初春存在准零风层;中高纬度地区通常在春末和夏季存在准零风层;而中低纬度过渡区域准零风层存在与否和准两年振荡有关,准两年振荡处于东风相位时,过渡区域呈现的特征类似中纬度地区的特征,准两年振荡处于西风相位时,过渡区域呈现的特征则类似低纬度地区的特征。

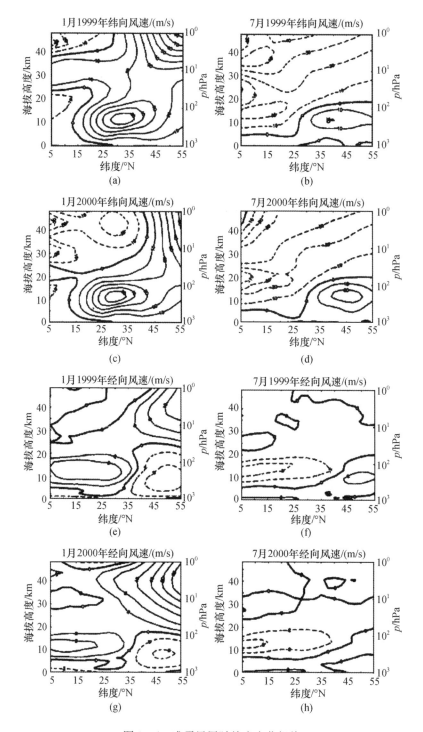

图 1-6 准零风层随纬度变化规律

2. 准零风层随经度的变化特征

选取典型季节 1999 年 1 月低纬度区域(10°N)、7 月中高纬度区域(50°N)、1999 年和 2000 年 1 月过渡区域(27.5°N)分析准零风层随经度的变化特征。

图 1-7 所示为 1999 年 1 月低纬度区域(10°N)、7 月中高纬度区域(50°N)以及 1999 年 1 月和 2000 年 1 月过渡区域(27.5°N)纬向风随经度-高度的分布。图 1-7(a)所示的 1999 年 1 月低纬度区域(10°N)上空 23～24km 高度和图 1-7(b)所示的 1999 年 7 月中高纬度区域(50°N)上空 23～24km 高度范围内存在着明显的零风线,且零风线上下纬向风风向转换明显。但是,零风线所在的高度随经度的变化非常小,一般不超过 2km。1 月中高纬度区域(50°N)的零风线比 1 月低纬度区域(10°N)的零风线低 4km 左右。图 1-7(c)和图 1-7(d)显示过渡区域(27.5°N)的 23～24km 高度范围内,在 1999 年没有零风线,而在 2000 年有零风线。图 1-7(d)显示这条零风线所在高度随经度变化幅度较大,最大可达 6km。

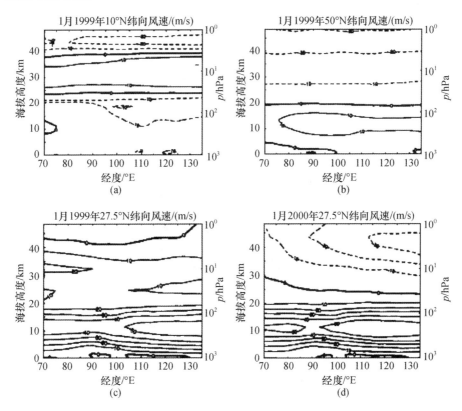

图 1-7 准零风层随经度变化规律

3. 准零风层随季节变化的规律

选取典型中高纬度区域(50°N)、过渡区域(27.5°N)和低纬度区域(10°N)来研究准零风层随季节的变化规律。

图1-8所示为1999—2000年50°N、27.5°N和10°N区域的月平均纬向风场随季节-高度的分布,从图中可以看出,中高纬度区域(50°N)、过渡区域(27.5°N)和低纬度区域(10°N)风场的结构差别很大,且随季节的变化规律也不相同。中高纬度区域(50°N)在1999年的5—8月间,在18~25km高度范围内有一条零风线。其中,7月的零风线高度最低,在19km附近,而5月和8月的零风线高度在23km附近,零风线下层的西风转折为上层的东风。2000年的风场结构与1999年风场结构基本一致。

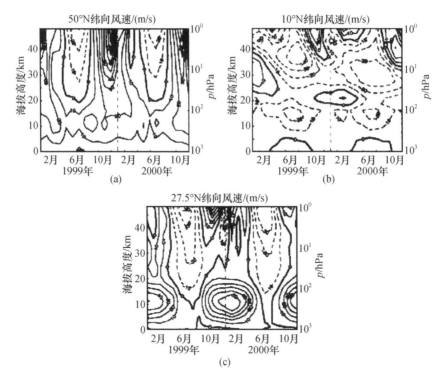

图1-8 准零风层随季节变化规律

1.3 国内外研究进展

由于平流层飞艇可长时间驻留、高经济性与环保等方面的卓越性能,世界上一些发达国家对平流层飞艇研制投入了大量人力和物力,开展了技术攻关和试验验证工作。

1. 美国

美国政府多个部门以及一些企业对临近空间飞行器有着雄心勃勃的计划,不但陆军、海军和空军均已开展各自的研究计划,而且导弹防御局、国防先期研究计划局(DARPA)、美国国家航空航天局(NASA)等机构以及洛克希德·马丁公司(简称洛·马公司)等军火公司和大学也纷纷涉足其间[1-3]。

2002年,美国导弹防御局提出建造军用平流层飞艇(HAA),其主要作战任务就是长时间停留在美国大陆边缘地区的20km高空中,监视可能飞向北美大陆的弹道导弹、巡航导弹等目标。美国平流层飞艇如图1-9所示。

图1-9 美国平流层飞艇

2003年,美国导弹防御局(MDA)选择洛·马公司作为该飞艇的承包商,投入4000万美元。2005年,美国导弹防御局向洛·马公司追加1.37亿美元进行为期4年的第3阶段项目,研制长131m、直径45.74m的飞艇,可承载227kg的有效载荷,在18km高度驻空1个月,并在2010年进行了原型飞艇的试飞[4-6]。

高空长航时演示验证飞艇主要设计参数如表1-1所列。

表1-1 高空长航时演示验证飞艇主要设计参数

参数	数值
体积/m^3	14150
长度/m	73.152
直径/m	21.336
长细比	3.429
推进功率/kW	2
储能电池/kW	40(锂离子电池)
太阳能电池/kW	15(薄膜太阳能电池)

续表

参数	数值
巡航速度/(m/s)	10.288
飞行高度/m	18288
系统总质量/kg	1360.8
载重/kg	22.68/36.288
载荷功率/W	500/150
续航时间/天	>15
是否可回收	是
是否可重复使用	是

2011 年,高空长航时演示验证飞艇(HALE-D)在俄亥俄州升空飞行,在飞抵到 9754m 高度后出现了技术异常,首飞未能按原定计划实现飞抵 18288m 高度的目标。该飞艇飞行试验状态如图 1-10 所示。

图 1-10 美国高空长航时演示验证飞艇飞行试验

高空哨兵(HiSentinel)是美国西南研究所(Southwest Research Institute)与渡鸦工业公司(Raven)共同开发的平流层试验飞艇,美国陆军空间和导弹防御司令部(US Army Space and Missile Defense Command)对该项目提供了资助。高空哨兵系列飞艇如图 1-11 所示。

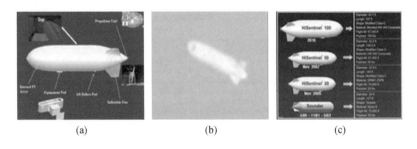

图 1-11 美国高空哨兵系列飞艇

美国高空哨兵项目中飞艇方案是从 Sounder 项目发展而来,Sounder 飞艇全长 37.8m,体积 1371m³,用 25μm 厚的 Nylon-6 材料制成,其主气囊膜片 18 副,无副气囊,设计时融合了超压球的理念,并通过液态压舱物调整攻角。Sounder 飞艇于 1999 年 4 月、2001 年 11 月和 2003 年 1 月开展了多次飞行,取得了有效的技术积累与储备。高空哨兵项目充分继承了 Sounder 飞艇的经验。旨在继续以低成本为目标研制能够在 18km 高空飞行的平流层动力飞艇,包括一系列技术,如发放回收、高空持久自动控制等。另外,系统将逐步实现提供 20~200lb 的载荷。由于成本较低,所以这些平台可以在使用后废弃,但所搭载设备可以回收并在下次飞行中继续使用。此外,这些飞艇均采用非成形方式进行发放,不需要建造大型艇库,也无须设计专门用来发放的特种设施,可以大大节约成本[7-10]。

高空哨兵各型号飞艇设计参数如表 1-2 所列。

表 1-2 高空哨兵各型号飞艇主要设计参数

各型号名称	参数	数值	图片
Sounder	直径/ft	24①	
	长度/ft	127	
	外形	鱼雷形	
	囊体材料	Nylon-6	
	飞行高度/ft	72000	
	载重/lb	20②	
HiSentinel 20	直径/ft	32.9	
	长度/ft	146	
	外形	Modified Class-C	
	囊体材料	DP661.25/PE	
	飞行高度/ft	74000	
	载重/lb	20	
HiSentinel 50	直径/ft	32.2	
	长度/ft	149.4	
	外形	Modified Class-C	
	囊体材料	HiS 200 Composite	
	飞行高度/ft	67000	
	载重/lb	50	

续表

各型号名称	参数	数值	图片
HiSentinel 80 （HiSentinel 100）	直径/ft	43.7	
	长度/ft	197	
	外形	Modified Class – C	
	囊体材料	ModifiedHiS200 Composite	
	飞行高度/ft	67000	
	载重/lb	100	

①1 ft = 0.305 m；②1 lb = 0.454 kg

2005 年 11 月 8 日，美国在新墨西哥州罗斯韦尔成功地进行了 HiSentinel 20 的升空和飞行测试，美国陆军空间和导弹防御司令部对该验证项目提供了资助，HiSentinel 20 体积 2650 m^3，长度 44.5 m，直径 10.06 m，载重 9.1 kg，飞行速度 10.3 m/s。其飞行高度达到 22.6 km，驻空 5 h，带动力飞行小于 1 h。

2008 年 6 月 4 日，在 HiSentinel 20 的基础上，又开展了 HiSentinel 50 的飞行试验，其携带通信设备和高分辨率相机进行相关试验，HiSentinel 50 长度 45.5 m，载重 22.7 kg，设备供应电力 50 W，飞行高度达到 20.11 km。

2010 年 11 月 10 日，开展了 HiSentinel 80 飞行试验，HiSentinel 80 体积 6025 m^3，长度 63.1 m，直径 13.72 m，载重 36.3 kg，能源 50 W，飞行高度 20.21 km，飞行时间 8 h。

HiSentinel 各型号飞行试验状态如图 1 – 12 所示。

Sounder 1,1999年飞行试验
联合指挥和控制作战中心赞助

Sounder 2,2002年飞行试验

Sounder 3,2003年飞行试验
分类机构赞助

HiSentinel20,2005年飞行试验

HiSentinel50,2008年飞行试验

HiSentinel80,2010年飞行试验

美国陆军太空和导弹防御司令部赞助

SWRI 和 Aerostar 参与了所有的飞行试验

图 1 – 12 HiSentinel 各型号飞行试验

随后，该项目又进行了多次地面试验。HiSentinel 系列飞艇放飞均采用了类似高空气球发放的非成形方法，起飞时为部分充满状态，随着上升逐步使飞艇膨胀成形。

HiSentinel 50 和 HiSentinel 80 发放情况如图 1-13 所示。

(a) HiSentinel 50

(b) HiSentinel 80

图 1-13　HiSentinel 50(a) 和 HiSentinel 80(b) 发放情况

2006 年 4 月，美国国防先期研究计划局通过空军研究实验室与诺斯罗普·格鲁曼公司（简称诺·格公司）签订了一份 870 万美元的合同，将为结构暨传感器一体化项目研制一种重量轻、能耗低的主动搜索阵雷达[11]，其设计方案是将电子设备的传感器和天线与飞艇结构一体化设计，最大限度地提高飞艇的承载能力，或减小飞艇体积。其概念设计如图 1-14 所示。

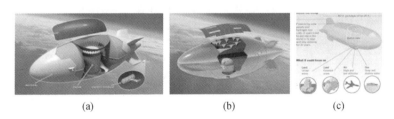

(a)　　　　　　　　(b)　　　　　　　　(c)

图 1-14　美国结构暨传感器一体化项目

美国无线网络公司（Sanswire Networks）正在开发一种用于军事和国家安全事务的平流层飞艇，其飞行高度在 15~21km 内，将用于通信和实时监视等领域。2005年5月,该公司宣称已经完成计划的军用飞艇原型机演示验证,其概念设计如图1-15所示。

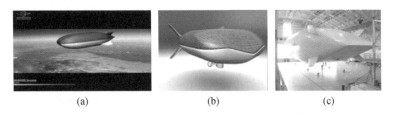

图1-15 美国无线网络公司的平流层飞艇

美国空军科罗拉多州施里弗基地空间战实验室和空间战中心的V形"攀登者"军用飞艇项目,飞艇设计在30~50km的高空长时间飞行,如图1-16所示。

图1-16 美国JP航空航天公司的V形"攀登者"军用飞艇

V形"攀登者"军用飞艇设计定位于造价远低于任何一种有人驾驶侦察机的价格、却拥有较高的升空能力和长时间飞行能力,集卫星和侦察机的功能于一身,由地面遥控设备操纵,能完成高空侦察、勘测任务,也可用作战场高空通信中继站[12]。V形"攀登者"军用飞艇原理样机由美国JP航空航天公司制造,长53m、宽30m,利用控制系统调节各舱室的氦气容量,实现飞艇在空中机动飞行。该飞艇安装两台由燃料电池驱动的螺旋桨推进器,采用全球定位系统(GPS)进行导航。2003年11月间,V形"攀登者"军用飞艇试验样机在高空进行了初期验证试验。2004年6月,搭载通信和监视传感器等载荷设备进行了升空和巡航试验。

V形"攀登者"军用飞艇只是美国JP航空航天公司与美国空军合作的三大项目之一,是该公司三步空间计划的第一步。该公司另外两个项目是"轨道攀登者"飞艇和"黑暗空间站"高空漂浮飞艇平台,如图1-17所示。

图 1-17 美国 JP 航空航天公司的"黑暗空间站"飞艇

"黑暗空间站"高空漂浮飞艇平台是美国空军资助美国 JP 航空航天公司研究的另外一种新概念飞艇。该平台由多个飞艇组成,长约 3200m,驻留在 30km 的近太空区域,是一种永久性有人驾驶设备,将用作太空船从地面到轨道间的高空中转站或遥控操纵的通信中继站。整个平台由锂电池提供动力,同时利用燃料电池和太阳能电池作为辅助动力。美国 JP 航空航天公司已经开始试验由气球构成的模拟"黑暗空间站"。美国空军提出用一年多时间建造一个 30m 宽、9000m 长的小型"黑暗空间站",尝试由两名人员到上面执行 3h 左右的任务,之后再进一步扩大平台规模和增加人员停留时间。

美国约翰-霍普金斯大学应用物理实验室拟开发的一次性使用式高空侦察飞艇(HARVe),如图 1-18 所示。

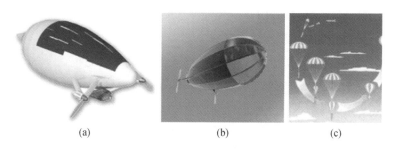

图 1-18 美国约翰-霍普金斯大学的 HARVe 高空侦察飞艇

该高空侦察飞艇突出特点是低成本,发射平台采用现有巡航导弹,使用时高空侦察飞行器首先折叠放入巡航导弹中,由巡航导弹将其携带至高空释放;然后飞艇将自行充气,同时启动电推进系统升至约 30km 的区域;最后快速部署到预定位置,利用所装载的传感器昼夜执行超地平线通信中继或情报、监视和侦察任务。高空侦察飞艇能在 30km 高度持续工作两周甚至一个月,携带 45.4kg 的传感器载荷,电推进系统和传感器均由太阳能电池组供电[13]。

2. 欧洲

2000年,欧洲航天局(简称欧空局)与德国、英国及荷兰的研究机构和工业界共同完成了对平流层平台的概念评估,2003年下半年启动概念研究与设计,此项计划的主要目标是通过对可能的应用领域和发展欧洲的平流层平台的基础进行翔实的分析,在此基础上进行平流层平台的最佳概念设计,选择适合欧洲的平流层平台系统作为发展目标。

2003年,欧盟出资560万欧元实施"基于平流层平台的宽带通信技术研究"计划,如图1-19所示。

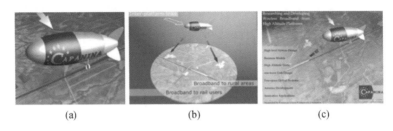

图1-19 欧盟基于平流层平台的宽带通信技术研究计划

该计划基于平流层平台的宽带通信技术研究,有英国等7国共13个欧洲研究机构参加,日本信息与通信技术研究所是唯一参与该计划的欧洲之外的研究机构。2005年,该项目利用高空气球在24km的高度首次成功地演示了下行光传通信,数据传输速率达到1.25Gb/s[14-15]。

2004年,欧洲又成立了一个研究高空飞行器和飞艇的组织(USE HAAS),该组织由以色列、比利时、德国、英国等国家的7个研究和工业机构组成,由以色列的机构作为召集人。该机构计划从2005年1月起,实施一项为期18个月的计划,在该项计划中,将对当今世界上各国平流层平台的发展动态和计划进行分析,基于需求分析提出研制目标和可能的应用对象,明确潜在的最终用户和技术合作伙伴,了解和掌握今后发展需要进行的研究内容,在此基础上对在欧洲发展平流层平台得出最终结论,并定义发展政策和战略。

除欧盟支持的研究计划外,欧洲一些国家,如英国、德国、瑞士等国的企业和大学从商业角度开展了平流层飞艇技术研究。

英国Lindstrand公司提出了HALE飞艇,计划飞行高度20km,飞艇长度200m,滞空时间1~3年,最终期望成为移动电话基站。英国Lindstrand公司从1999年开始与德国Daimler Chrysler Aerospace公司开展合作设计,并获得欧空局的认可[16],如图1-20所示。

图 1-20　英国 Lindstrand 公司的 HALE 飞艇

英国先进技术集团(ATG)公司提出的平流层飞艇计划,该计划分为两个阶段:第一阶段计划为演示验证阶段,计划在项目正式启动后的两年内完成,投资1.6 亿美元建成一套能够滞空 3 个月的演示系统;第二阶段为目标阶段,计划用时两年半,投资 4 亿美元。该平流层飞艇如图 1-21 所示。

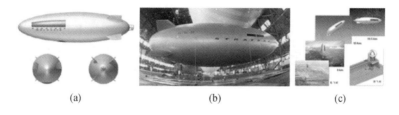

(a)　　　　　　　(b)　　　　　　　(c)

图 1-21　英国先进技术集团公司的平流层飞艇

德国提出了高度 20km、载重 1000kg 的 HALE-platform 计划,以德国斯图加特大学 Airship Research Group FOGL 研究组为基础,针对飞艇外形和太阳能电池开展了相关试验,同时研制了 Lotte 验证飞艇,通过多次飞行其在倒流线外形、新能源、控制技术等方面都取得了很大进展,其研究成果得到了国际上多家专业机构的认可,并被多个从事平流层飞艇研究的国家所借鉴[17]。

除较为常规的倒流线形飞艇外,德国斯图加特大学还开展了新构型平流层飞艇研究。在 1996 年提出了 Sky Dragon 创新技术的构想,该构想将飞艇艇体分割为几个相互连接的单一艇体,分段囊体内部包括球形副气囊,通过对分段艇体的单独控制,可以实现飞行过程中的稳定性控制,以此取代传统尾翼舵面的控制方式,1999 年该技术创意荣获欧洲最大工业研究奖。自 2002 年起,德国斯图加特大学在美国无线网络公司的资助下,开展了多次不同类型的大规模试飞演示,试验飞行高度在 5km 左右。目前,已在飞行控制、浮力控制、热管理等多个方面取得了突破。

德国斯图加特大学的 Sky Dragon 飞艇如图 1-22 所示。

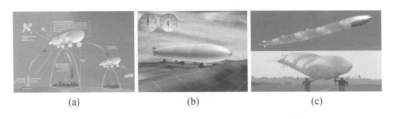

图1-22 德国斯图加特大学的Sky Dragon飞艇

2011年斯图加特大学和美国Sanswire公司取消了合作关系,开始独立研究,并寻找新的投资商。美国Sanswire公司则在两者合作的基础上,继续开展研究,并将项目更名为Argus,其首个试验艇Argus One于2011年11月首飞成功。

美国Sanswire公司的Argus One飞艇如图1-23所示。

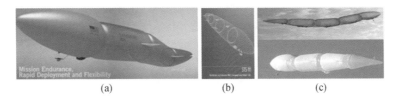

图1-23 美国Sanswire公司的Argus One飞艇

瑞士提出了X-Station飞艇计划,飞艇体积25000m³、长90m,起飞总质量1800kg,飞行高度21000m,速度25~50km/h,滞空时间1年,有效载荷100kg,载荷功率1kW,可覆盖直径1000km的地域,同时具备方便装配、快速部署的优点[18],该飞艇设计概念如图1-24所示。

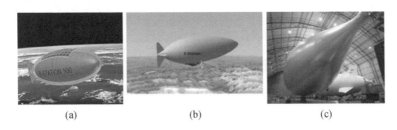

图1-24 瑞士的X-Station飞艇

3. 日本

日本从1998年起,投入大量经费进行平流层飞艇平台和任务载荷的研制,并进行相关飞行试验,如图1-25所示。

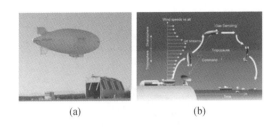

图 1-25　日本宇宙航空开发机构的平流层飞艇

2003 年 8 月 4 日,日本宇宙航空开发机构和海洋科学技术中心联合研制了不带动力的飞艇,并进行了飞行试验,以检验艇体材料的性能和对大气环境变化监测的可靠度。飞艇采用日本新研制的囊体材料,长 47m、最大直径 12m,系统总质量约 500kg,可携带 40kg 载荷,飞行高度 16.4km。载荷有 28/31 GHz 的艇载数字聚束天线样机、47/48 GHz 艇载多束喇叭天线和数字电视发射机。

2004 年,日本宇宙航空开发机构完成了中低空试验艇研制,飞艇长 68m,直径 17m,系统总质量 650kg,可携带 100kg 载荷。利用该飞艇进行了多次中低空定点滞空飞行试验,最高定点高度 4000m,飞行试验如图 1-26 所示。

图 1-26　日本宇宙航空开发机构的平流层飞艇发放情况

研发者认为,此次试验在艇体构造、飞行操作与管理系统、气象观测与预报系统和通信设备试验等方面取得了重要的进展[19-20]。

为了开展平流层飞艇系统的研制与试验,日本在北海道东南部建设了平流层平台试验场,试验场建有开展飞行试验所需的基本设施,包括发放场地、飞艇停泊库(机库)、跟踪雷达、气象探测雷达、飞行控制塔等。

4. 韩国

韩国宇航研究所(KARI)于 2000 年 12 月启动了国家级平流层飞艇项目,制订了为期 10 年的平流层飞艇研制计划,目的是开发由太阳能电源驱动的平流层飞艇平台和地面支持系统,飞艇长 170m,可在 20km 高空滞空两个月。

韩国宇航研究所是此项计划的主体承担机构,该所在 2007 年完成了 50m

长试验飞艇的研制以及再生能源系统地面样机,试验艇在 3km 高度可自主巡航或者定点飞行 3h。之后转入关键技术攻关阶段,以掌握平流层飞艇系统设计、集成和运行技术[21-22],如图 1-27 所示。

图 1-27 韩国 KARI 的平流层飞艇

5. 俄罗斯

俄罗斯 RosAerosystem 公司设计了平流层飞艇"Berkut",该飞艇利用太阳能提供能源,最大可提供 50 kW 能量,可携带 1200kg 有效载荷,在 20~23km 高度上定点停留 3~4 个月。RosAerosystem 公司设计了长度分别为 150m、200m、250m 的平流层飞艇,以适应低、中、高纬度区域的要求[23],如图 1-28 所示。

图 1-28 俄罗斯 RosAerosystem 公司的 Berkut 飞艇

6. 以色列

以色列飞机工业公司(IAI)于 2004 年提出了一种平流层飞艇概念,用于执行侦察和通信等任务。该艇长 190m,可携带 1800kg 有效载荷,能容纳巨型望远镜、合成孔径雷达(SAR)和其他情报搜集系统,设计工作时间 3 年,如图 1-29 所示[24]。

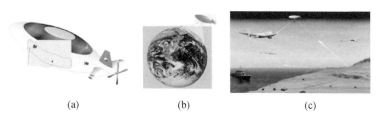

(a)   (b)   (c)

图 1-29 以色列 IAI 的平流层飞艇

第 2 章
平流层飞艇总体设计

平流层飞艇要实现长时间驻空飞行,在设计时应满足 3 个最基本的平衡,即浮力与重力平衡、推力与阻力平衡、产能与耗能平衡,简称为浮重平衡、推阻平衡、能耗平衡。

首先要从系统自身出发,在设计时满足系统总重与总浮力平衡,以具备长期驻空的基础;其次要从动力出发,需要推进系统提供足够的推进力来克服风阻,以具备抗风飞行的能力;最后要从能源出发,需要能源系统在高空产生电能,实现能耗平衡。

平流层飞艇浮重平衡、推阻平衡、能耗平衡的设计要求,所涉及的需求是多方面和全方位的,既包含平流层飞艇的刚柔结构设计、气动设计、热力学设计以及对应的仿真分析,又包含平流层飞艇动力推进设计、一次能源二次能源设计以及供配电设计,还包含平流层飞艇动力学设计、操控设计及控制率设计。另外,从工程实际的角度出发,还包括遥测遥控设计、安全控制设计以及发放与回收设计等。

2.1 总体布局与构型设计

2.1.1 总体布局

平流层飞艇总体布局主要有 3 种,即常规布局、升浮混合布局及多体布局,其中,常规布局有椭球体和球体布局;升浮混合布局有翼艇式、升力体式、飞翼式和飞碟式布局等;多体布局有并列式、流线式和辐射式多体布局等[25]。

1. 常规布局

为了降低阻力,飞艇艇体通常采用椭球体布局,这是一种比较成熟的飞艇气动布局形式。例如,美国平流层飞艇(HAA)(图2-1);HiSentinel平流层飞艇(图2-2);探测器与结构一体化飞艇(SISI)(图2-3);欧空局的高空平流层飞艇(HALE)(图2-4);日本平流层飞艇(图2-5);韩国平流层飞艇(图2-6)等均采用椭球体布局形式。

图2-1 美国HAA飞艇

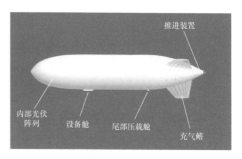

图2-2 美国Hisentinel 50飞艇

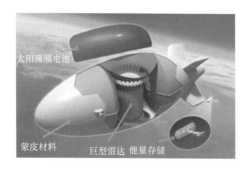

图2-3 美国ISIS飞艇

图2-4 欧空局HALE飞艇

图2-5 日本平流层飞艇

图2-6 韩国平流层飞艇

美国平流层飞艇缩比验证艇呈倒流线形,HiSentinel平流层飞艇采用了两头略尖的纺锤体布局。采用椭球体布局的平流层飞艇在外形上与普通低空飞艇相似，但艇身最大截面位置相对比较靠后，通常布置十字形或斜十字形尾翼。由于平流层飞艇飞行高度较高，以艇身长度为特征尺寸的雷诺数恰好处于边界层转捩的跨临界区。因此，对于某些特定型号，合理的飞艇外形可使层流区域达到总长度的70%左右，可大幅度减小摩擦阻力[26]。

目前，一些新式飞艇也采用球形艇身布局，加拿大21世纪飞艇公司提出了一种球形艇身飞艇，该飞艇没有操纵面和外部吊舱，依靠外部悬挂的螺旋桨提供推力和实现姿态控制，如图2-7所示[27]。

图2-7　加拿大21世纪公司的球形艇身飞艇

由于球体是所有几何外形中容积效率最高的，因此球形艇身飞艇能以最小的质量提供最大的升力。此外，球形艇身飞艇具有优秀的操纵和停泊性能[28]。然而，在一定空速情况下，球体后部将出现流动分离，增大艇体气动阻力。研究表明，在球体后部安装锥体可以将阻力减小约50%。

2. 浮升一体混合式布局

升浮一体混合式布局是一种新型布局方案，该布局方案可以同时利用主气囊产生的浮升力和升力面产生的气动升力。典型的浮升一体混合式布局有翼艇式布局、升力体式布局、飞翼式布局及飞碟式布局[29]。

翼艇式布局是在常规布局或升力体式布局基础上加装机翼，由机翼提供一部分升力。目前，翼艇式布局尚处于概念设计阶段，国外研究人员为了研究这种布局的气动特性，开展了数值模拟及试验研究。Ames Megalifter 飞艇[29]在一对大展弦比机翼下加装数台涡扇发动机，通过提高飞行速度，使机翼产生足够的升力，可以改善飞艇的性能，如图2-8所示。

升力体式布局借鉴了现代飞机设计中的升力体概念，将飞艇主气囊设计成升力体外形。升力体式布局飞艇的主气囊既能产生静浮升力,又能产生气动升力。美国 Sanswire Networks 公司的 Strale11ite 飞艇[30]采用升力体布局形式,如图 2-9 所示。

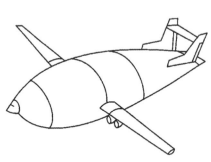

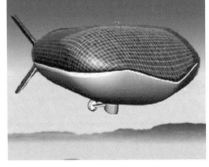

图 2-8　Ames Megalirter 翼艇式飞艇　　　图 2-9　美国 Stralellite 升力体飞艇

飞翼式布局飞艇借鉴了现代飞机设计中的飞翼布局概念。为了克服传统飞翼布局容积率较低的缺点,研究者提出升浮混合的厚翼型飞翼式飞艇。美国全球临空服务公司(GNSS)设计了一种飞翼式布局飞艇设计方案——StarShadow,如图 2-10 所示。飞翼式布局飞艇与常规布局相比,其流动分离范围较小,但其容积率仍相对较低,导致表面积较大,因而摩擦力较大。

飞碟式布局飞艇(Saucer Airship),又称为透镜式布局(Lenticular Airship)。美国 CollaborX 公司和 Multimax 公司联合提出了 Maxflyer 飞艇设计方案,如图 2-11 所示。Maxflyer 飞艇外形酷似"水母",由直径 67m、横截面为圆形的气球和挂在气球下倒 V 形载荷吊舱组成。

图 2-10　美国 StarShadow 飞艇　　　　图 2-11　美国 Maxflyer 飞艇

升浮混合式布局能够利用气动升力,理论上可以降低囊体体积。但由于动压较低,因此,其气动升力作用相对较低,仅占总升力的 3%~5%。

3. 多体布局

多体布局是采用模块化设计思想,将多个较小体积飞艇按照一定顺序连接形成整体的布局形式。根据组合方式的不同,有并列式多体布局、流线式多体布局和辐射式多体布局等[31]。

并列式多体布局,将两个或多个艇身并列连接构成并列式多体布局。Bauipede M 等提出了一种并列式多体布局飞艇,如图 2 – 12 所示。该飞艇由两个艇身和中心面组成,中心面上布有 6 个推进器和升降气囊。研究认为,这种并列式多体布局飞艇可比传统常规布局飞艇显著提高抗风能力。

流线式多体布局,将多段囊体首尾相连构成流线式多体布局。德国 AirChain 飞艇就是典型的流线式多体布局,如图 2 – 13 所示。AirChain 飞艇设计飞行高度为 20km,由多段圆柱囊体组合而成,每段气囊可以分别调节气体压力与自主平衡,也可以在不同条件下自行调整囊体间相对位置,以减小气动阻力。流线式多体布局飞艇在构型上与传统飞艇不同,它的空气动力特性是一种技术创新,同时具有易于释放、维护和隐蔽的特点,有待进一步研究。

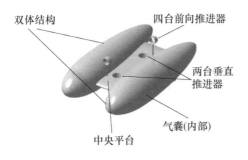 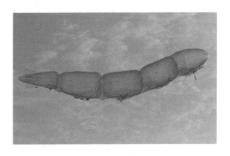

图 2 – 12 并列式多体布局　　　　图 2 – 13 德国 AirChain 飞艇

辐射式多体布局,将多个囊体呈放射状连接构成辐射式多体布局。美国志愿者组织 JP Aerospace 在入轨飞艇(Airships To Orbit,ATO)计划中提出了若干种具有辐射式多体布局特征的平流层飞艇气动布局。ATO 计划由三部分组成。首先,乘客和货物搭乘第一级飞艇 Ascender 到达第二级飞艇,即停泊在距地面 40km 高空的 Dark Sky Station;然后,乘客和货物换乘第三级轨道飞艇 Orbital Ascender 入轨。其中第一级飞艇 Ascender 采用了 V 形布局,如图 2 – 14 所示。将两条柱形囊体成一定角度连接而成。该飞艇采用半硬式结构,无尾翼,依靠布置在两条囊体内侧的推进器提供姿态控制。2003 年,Ascender 175 飞艇成功上升至海拔 30.5km 高度,并安全返回着陆。第二级飞艇 Dark Sky Station 是 ATO 计划的中继站,为乘客和货物在爬升级和入轨级间提供中转。此外,还将作为一个永久的载人高空站,可用于侦察和通信。Dark Sky Station 飞艇由 5 个柱形囊体成一定角度连接而成,外形酷似"海星",如图 2-15 所示。

图 2-14　Ascender 飞艇

图 2-15　Dark Sky Station 飞艇

为了在稀薄大气中提供足够的浮力,Dark Sky Station 飞艇的直径超过4km。此外,JP Aerospace 公司在平流层浮空器研究上,除以上设计理念外,还以低成本为目标探索了一条以球形设计为主的研制途径,其通过单球、双球、多球组合并在其下部辅助以动力的形式,来完成平流层飞行。目前已经开展了多次高空飞行,最大飞行高度28.98km,如图 2-16 和图 2-17 所示。

图 2-16　JP Aerospace 公司的
双球组合飞艇

图 2-17　JP Aerospace 公司的
多球组合飞艇

2.1.2　构型设计

对于不同布局的飞艇设计,在概念及方案设计阶段,主要是确定满足飞行要求的飞艇尺寸、外形、组件重量等参数。对飞艇进行重量估算、尺寸设计和布局选型,核算维持飞行所需要的尺寸、外形、组件重量等概念设计参数,并分析技术指标对设计结果的影响。具体操作过程包括设置飞行任务、设置几何布局、设置气动布局、设置组件技术指标、计算设计结果、参数影响分析等几大步骤。其中,总体参数的估算通过浮重平衡、推阻平衡及能耗平衡3类设计及计算确定,在完成概念及方案设计后,即确定了飞艇的布局形式及总体参数,对飞艇艇体外形和尾翼进行详细设计[32]。

总体设计的第一步是确定飞艇的外形,对于常规布局,艇体的外形一般呈椭球形,复杂的外形需要借助计算流体力学核算减阻和提高稳定性设计。第二步是确定飞艇的尺寸,根据空气静力学规律下飞艇的重量、体积、气体密度之间的关系,核算飞艇囊体尺寸,以确定飞艇的载重能力和最大升空高度。确定飞艇外形及体积以后,核算飞艇在设计空速下的气动阻力,进而完成飞艇的推阻平衡与能耗平衡设计。

以常规布局平流层飞艇为例,飞艇总体构型与布局设计如图2-18所示。外形采用椭球流线形,主要由主气囊、副气囊、尾翼、吊舱、推进器、阀门法兰和飞艇上各连接结构等组成。

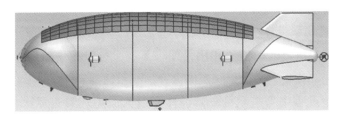

图2-18 飞艇构型与布局设计示意图

1. 艇体构型设计

艇体是飞艇浮空飞行的浮力源,也是最能反映飞艇特点的主体结构之一。常规飞艇艇囊外形通常呈流线型,以减小空气阻力和提高飞艇操纵性能。

在气动外形设计方面,艇体阻力与推进器的功率和能源需求直接相关,需尽量减小气动阻力。采用先进的低阻力气动外形和外形—结构—动力一体化布局设计方案,最佳艇身外形应以飞艇气动阻力最小为设计目标来确定。

飞艇的阻力包括艇身阻力、尾翼、吊舱等部件阻力及其相互干扰形成的阻力。各部件对飞艇的阻力均有贡献,其中艇身阻力约占整艇阻力的1/2~2/3。艇身的阻力主要来源于压差阻力和摩擦阻力两部分。传统飞艇的艇身常做成阻力较低的细长椭球或类似形状的回转体外形。长细比 λ 是影响艇身阻力特性的重要几何参数。长细比越大,压差阻力越小。另外,长细比越大,在体积相同的条件下表面积越大,带来了更大的摩擦阻力。

S. F. Hoerner 经过理论推导得到了长细比对艇身阻力系数的影响关系式[33],即

$$\frac{C_{DV}}{C_F} = 4\lambda^{1/3} + 6\lambda^{-7/6} + 24\lambda^{-8/3} \qquad (2-1)$$

式中:C_{DV}为阻力系数(基于艇身体积的2/3次方);C_F为基于艇身表面积的摩擦力系数。

在湍流条件下,通过试验数据拟合得到其表达式为

$$C_F \approx 0.045 Re_L^{-1/6} \qquad (2-2)$$

式中:Re_L为基于艇身长度的雷诺数。

当长细比 $\lambda = 4.65$ 时,艇身阻力系数最小。在早期飞艇设计中,为使飞艇阻力较小,长细比取 4~6,阻力系数取 0.02~0.03。

在相同体积和长细比的情况下,不同的艇身外形子午线形状也会导致不同的阻力。同为椭圆前体的艇身,选用3次有拐点曲线尾段比选用直线段和椭圆外形产生的更小。

2. 副气囊构型设计

平流层飞艇副气囊的主要作用是使飞艇在飞行过程中始终保持外形以及调节飞艇的平飞高度。平流层飞艇副气囊体积需达到艇体总体积的90%,才能在飞艇升降全过程中保持设计外形。体积巨大的副气囊重量大,外形难以控制,尤其是在从地面到高空的升空过程,副气囊容积减小很多,产生皱褶的副气囊囊体随机叠压堆积,很容易引起飞艇姿态偏离预期;副气囊的囊体滑移也会加剧飞艇姿态发散[34]。

解决副气囊囊体堆积问题的难度比较大,目前主要有6种解决方案,如图 2-19 所示。

在图 2-19 中,各种副气囊依次为:图(a)采用多组绳网将副气囊限定在一定区域内,阻止其在收缩过程中滑移;图(b)将副气囊布置在艇首和艇尾,辅助索网固定,以降低副气囊收缩时囊体滑移的幅度;图(c)在副气囊内部增加弹性索网结构,副气囊囊体采用弹性材质制备;图(d)采用柱形副气囊,将副气囊上下分别固定在艇囊顶部和底部,辅助加筋,既可减小滑移幅度,也可辅助传递浮力;图(e)化整为零,布置多组小副气囊,每个小副气囊单独限位或者互相限位,类似蜂窝布置;图(f)氦气囊与副气囊互换,在顶部内置柔性氦气囊,柔索辅助定位,艇囊内充空气,驻留时氦气囊膨胀到最大,避免囊体滑移,低空时氦气囊处于悬挂状态,摆动引起的姿态变化相对较小。

此外,也可通过总体设计解决副气囊问题。例如,采用纵向组合设计,将囊体隔离成独立子囊,如 Air – Worm 蠕虫飞艇[35];采用变体飞艇设计,通过改变艇体外形的办法适应氦气膨胀,同时也降低了低空飞行时的气动阻力;采用非成形上升的 HiSentinel 等飞艇将任务重点定位在长航时飞行上,直接去除副气囊或者仅带很小体积副气囊,可以大大降低释放升空驻空飞行控制的难度[36]。

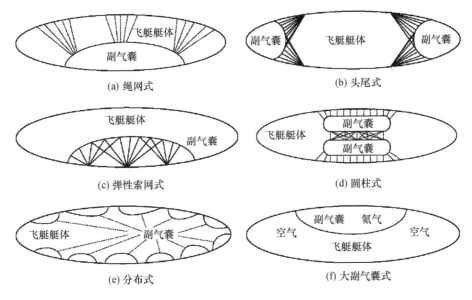

图 2-19　几种副气囊布置方案

3. 尾翼构型设计

飞艇尾翼的设计对飞艇的操纵性、稳定性有直接影响,尾翼安定面是保持飞行气动稳定性的主要办法。而平流层飞艇飞行速度较低,通常不超过 30m/s,同时由于大气密度低,飞艇尾翼安定面的效率较低,流线形旋成体自身气动发散力矩较大,很难通过尾翼保持飞艇的气动稳定性,即如果要保持稳定性,需要极大的尾翼面积。

设计平流层飞艇尾翼,需详细核算尾翼面积、安装位置、气动效率和静稳定范围,考虑系统重量。采用无尾翼布局可显著降低飞艇阻力,这种情况下可以通过主动控制的办法解决飞控难题。

2.2　多学科优化设计

平流层飞艇多学科优化设计,是综合气动、结构、能源等多个学科进行一体化设计的方法。多学科优化设计的主要思想包括增加概念设计在整个设计过程中的比例,在飞行器设计的各个阶段力求各学科的平衡,充分考虑各门学科之间的互相影响和耦合作用,应用有效的设计/搜索策略和分布式计算机网络系统,来组织和管理整个系统的设计过程,通过充分利用各个学科之间的相互作用所产生的协同效应,以获得系统的整体最优解。

多学科系统建模需要考虑各学科优化与系统优化的协调,以及各学科间的耦合影响。在多学科优化设计建模的不同阶段需要采用适当的方法或手段来保证建模过程的顺利进行,并提高所建模型的适用性。

多学科优化设计建模的基本原则有以下几点。

(1) 准确性,即模型能够反映所模拟对象的真实性。

(2) 实用性,即模型应力求简单、易于求解。

(3) 适应性,即模型具有一定的通用性和可继承性。

此外,对于多学科优化设计建模来说,还应具备系统分解的合理性、学科间耦合关系的准确性,以及系统设计目标与学科目标的协调性。建模过程是从宏观建模到微观建模逐步细化的过程,建模的一般步骤如图 2-20 所示。

多学科优化设计建模主要包括两个方面:一是系统层的建模;二是子系统层的建模。系统层建模又可分为用于系统确认与分析的模型,用于系统设计、优化和协调的模型。子系统层建模属于各学科的具体任务,各学科可根据学科特点和系统给定的设计要求建立合适的模型。

其建模方法有多种,常用的有过程建模、可变复杂度建模、不确定性建模和参数化建模 4 种。针对不同的问题,4 种方法各有优劣,这里根据平流层飞艇建模的特点及实际要求,重点介绍可变复杂度建模的方法。

2.2.1 平流层飞艇多学科模型

飞艇总体建模是基于子系统层的建模,根据平流层飞艇设计的特点做抽象处理,突出主要因素,忽略次要因素。将反映飞艇系统组成的主要因素作为建模重点,明确各主要因素所属学科,建立平流层飞艇总体参数模型,有大气参数模型、几何模型、强度模型、气动力模型、功率模型、能源模型等。以下逐一介绍。

1. 大气参数模型

大气参数主要包括大气温度、气压、密度和声速,依据 1976 年国际标准大气模型,从 0~32km 高度范围,大气的温度、气压和密度是海拔高度的函数。

图 2-20 多学科优化设计问题建模的一般步骤

2. 飞艇几何模型

飞艇几何模型主要有主气囊、副气囊、尾翼、吊舱 4 个部分。

1) 主气囊几何模型

常规飞艇的主气囊基本构型为流线形旋成体,囊体曲线一般采用椭圆或抛物线等,艇体外形如图 2-21 所示。

首先,定义飞艇的长细比为

$$f = \frac{L}{D_{max}} \quad (2-3)$$

式中:L 为艇体长度;D_{max} 为最大直径。

其主要参数是体积 V_e 和表面积 S_e,即

$$V_e = 0.5212 \frac{L^3}{f^2} \quad (2-4)$$

$$S_e = 9.719\pi \left(\frac{V_e}{10.917}\right)^{\frac{2}{3}} \qquad (2-5)$$

式(2-4)和式(2-5)主要用于初始阶段估算主气囊的体积和表面积。

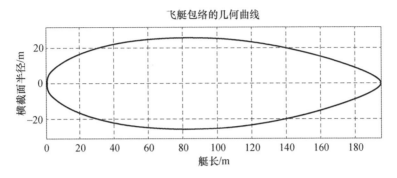

图 2-21 艇体外形曲线

2) 副气囊几何模型

首先,假定氦气和空气的密度仅随海拔高度变化,且变化率相同[37-38],尽管实际情况下两者的压力存在一定差异,但影响不大,可以忽略。在此假设条件下,随着飞艇的上升,副气囊内的空气会不断排出,主气囊的氦气不断膨胀,密度也随之变化。基于两者密度变化比例相同这一假设,可做以下定义,即

$$\sigma = \frac{\rho_{air,H}}{\rho_{air,0}} = \frac{\rho_{He,H}}{\rho_{He,0}} \qquad (2-6)$$

式中:$\rho_{air,H}$ 为高度 H 的空气密度;$\rho_{air,0}$ 为海平面的空气密度;$\rho_{He,H}$ 为高度 H 的氦气密度;$\rho_{He,0}$ 为海平面的氦气密度。

以 $V_{He,H}$ 和 $V_{He,0}$ 表示高度 H 和海平面的氦气体积,以 m_{He} 表示氦气质量,同时设飞艇在压力高度,即最大飞行高度上空气密度与海平面空气密度的比为 σ_P,此时,艇囊内氦气体积达到最大,即 $V_{He,H} = V_{He,max}$,则

$$V_{He,max} = \frac{m_{He}}{\rho_{He,H}} = \frac{m_{He}}{\sigma_P \cdot \rho_{He,0}} = \frac{V_{He,0}}{\sigma_P} \qquad (2-7)$$

即

$$V_{He,0} = \sigma_P V_{He,max} \qquad (2-8)$$

式(2-8)表明艇囊内氦气体积随高度成线性变化,由此可得副气囊体积 V_b 表达式为

$$V_b = (1-\sigma)V_e \qquad (2-9)$$

若考虑温度的影响,则式(2-9)可修改为

$$V_b = \left(1 + \frac{\Delta T}{T_H} - \sigma\right) \cdot V_e \qquad (2-10)$$

式中：T_H 为高度 H 的大气温度；ΔT 为温度变化范围。

在确定不同高度对应的副气囊体积后，进而求解其表面积 S_b，根据具体副气囊设计形式的不同，若采用前后布置多囊的设计形式，可通过式(2-11)求解，若采用中间布置的单囊设计形式，则利用式(2-12)求解，即

$$S_b = 1.07 \times \pi V_b^{\frac{2}{3}} \qquad (2-11)$$

$$S_b = 3.75 \times \pi \left(\frac{3V_b}{5\pi}\right)^{\frac{2}{3}} \qquad (2-12)$$

3) 尾翼几何模型

尾翼的舵面比例、翼面形状(图2-22)、位置布局是3个重要的几何参数[58]，以下逐一进行说明。

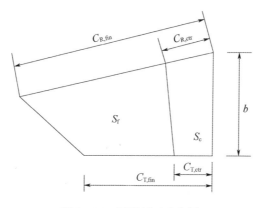

图 2-22 尾翼剖面示意图

(1) 舵面比例。尾翼舵面比例控制在25%~35%范围内比较合适，比例过小则舵面力矩不足，比例过大则舵机负载较大、安全可靠性降低。舵面旋转角度控制在25°~35°范围内比较合适。

(2) 翼面形状。飞艇的升力主要由艇体内所填充的氦气提供，不需要翼面提供升力。尾翼翼面设计，主要考虑尾翼的重量、气动阻力及生产加工的便捷性。考虑飞机翼型设计的成熟性，飞艇尾翼翼型设计可以参考美国国家航空咨询委员会(NACA)低速翼型系列。

(3) 位置布局。尾翼布局通常有两类4种形式：第一类为四尾翼飞艇，采用十字形布局或X形布局；第二类为三尾翼飞艇，采用Y形布局或倒Y形布局，如图2-23所示。

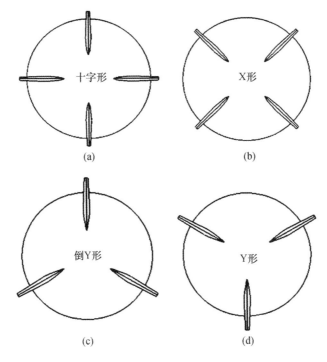

图 2-23 尾翼布局示意图

采用十字形布局的飞艇,俯仰由水平两舵偏转控制,偏航由垂直两舵偏转控制,其特点是简单实用、便于操控。对 X 形布局飞艇而言,为减小俯仰、偏航的交连耦合影响,俯仰和偏航均由 4 个舵向同一方向偏转加以控制。Y 形布局和倒 Y 形布局可在一定程度上实现减重,其控制特点并不十分明显[39]。

4)吊舱几何模型

吊舱悬挂于艇体正下方,用于携带设备及载荷。吊舱的结构设计,传统设计多采用刚性骨架支撑加外囊体结构,J. Craig 对体积 30~350m³ 的吊舱进行了统计汇总,吊舱整体密度为 10.5~11kg/m³。对于采用了新材料、新工艺的吊舱,其整体密度更低。吊舱在艇囊上的安装位置,沿艇体方向,通常安装在飞艇浮心略靠前的位置,即确保吊舱重心在飞艇浮心前面,以便于飞艇整体配平。吊舱示意图如图 2-24 所示。

3. 艇体强度模型

艇体强度模型主要为了验证选定的囊体材料能否满足使用需要,通常需要验证材料的环向应力 σ_{hoop}、轴向应力 σ_{long} 和屈曲载荷 $\sigma_{buckling}$。

艇体为了保形,首先要有一定的内压,内压主要由静压 $P_{hydrostatic}$、动压 $P_{dynamic}$

和气动载荷 $P_{\text{aerodynamic}}$ 三部分构成,三者可依次由下式求得,即

$$P_{\text{hydrastatic}} = (\rho_{\text{air},H} - \rho_{\text{He},H}) \cdot g \cdot \frac{D}{2} \qquad (2-13)$$

$$P_{\text{dynamic}} = 1.15 \times \left(\frac{1}{2} \cdot \rho_{\text{air},H} \cdot v^2\right) \qquad (2-14)$$

$$P_{\text{aerodynamic}} = C_{\text{P}} \cdot \left(\frac{1}{2} \cdot \rho_{\text{air},H} \cdot v^2\right) \qquad (2-15)$$

式中:C_{P} 为压力系数,一般取 0.30~0.35;v 为风速。

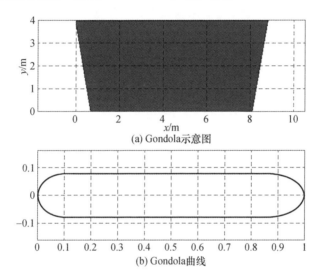

图 2-24 吊舱示意图

囊体总的内压为

$$\Delta P_{\text{total}} = P_{\text{hydrastatic}} + P_{\text{dynamic}} + P_{\text{aerodynamic}} \qquad (2-16)$$

由此可得,艇囊的经向载荷和纬向载荷分别为

$$\sigma_{\text{hoop}} = \Delta P_{\text{tatal}} \cdot \frac{D}{2} \qquad (2-17)$$

$$\sigma_{\text{long}} = \Delta P_{\text{total}} \cdot \frac{R}{2} \qquad (2-18)$$

另外,根据艇囊的弯矩公式,即

$$M_{\text{b}} = 0.02907\{1 + (f-4) \cdot [0.562(3.28L)^{0.02} - 0.5]\} \cdot \rho_{\text{air},H} u v V_{\text{e}} \cdot (3.28L)^{0.25}$$
$$(2-19)$$

式中:u 为飞艇的当量速度。

式(2-19)适用于 $4 < f < 6$ 的情况,当 $f < 4$ 时,取 4。

结合式(2-19)可得艇囊屈曲载荷为

$$\sigma_{\text{buckling}} = (P_{\text{dynamic}} + 2P_{\text{aerodynamic}} + 3P_{\text{hydrastatic}})\frac{R}{2} + \frac{M_b}{\pi R^2} \quad (2-20)$$

若式(2-20)所得结果为正值,表明屈曲载荷在使用范围内;负值则反之。

在校核艇囊强度时,经向载荷、纬向载荷和屈曲载荷都发生在囊体的最大直径处,因此,在使用式(2-20)时,直径或半径都应取最大值,即 $D_{\max}$ 和 $R_{\max}$。

4. 气动力模型

飞艇浮力直接决定其起飞重量,而阻力则关系到飞艇功率,因此两个参数都十分重要,下面分别给出计算模型。

1)浮力模型

飞艇的浮力 F_{buoyancy} 模型,这里说的浮力指的是净浮力,由主气囊内充氦量决定,其值基本不随海拔高度而变化,因此在求解时按照海平面情况计算即可[62-64]。

考虑氦气纯度系数 k,艇囊内所充的氦气实际密度和浮力分别为

$$\rho_{\text{He}} = k \cdot \rho_{\text{He},0} + (1-k) \cdot \rho_{\text{air},0} \quad (2-21)$$

$$F_{\text{buoyancy}} = (V_e - V_b) \cdot (\rho_{\text{air},0} - \rho_{\text{He}}) \cdot g \quad (2-22)$$

2)阻力模型

大气黏度的表达式为

$$\mu = 1.7140 \times 10^{-5} \times \left(\frac{T_S + \Delta T}{273}\right)^{4.256} \quad (2-23)$$

式中:T_S 为标准大气温度;ΔT 为温差。

大气动黏滞系数表达式为

$$V_{\text{isc}} = \frac{\mu}{\rho_{\text{air},H}} \quad (2-24)$$

雷诺数表达式为

$$Re = \frac{\rho_{\text{air},H} v L}{V_{\text{isc}}} \quad (2-25)$$

式中:v 为飞行速度;L 为艇体长度。

艇体本身的阻力系数 C_{DVe},即裸艇体的阻力系数估算公式为

$$C_{\text{DVe}} = \frac{0.172 f^{1/3} + 0.252(1/f)^{1.2} + 1.032(1/f)^{2.7}}{Re^{1/6}} \quad (2-26)$$

式中:f 为飞艇长细比。

飞艇总的阻力系数 C_{DV} 与裸艇体阻力系数 C_{DVe} 的关系为

$$C_{\mathrm{DV}} = \frac{C_{\mathrm{DVe}}}{k_{\mathrm{drag}}} \qquad (2-27)$$

式中:k_{drag} 为阻力因子,一般取 0.5243。

飞艇总的阻力 F_{drag} 可由下式计算,其中阻力系数参考 G. A. Khoury[32] 给出的数值,即

$$F_{\mathrm{drag}} = \frac{1}{2} \times C_{\mathrm{DV}} \rho_{\mathrm{air},H} v^2 S \qquad (2-28)$$

式中:S 为参考面积,取飞艇体积的 2/3 次方。

5. 功率模型

飞艇功率直接决定能源供给,飞艇总功率 P_{total} 由推进功率、设备功率和载荷功率 3 部分组成,其中推进系统功率所占的比例最大,可由下式求解,即

$$P_{\mathrm{prop}} = \frac{F_{\mathrm{prop}} v}{\eta_{\mathrm{total}}} \qquad (2-29)$$

式中:F_{prop} 为推进器的推力,数值与式(2-28)中飞艇阻力 F_{drag} 相等;v 为飞行速度;η_{total} 为推进系统综合效率,具体由下式求得,即

$$\eta_{\mathrm{total}} = \eta_{\mathrm{prop}} \eta_{\mathrm{motor}} \eta_{\mathrm{reducer}} \qquad (2-30)$$

式中:η_{prop} 为螺旋桨效率;η_{motor} 为电机效率;η_{reducer} 为减速器效率。

飞艇的系统总功率为

$$P_{\mathrm{total}} = P_{\mathrm{prop}} + P_{\mathrm{equi}} + P_{\mathrm{load}} \qquad (2-31)$$

式中:P_{prop} 为推进系统功率;P_{equi} 为设备功率;P_{load} 为有效载荷功率。

6. 能源模型

平流层飞艇能源主要由薄膜太阳能电池和锂电池组成[65-66]:前者接收太阳辐射用于白天的能源供给;后者储存多余能源用于夜间能源供应。

飞艇艇囊为椭球体,其表面不同位置接收到的太阳辐射量不同。此外,影响接收的因素还包括日期、时间、地域及飞行方位。在建立飞艇太阳能电池能量模型时,应综合考虑以上因素。飞艇艇囊接收太阳辐射如图 2-25 所示。

在计算太阳能电池获得能量之前,首先要给出太阳辐射通量的具体数值。地球平均太阳辐射通量密度 I_{sc} 为 $(1367 \pm 7)\mathrm{W/m}^2$,而实际辐射密度受日地轨道距离的影响。

一年内任意一天的实际太阳辐射通量密度为

$$I_0 = I_{\mathrm{sc}} r = I_{\mathrm{sc}} \left(1 + 0.034 \cos\left(\frac{2\pi n}{365}\right)\right) \qquad (2-32)$$

式中：n 为一年内距离 1 月 1 日的天数；r 为日地间距引起的修正值。

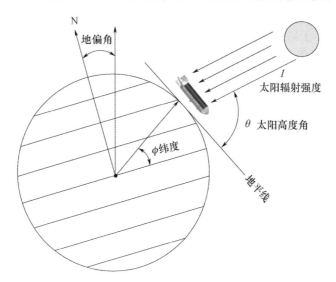

图 2-25 太阳能电池接收太阳辐射示意图

太阳时角是一个随时间变化的函数，以 h 为单位，每间隔 1h 变化 15°，即

$$\omega(t) = \pi - \frac{2\pi t}{24} \tag{2-33}$$

太阳赤纬角是太阳光线与地球赤道面的交角，随季节发生变化，夏至时达到最大 23°27′，冬至时达到最小 -23°27′，具体计算公式为

$$\delta = 23.45 \times \sin\left(360 \times \frac{284+n}{365}\right) \tag{2-34}$$

进一步，可求得太阳高度角表达式为

$$\sin\theta = \sin\phi\sin\delta + \cos\phi\cos\delta\cos\omega(t) \tag{2-35}$$

式中：ϕ 为地理纬度。

在给定以上基本参数的基础上，考虑采用平面假设[40]方法来完成对薄膜太阳能电池在艇囊上的铺设。平面假设即认为太阳能电池以平面的形式进行铺装，不考虑艇囊曲度。使用平面假设时太阳能电池阵单位面积的日实际发电量为

$$Q_{\text{plane}} = \int_{t_{\text{sr}}}^{t_{\text{ss}}} I_0 \mu_s \eta_s (1-\tau) \sin\theta \, dt \tag{2-36}$$

式中：τ 为大气衰减系数，$\tau = 0.15$；μ_s 为太阳能电池光电转化效率；η_s 为太阳能电池综合损失因子。

积分上下限 t_{ss}、t_{sr} 分别代表日升、日落时刻。

2.2.2 基于响应面的单级多学科可行法优化(MDF)

1. 优化模型

在开展单级多学科可行法优化(MDF)之前,首先需要建立平流层飞艇总体优化模型,就是按照 2.2.1 节中介绍的方法提炼系统的数学模型,即确定目标函数、约束条件和设计变量[41]。

1) 目标函数、约束条件及设计变量

目标函数(Objective Function)是指所关心的目标(某一个变量,即目标变量)与相关因素(某些变量,即设计变量)的函数关系,在总体设计中,确定目标函数非常关键,目标函数选择的优劣将直接决定问题的可行性,同时也进一步影响优化的复杂程度。本章开展的优化依次选择两个目标函数,分别如下。

(1) 以系统总重($m_{GrossWeight}$)最小为目标函数。之所以选择总重最小作为目标函数,是因为对于飞艇类浮空器来说,系统重量是最为重要的指标参数:一方面它直接决定着系统能否顺利升空;另一方面也同时间接决定着各子系统、子部件的选择标准和成本。

(2) 以系统净重($m_{GrossWeight}$)最小为目标函数。设计变量(Design Variable)是用于描述工程系统的特征、在设计过程中可被设计者控制的一组相互独立的变量。由于影响飞艇系统质量的总体参数很多,因此如何从中选择影响最为明显的参数作为设计变量是问题的关键。同时设计变量应尽可能少,这样才能保证程序的运行效率。本次优化选择艇体长度 L、长细比 f 和艇囊材料属性作为设计变量,材料属性具体包括面密度 ρ_{env} 和经向、纬向拉伸强度 $\sigma_{WarpTensileStrength}$、$\sigma_{WeftTensileStrength}$。因为前两个变量作为系统全局设计变量,在很大程度上决定飞艇的基本构型,进而显著影响系统质量,后3个变量作为局部设计变量,影响飞艇结构强度和质量。

约束条件(Constraint)是系统在设计过程中必须满足和遵守的前提条件。在确定系统总重最小为优化目标后,其他设计要求可以作为约束条件,这里的约束条件包括以下几个。

① 净重约束:$m_{NetWeight} \leqslant m_0$,其中 m_0 根据实际需要,取飞艇总重 $m_{GrossWeight}$ 的 $-5\% \sim 5\%$。

② 强度约束:$\sigma_{Circumferential} \leqslant \sigma_{WarpTensileStrength}$,$\sigma_{Longitudinal} \leqslant \sigma_{WeftTensileStrength}$,$\sigma_{Buckling} > 0$,其中 $\sigma_{Circumferential}$、$\sigma_{Longitudinal}$ 和 $\sigma_{Buckling}$ 分别代表艇体的环向载荷、轴向载荷和屈曲载荷,$\sigma_{WarpTensileStrength}$ 和 $\sigma_{WeftTensileStrength}$ 是材料的经向拉伸强度和纬向拉伸强度。

③ 升降速度约束：$v_{Ascend} \leq v_{Ao}$，$v_{Descend} \leq v_{Do}$，其中 v_{Ascend}、$v_{Descend}$ 分别代表飞艇的上升速度和下降速度，v_{Ao}、v_{Do} 是固定值，主要依据以往工程经验进行设定。

2）优化模型

综合以上内容，可以将平流层飞艇总体优化的数学模型描述为以下形式。两个优化模型的目标函数不同，设计变量和约束条件相同。

（1）优化模型：系统总重（$m_{GrossWeight}$）最小为目标函数，则

$$\min : m_{GrossWeight} = f(\boldsymbol{X})$$

$$\text{s.t.} \begin{cases} g_1(\boldsymbol{X}) = m_{NetWeight} - A \leq 0 \\ g_2(\boldsymbol{X}) = \sigma_{Circumferential} - \sigma_{WarpTensileStrength} \leq 0 \\ g_3(\boldsymbol{X}) = \sigma_{Longitudinal} - \sigma_{WeftTensileStrength} \leq 0 \\ g_4(\boldsymbol{X}) = \sigma_{Bucking} > 0 \\ g_5(\boldsymbol{X}) = v_{Ascend} - v_{Ao} \leq 0 \\ g_6(\boldsymbol{X}) = v_{Descend} - v_{Do} \leq 0 \end{cases} \quad (2-37)$$

$$x_iL \leq x_i \leq x_iU, i = 1,2$$
$$x_i \in R, i = 3,4,5$$

（2）优化模型：系统净重（$m_{GrossWeight}$）最小为目标函数，则

$$\min : m_{NetWeight} = f(\boldsymbol{X})$$

$$\text{s.t.} \begin{cases} g_1(\boldsymbol{X}) = m_{NetWeight} - A \leq 0 \\ g_2(\boldsymbol{X}) = \sigma_{Circumferential} - \sigma_{WarpTensileStrength} \leq 0 \\ g_3(\boldsymbol{X}) = \sigma_{Longitudinal} - \sigma_{WeftTensileStrength} \leq 0 \\ g_4(\boldsymbol{X}) = \sigma_{Bucking} > 0 \\ g_5(\boldsymbol{X}) = v_{Ascend} - v_{Ao} \leq 0 \\ g_6(\boldsymbol{X}) = v_{Descend} - v_{Do} \leq 0 \end{cases} \quad (2-38)$$

$$x_iL \leq x_i \leq x_iU, i = 1,2$$
$$x_i \in R, i = 3,4,5$$

式中：$\boldsymbol{X} = [L, f, \rho_{env}, \sigma_{WarpTensileStrength}, \sigma_{WeftTensileStrength}]^T = [x_1, x_2, x_3, x_4, x_5]^T$ 为设计变量；x_iL 和 $x_iU(i=1,2)$ 分别为连续设计变量在设计空间取值的上、下限；R 为离散变量的集合。

2. 优化流程

平流层飞艇总体优化设计是一个包含连续和离散混合设计变量的多学科

优化问题,其包含两个连续设计变量和三个离散设计变量。

由于目标函数和约束条件均无法以显式表达,故只能通过数值计算程序计算获得。另外,在对问题进行分解后发现,其所涉及的设计变量为5个,各学科分析的计算量也相对较小,故系统分析所需的迭代次数不大,计算时间也不会过长。所以,在优化时结合响应面,采用单级多学科可行法优化方法。

基于响应面的平流层飞艇总体单级 MDF 优化流程如图 2-26 所示。

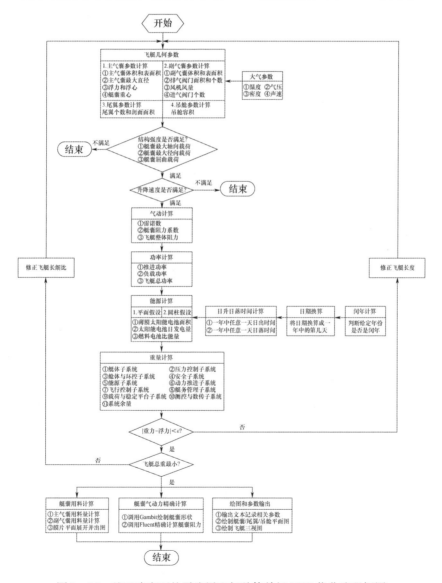

图 2-26 基于响应面的平流层飞艇总体单级 MDF 优化流程框图

2.3 浮重平衡设计

平流层飞艇在长时驻空过程中,应保持其高度的基本稳定,因此应确保其满足系统浮力与重力平衡,即浮重平衡,如图 2-27 所示。

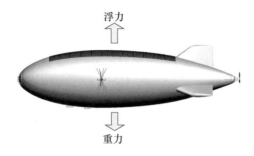

图 2-27 飞艇浮重平衡示意图

平流层飞艇浮力主要由氦气提供,也可使用氢气,氢气是世界上已知的密度最小的气体,但由于氢气具有可燃性,安全性不高,故飞艇现多用氦气填充。

(1) 计算平流层飞艇的浮力。平流层飞艇按升限设计指标,若飞艇在海平面上发放,飞艇总体积为 V_h,飞行高度为 h,副气囊体积为 V_b,按此计算,在地面时,主气囊剩余的氦气体积 $V_h - V_b$ 用于提供飞艇上升所需的浮力。计算过程如下,纯氦气密度为 ρ_{He},海平面空气密度为 ρ_a,氦气纯度为 k,考虑纯度后氦气的密度为

$$\rho_g = (k\rho_{He} + (1-k) \times \rho_a) \qquad (2-39)$$

进而可得有效浮力为

$$L_g = (V_h - V_b) \cdot (\rho_a - \rho_g) \qquad (2-40)$$

(2) 计算平流层飞艇的重力及系统的质量。若按照各结构部件,则系统的质量为

$$M_T = M_1 + M_2 + M_3 + M_4 + M_5 + M_6 + M_7 + M_8 + \cdots + M_n \qquad (2-41)$$

式中:M_1、M_2、M_3、$\cdots$、M_n 为各部件的质量。

(3) 计算平流飞艇浮重平衡。以上核算了静态工况下飞艇系统的浮力和质量,由核算结果可以看出

$$L_g = M_T \qquad (2-42)$$

若式(2-42)成立的话,即代表在静态工况下平流层飞艇系统能够满足浮重平衡的实际需求,能够保持高度平衡。

但在平流层飞艇长时驻空过程中,飞艇囊内的氦气将会出现一定程度的泄漏,造成系统浮力损失,进而影响飞艇高度平衡,此工况属于动态工况。针对这一工况,需要做更为细致的核算,这里暂不介绍。

2.4 推阻平衡设计

为满足飞艇长时驻空及区域驻留的任务要求,需要推进系统提供足够的推进力,以具备抗风飞行的能力,如图 2-28 所示。

图 2-28 推阻平衡示意图

根据不同任务要求,对不同工况下飞艇的阻力和推进系统能够提供的推力进行分析如下。

一般按飞艇处于匀速平飞工况核算飞艇阻力,有

$$F_D = \frac{1}{2}\rho v^2 C_D A \tag{2-43}$$

式中:A 为飞艇艇体参考面积,$A = V_{ol}^{2/3}$,V_{ol} 为艇体体积;C_D 为飞艇阻力系数,分别取平飞攻角和设计最大攻角进行初步估算;ρ 为飞行高度的空气密度;v 为飞行速度。

初步设计阶段计算推阻平衡时,计算推进分系统推力时,若飞艇装备多套推进器,则需要计算多套推进器的推力之和。单套推进器的推力和总推力可按下式估算,即

$$T_i = \frac{P_{Pi} \cdot \eta_{Pi}}{V} = \frac{P_{Mi} \cdot \eta_{Mi} \cdot \eta_{Gi} \cdot \eta_{Pi}}{V} \tag{2-44}$$

$$T = \sum_{i=1}^{n} T_i \tag{2-45}$$

式中:T 为所有推进器提供的总推力;T_i 为单套推进器提供的推力;P_{Pi} 为单套推进器的输入功率;η_{Pi} 为单套推进器的效率;P_{Mi} 为单台动力电机的输入功率;η_{Mi} 为单台动力电机系统的效率;η_{Gi} 为单台减速器或传动系统的效率(若为直驱系统,则此参数取1);η_{Pi} 为单副螺旋桨的效率;n 为推进器数量。

动力推进系统满足推阻平衡,即

$$T > F_D \tag{2-46}$$

飞艇的设计是不断迭代的过程,在初步设计、详细设计以及研制完成后的测试阶段,均需及时更新各个参数,核算是否满足推阻平衡要求。

2.5 能耗平衡设计

平流层飞艇实现跨昼夜长时驻空需要有持续、可靠的能源供应,目前最为可行的是光伏循环能源系统。该系统由柔性薄膜太阳能电池阵、储能电池组和电源管理器组成,在飞艇飞行全过程中,为飞艇安全飞行提供能源。

循环能源系统的设计目标是满足飞艇驻空飞行的能量平衡。能量平衡是指驻空时间段内通过太阳能电池阵产生的电量与飞艇平台总的电量消耗相等,这是确保飞艇平台可靠性和寿命的必要条件,是飞艇平台电源系统性能和飞行可行性的判断标准之一。

飞艇上太阳能电池全天发电功率曲线如图 2-29 所示。水平直线为能量平衡线,即负载平均功率线。区域 D 为太阳能电池电能白天自给时段的负载能量需求,区域 B、C 为储能电池供电时段的负载能量需求,区域 A 为太阳能电池为储能电池充电的时段。

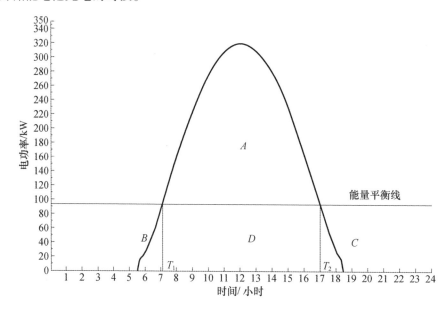

图 2-29 全天能量平衡图

对于一种光伏能源系统,能量平衡就是使

$$A\eta_{\text{battery}} \geq B + C \quad (2-47)$$

式中:η_{battery}为储能电池的充放电效率。

第 3 章 平流层飞艇艇体结构设计

本章介绍平流层飞艇艇体结构设计的主要内容,包括艇体结构的一般功能和组成、柔性结构设计、刚性结构设计及刚柔结构连接设计等。

3.1 艇体结构总体设计

3.1.1 一般功能和组成

艇体是平流层飞艇的主要结构组成部分,其主要功能是为飞艇升空、平飞提供所需的浮力,同时为其他艇载系统提供安装平台[42]。

平流层飞艇的艇体结构一般分为两类:一类是柔性结构,主要包括主气囊、副气囊、尾翼等由囊体复合材料构成的结构以及绳索、系缆等;另一类是刚性结构,主要包括吊舱、推进器支撑结构等。此外,还包括其他安装在艇上的刚性部件,如阀门、法兰等。

艇体结构的具体功能如下。

(1)根据总体要求确定飞艇整体布局,为其他分系统设备提供安装位置和连接结构。

(2)主气囊用于容纳为飞艇提供升力所需要的浮升气体(现在通常为氦气)。

(3)副气囊用于容纳空气,主要用于调节飞艇的内压,同时协助艇体姿态的控制。

(4)尾翼(通常为柔性结构)用于保持飞艇的姿态稳定。

(5)吊舱用于安装各种控制设备、动力电池及载荷仪器等。

(6)推进器支撑结构用于安装飞艇动力推进设备。

(7)风机、阀门等设备用于控制飞艇副气囊的进、排气,实现对飞艇压力的控制。

3.1.2 设计原则

平流层飞艇的艇体结构是一个庞大的体系,有艇体和相关支撑附件,不同部件之间互相影响,共同支撑平流层飞艇的运转。在设计平流层飞艇艇体结构时,除前面描述的浮重平衡、推阻平衡等原则外,还需要遵循以下原则。

(1)平衡控制原则。平流层飞艇艇体结构在保持系统整体姿态平衡的同时,还需要根据艇体浮力或系统总质量的变化实时控制艇体姿态,即当飞艇总体质量增加或减小时,飞艇依然能够控制艇体姿态。

(2)尺度控制原则。在满足系统总体所需要浮力的前提下,飞艇的尺度需要综合考虑吊舱、推进机构、配重物等结构的布局,以确保艇体的平衡,考虑艇体膜片结构的裁剪、加工、运输以及设备的安装、调试等问题,艇体充气、发放和回收等也对艇体的尺度有要求。

(3)强度控制原则。平流层飞艇尺寸大、飞行速度小、机动能力弱,飞艇艇体所承受的空气动压负载小且也较分散。相较于外界环境对艇体施加的负载,艇体的强度需求更多的来源于自身,艇体的强度首先要确保能够承受艇体内部压力所带来的载荷。艇体的尺度越大,结构越复杂,所带来的强度需求也就越高。艇体上安装的吊舱、配重、推进支架等重量集中的结构件,在安装连接处应力大,对艇体强度要求更高。平流层飞艇艇体结构强度设计,还必须保有一定的安全系数,以应对天气突变和极端机动飞行的挑战。

3.1.3 设计要求

艇体系统设计首先要满足飞行任务要求,飞行任务决定了平流层飞艇的总体设计、有效载荷的配置及飞行高度和飞行周期等,也决定了艇体结构、动力推进系统、能源管理系统的设计要求;其次,艇体系统需要满足与飞艇上其他系统的接口要求,包括几何尺寸、材料、质量特性参数、电气参数、通信数据、温度数据及其他接口数据等。

此外,系统设备还必须满足"六性"要求,即可靠性、维修性、保障性、测试性、安全性以及环境适应性。其他分系统设备同样需满足"六性"要求,后续章节不再赘述。

（1）可靠性。要求参考《航天产品可靠性保证要求》《卫星可靠性设计指南》等相关可靠性标准和文件要求，采用成熟技术，简化设计、冗余设计等。

（2）维修性。要求装备配置和设计要根据自身特点进行简化，采用便于快速拆装、更换的模块化设计，达到快捷的保持和恢复飞艇系统功能的要求。

（3）保障性。要求场地、空域、维护、人员、气象保障、氦气保障、设备保障、艇库等保障条件，要符合相关要求。

（4）测试性。要求考虑关键节点的测试便捷性，能及时并准确地确定其状态（可工作、不可工作或性能下降），并隔离其内部故障。大气温度、艇体压差、电性能参数、锂电池组电压等重要参数能够在线测试。

（5）安全性。要求采取最小风险设计，降低风险，确保安全；要制定安全操作规程，采用安全防护装置，确保飞艇系统的运行安全。

（6）环境适应性。要求电子设备和机械设备应按平流层环境条件选用器件并开展环境试验。

3.2 柔性结构设计

艇体的柔性结构一般由囊体材料加工而成，囊体材料是一种层合多功能性材料，主要由耐候层、阻隔层、承力层和热合层组成[43]，其除了需要满足最基本的容纳浮升气体功能之外，还需要能够适应平流层大气温度低、辐射强度大及臭氧等严苛的工作环境。

3.2.1 对囊体材料的要求

囊体材料需要具备低密度、高强度、低渗漏、长寿命等特性[44]。

1. 低密度要求

平流层飞艇的工作高度一般位于对流层顶和平流层下部，这个高度的大气密度远低于海平面，囊体内部氦气提供净浮升力，因此，需要囊体材料的密度尽可能低，才能够提供更多的净浮升力。

所有需要对抗重力的航空器都在追求使用轻质材料，而平流层飞艇特有的"浮力—体积—材料用量"的关系使得材料密度成为设计者最关注的性能。材料相对密度是影响平流层飞艇有效载荷占比的最重要因素，决定了平流层飞艇的运载效率。控制材料的面密度在平流层飞艇艇体设计、研制中至关重要，以表面积为 $10^4 m^2$ 的平流层飞艇为例，囊体材料每平方米质量减少 1g，即可增加

10kg 的负载能力。

具备特定功能的材料,如高强度的纤维、防腐蚀的薄膜等都具有较高的密度。平流层飞艇艇体材料的选用,包括艇体复合材料各种功能层的组合方式,就是性能与重量的取舍平衡。由于需要在轻量化的前提下实现诸多的技术指标要求,需要各功能层同时承担多项技术指标所提出的功能性要求。拉伸强度和撕裂强度依赖于承力层织物的设计;囊体材料的耐摩擦性能、耐候性能、光热控制性能需要通过优化耐候层设计实现;阻隔性能通过阻隔性涂层或镀层来实现。在进行各层材料功能性设计的同时,还需要对改进型囊体材料组成结构进行总体设计,确保各功能层材料可以有效地复合为一整体,且满足所有技术指标要求。

一般囊体材料由外及里的多层结构组成设计为保护层(最外层)、耐候层、阻隔层、黏结层、承力层、热封层。囊体材料的多层结构设计如图 3–1 所示。

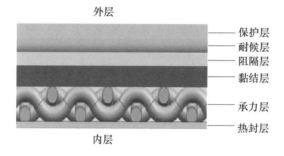

图 3–1 囊体材料组成结构示意图

材料样品的面密度是可以直接测量的,但实际应用时,还需要考虑材料均匀性、拼接工艺的附加质量、表面防尘、吸湿性等因素。

2. 高强度要求

囊体材料强度决定了柔性艇体最大尺寸,高强度包括高拉伸强度、高弹性模量、强抗撕裂能力。飞艇囊体材料的高强度、高模量的合成纤维,主要有芳香族聚酰胺纤维、聚酯纤维、聚乙烯纤维等[45]。承力层材料选用不能仅考虑材料强度,还要考虑与其他分层之间的焊接性能,同时需要在考虑强度的同时考虑材料的重量,在满足强度的情况下,尽可能减少飞艇艇体材料的重量。

囊体材料对强度的要求取决于充气囊体结构和功能,高强度是一项综合指标,并不单指拉伸强度,它包括各向的拉伸强度、剪切强度、撕裂强度、层间结合强度、变形、弹性和黏弹性等一系列力学性能[46]。

3. 低渗漏要求

囊体材料的氦气渗透性能直接决定了浮空器运行时间、氦气损失和成本。氦气渗透引起平流层飞艇体积、氦气质量的变化,净浮力随之变化。当净浮力不足以克服平流层飞艇自重时,平流层飞艇将无法保持其原有的外形结构和驻留状态。

氦气属单原子分子,分子半径小,其范德华半径为0.122nm。因此,氦气比其他气体如氮气、氧气、二氧化碳等更容易扩散、渗透。氦气对聚四氟乙烯的透过率大约是氮气透过率的2000倍。由此可见,一般的气体阻隔材料难以满足囊体对气密层的要求,必须选择具有高气体阻隔性能的特殊材料作为气密层材料,具有高气体阻隔性能的高分子材料是平流层飞艇囊体的首选材料。

常见的用于气密层的材料有聚酯、聚偏二氯乙烯、乙烯-乙烯醇共聚物。聚酯的化学性质稳定、力学强度高、质轻,应用广泛;聚偏二氯乙烯光氧化会变脆,抗冲击性及耐寒性不佳,乙烯-乙烯醇共聚物耐热性差,吸湿,尼龙阻隔性受温度、湿度的影响大,限制了它们的应用。

低渗漏的另一个含义是在全部使用过程中,充气囊体整体漏气都保持较低。这就涉及材料的耐揉搓性、抗穿刺性和拼接工艺。例如,一种高阻隔材料的氦气渗漏率为 $0.3L/m^2 \cdot 24h \cdot atm$,用这种材料制作一个表面积为 $1000m^2$ 的球体,假设内压维持在100Pa,那么这个球每天泄漏量为 $3 \times 10^{-4} m^3$;然而,如果在这 $1000m^2$ 的球体表面出现一个直径6mm的破口,那么每天的泄漏量将达到 $100m^3$。两者相差6个数量级。前者材料的渗漏率若超过指标可能导致平流层飞艇的飞行时间从设计的1年降低到3个月;而后者如揉搓产生的微孔、石子撞击的破孔、热合面脱胶或者横向漏气,这些将导致飞行完全失败。

4. 长寿命要求

囊体材料的长寿命要求,指的是在整个设计使用寿命中,囊体材料的强度、变形、阻气率等指标都能满足要求,不会先于其他系统失效。对囊体材料特别提出长寿命要求有两个原因:一个是因为飞艇结构越来越多地采用了先进的高强度材料,整体造价不菲,希望使用寿命能尽可能地长;另一个更主要的原因是平流层飞艇功能提升提出的要求。目前,长航时是平流层飞艇发展的方向,平流层的强辐射和臭氧环境对高分子材料是非常严酷的,长航时所要接受的高低温交变对材料的考验也非常大[47]。

目前,对平流层飞艇材料长寿命的研究主要从两个方面实施:一方面是实用领域,如低空飞艇、系留气球,得益于高分子材料在工业各领域的广泛应用,有详细的耐候测试方法和标准,对高分子材料进行加速老化或自然老化,并进行合理的评估;另一方面,长航时的平流层飞艇的设计研制刚起步,多数情况下,只能借助环境模型在地面模拟进行加速老化。

3.2.2 主气囊设计

平流层飞艇主气囊的外形决定了飞艇的体积和气动特性,直接影响飞艇的浮重平衡、推阻平衡和能源平衡,同时也决定了囊体材料的强度需求[48],是飞艇结构设计中的最重要环节,也是首要环节。主气囊的设计可以分为3个方面,分别是主气囊外形设计、分膜设计。

1. 外形设计

飞艇主气囊是平流层飞艇结构中最重要的结构之一,主气囊的功能是容纳浮升气体并为系统提供浮力,主气囊的材料一般为高分子多层复合织物材料,主气囊设计目标为重量最轻以及对强度要求最低[49]。

减轻飞艇艇体的重量:一方面可以提升材料的性能,尽可能在强度允许的范围内减小囊体材料的面密度;另一方面需要减少飞艇的面积,从而减轻飞艇的重量。

飞艇囊体的表面积 A_e 可以通过以下公式进行计算,即

$$A_e = 2\pi \int_0^a \left[1 + \left(\frac{dy}{dx}\right)^2\right]^{\frac{1}{2}} \quad (3-1)$$

对于吊舱等设备的固定主要是通过艇囊内充入一定压力的气体来维持。主气囊压力的确定有两种办法:一是采用艇体不发生内陷变形所需要的最小压差作为主气囊的压力;二是以控制标准为轴向力不小于零作为标准来确定主气囊的压力。

第一种方法现在使用比较多的是 Fodaro[50] 提到的经验公式,静压 Δp_{stat}、气动压力 Δp_{dyn} 和压力梯度 Δp_{diff} 造成的压力,可表示如下:

$$\Delta p_{stat} = 1.15 \times \frac{1}{2} \cdot \rho_a V^2 \quad (3-2)$$

$$\Delta p_{dyn} = \frac{1}{2} \rho_a V_\infty^2 C_p \quad (3-3)$$

$$\Delta p_{diff} = (\rho_a - \rho_{He}) \cdot g \cdot \frac{D}{2} \quad (3-4)$$

式中:ρ_a 为空气密度;D 为主气囊最大截面直径;系数 C_p 建议值为 0.3~0.35。

3 种压力相加即为囊体所需最小压力值,即

$$\Delta p_{\min} = \Delta p_{\text{stat}} + \Delta p_{\text{dyn}} + \Delta p_{\text{diff}} \quad (3-5)$$

第二种方法以轴向力不小于零作为标准,并且通过弹性分析理论,可以进一步得出最小压力和弯矩之间的关系,即[51]

$$p_{\min} = \frac{2M}{\pi r^3} \quad (3-6)$$

式中:M 为最大力矩;r 为飞艇主气囊半径。

飞艇的囊体结构为柔性材料,使用过程中主要是通过保持一定的压力来对抗由于各种原因产生的力矩,这也是式(3-6)的实际意义。

飞艇飞行过程中的力矩有 3 个来源:第一部分为飞艇的静压力矩,主要来源为飞艇上的结构部件,如吊舱、艇首结构、起落架、动力推进装置等以及结构部件的分布,这些架构会通过影响飞艇的质量中心从而对飞艇造成一个静弯矩;第二部分为飞艇的囊体动压力矩,即飞艇以一定仰角飞行时,气动力会对飞艇质量中心产生一定的影响,从而进一步产生一个抬头力矩;第三部分是由于氦气和外部空气存在一定的密度差,在飞艇中存在一定的压力梯度,会对整个系统造成一个压力梯度弯矩。

因此,在实际设计过程中需要先确定重量分布及平衡关系以及其他可能造成弯矩的因素,根据实际飞行情况确定 3 种弯矩的值,以轴向力不小于零为基准计算主气囊所需的压力。

飞艇弯矩的计算可利用经验公式,美国联邦航空管理局所用的经验公式为[52]

$$M_{\text{FAA}} = 0.029 \times \left(1 + \left(\frac{l}{d} - 4\right)(0.5624 l^{0.02} - 0.5)\right) \times \rho_a u v V_e l^{0.25} \quad (3-7)$$

飞艇的静力矩 M_{stat} 和气动力矩 M_{dyn} 的表达式分别为

$$M_{\text{stat}} = g\rho_a \left(1 - \frac{M_h}{M_a}\right) \pi r_c^4 f_r^2 \left(\frac{1}{4} - \frac{k}{3} - \frac{k_3}{6}\right) \quad (3-8)$$

$$M_{\text{dyn}} = \frac{1}{2} \rho_a v_c^2 \sin 2\beta k_m V_e \quad (3-9)$$

飞艇的气压梯度表达式为

$$p_{\text{diff}} = g\rho_a \left(1 - \frac{M_h}{M_a}\right) 2r_{\max} f_r \sin\beta \quad (3-10)$$

计算 p_{stat} 和 p_{dyn} 后,将三者相加,即可得到最小的内压,即

$$p_{\min} = p_{\text{stat}} + p_{\text{dyn}} + p_{\text{diff}} \quad (3-11)$$

主气囊设计还需要考虑温度的变化,飞艇飞行会经历昼夜的变化,太阳辐射变化大,并且飞艇工作的平流层,由于空气较为稀薄,会出现超热现象,从而导致飞艇的超压,这也是在设计主气囊时需要考虑的。

最终计算出的压力最小值为主气囊的设计重要参数,结合材料性能对主气囊的外形进行设计。

2. 分膜设计

艇囊膜片展开是主气囊设计的第二步,将主气囊的形状设计完成后,考虑材料性能、材料焊接性能及其受力特性等因素,根据实际裁剪能力和裁剪工艺确定艇囊裁剪的方法。

分膜设计主要分为3个步骤,即空间膜片裁剪、空间膜片展平和应变补偿。首先裁剪艇囊膜片,根据实际需求及膜片受力进行裁剪,裁剪过后的膜片为立体图形,无法加工,因此要将三维膜片近似展开为可加工的平面图形;然后根据飞艇飞行中膜片的受力拉伸情况确定应变补偿值。目前,常用的展开方法有纵向裁剪法和环向裁剪法。[53-54]

1) 纵向裁剪法

纵向裁剪法是轴向以艇囊曲线作为基准中心线保持长度不变,环向则对应轴向坐标,等角度划分对应艇囊周长,如图3-2所示。

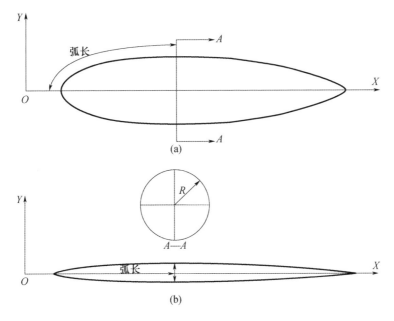

图3-2 采用纵向裁剪法的膜片展开图

纵向裁剪法方法的基本约束是二维膜片中心线,即子午线的长度短于二维膜片边缘线,三维实体上的膜片边缘线等于二维膜片的中心线,如图 3-3 所示。其中,子午线长度 $L_1 = L_2 = L$,边缘弧长 $M_1 > M_2$,故膜片的展弦比 $r_1 > r_2$ ($r_1 = L_1/M_1$、$r_2 = L_2/M_2$)。通过增加膜片的数量,二维膜片中心线和边缘线逐渐接近,即展弦比趋近于1。

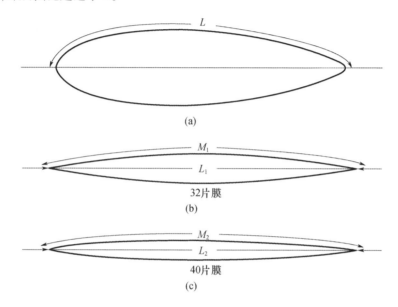

图 3-3 纵向裁剪法展弦比示意图

纵向裁剪法在划分膜片时,轴向长度是准确值,横向长度则是一个近似长度,即艇体的横截面并不是一个正圆,而是多边形,通过多边形的数量增加来近似逼近形成一个圆,划分的膜片数越多,对应的变形数量越多,横截面也就越接近圆。

纵向裁剪法的计算方法和步骤如下。

首先计算幅片数 n,即

$$n \geqslant n_0 = \frac{2\pi r_c}{W_e} = \frac{2\pi r_c}{W_0 - 1} \quad (3-12)$$

式中:W_0 为膜幅宽;W_e 为有效利用幅宽,$W_e = W_0 - 1$;n 为不小于 n_0 的整数,或者为使得飞艇焊接对策,取不小于 n_0 的偶数。

计算囊体曲线坐标,囊体的回转曲线方程已经通过前述步骤得出,设为 $f(x)$,沿飞艇纵轴计算分点 x_i 坐标,即

$$y_i = f(x_i) \quad (3-13)$$

进一步计算幅片长向坐标,即

$$S_i^0 = \int f(x_i)\mathrm{d}s = \int_0^{x_i}(1+f'(x))^{\frac{1}{2}}\mathrm{d}x \qquad (3-14)$$

以 $2n$ 径向均匀分割囊体为 $2n$ 份,并以坐标轴为零度基准点,则沿环向顺、逆时针方向各转 $\frac{\pi}{n}$,此弧长投影到柱面坐标系则为幅片横向坐标值,幅片宽为 2 倍坐标关于基线对称,则

$$W_i^0 = \frac{\pi y_i}{n} \qquad (3-15)$$

应变补偿分别计算环向张力 f_h 和环向应变 ε,即

$$f_h = py_i \qquad (3-16)$$

$$\varepsilon = \frac{py_i}{Et} \qquad (3-17)$$

式中:Et 为薄膜刚度,采用双向张拉,并复合囊体稳态受力测定;p 为气压差。

应变补偿修正后的宽度 W_i^1 和纵向张力 f_e 分别为

$$W_i^1 = \frac{\pi y_i}{n}\left(1 - \frac{py_i}{Et}\right) \qquad (3-18)$$

$$f_e = pf''(x_i) \qquad (3-19)$$

因此,囊体薄膜纵向张力是变化的,则幅片长向难以给定一个补偿系数。

以总弧长 S_i 的中点作为基准点,根据受力与应变修正膜片展开坐标 S_i。以 x_i 代表有效幅片长 ^0S_i,采用 x_i 为中心坐标的差分格式,增量为 $d_i = x_i - x_{i-1}$ 的 $1/2$,计算对应点弧长,相减得到 x_i 所代表的有效幅片长 ^0S_i。根据 x_i 点曲率半径 $f''(x_i)$ 计算纵向张力 f_i,则可计算 x_i 对应幅片长的应变补偿,即

$$^0\varepsilon_i = \frac{f_i^0 S_i}{Et} \qquad (3-20)$$

最后,将各坐标代表幅片长应变相加,并以整个幅片中点为基准点,修正 S_i^0 得到最终幅片纵向坐标 S_i^1。

2) 环向裁剪法

膜片总体环向布置,纵向分段可展,分段线为横向正切线。囊体横向切为近似圆锥,而圆锥剖切后可展开为弧形幅带,然后将弧形幅片在膜布放样。由于膜布幅宽定尺,将整弧带均分、任意多分,从而形成近似梯形块,幅片横向焊合时,纵向焊缝错位,错位宽度大于一定宽度,使尽可利用膜布。

首先计算囊体曲线弧长 S 和纵向分片数 n,即

$$S = \int f(x_i)\mathrm{d}s = \int_0^L (1 + f'(x))^{\frac{1}{2}}\mathrm{d}x \qquad (3-21)$$

$$n \geqslant n_0 = \frac{S}{W_e} = \frac{S}{W_0 - 1} \qquad (3-22)$$

$$_0S = \frac{S}{n} \qquad (3-23)$$

式中：n 取 $n \geqslant n_0$ 的最小整数，或者是最小偶数；$_0S$ 为分段弧长。

根据分段弧长（约等于膜布有效幅宽），由囊体曲线弧积分计算公式反求分点。从端点开始，采用以弧长为目标的迭代格式，步长为分段弧长$_0S$。如从 x_{i-1} 到 x_i 先取 $^1x_i = x_{i-1} + {_0S}$ 计算对应弧长 ^1S_i，并比较 $^1\zeta = {_0S} - {^1S_i} \leqslant \xi$ 收敛准则，重复迭代格式为 $^jx_i = x_{i-1} + {_0S} + {^j\zeta}$，对应弧长为

$$^iS_i = \int f(x_i)\mathrm{d}s = \int_{x_{i-1}}^{^jx_i} (1 + f'(x))^{\frac{1}{2}}\mathrm{d}x \qquad (3-24)$$

同样，可采取囊体曲线微元弦长代替弧长，并按照上述原则搜索分位点。

根据上述分位点，并由分位点间圆锥面代替囊体曲面。圆锥段可展开为弧形带，弧形带短边长$_0S$，两个长曲线弧长为

$$r_{i-1} = f(x_{i-1}) \qquad (3-25)$$

$$r_i = f(x_i) \qquad (3-26)$$

$$a_{i-1} = 2\pi r_{i-1} \qquad (3-27)$$

$$a_i = 2\pi r_i \qquad (3-28)$$

计算整幅片圆心角、内外弦长、矢高（外弧与内弦），并根据膜布参数决定幅片切割。

环向（膜幅片长方向，即经向）整个膜幅片受力一致，可取 $p(r_{i-1} + r_i)/2$ 作为幅片均值，或分别计算相应的应变 pr_i/Et，则长度修正为

$$a_{i-1} = 2\pi r_{i-1}\left(1 - \frac{pr_{i-1}}{Et}\right) \qquad (3-29)$$

$$a_i = 2\pi r_i\left(1 - \frac{pr_i}{Et}\right) \qquad (3-30)$$

宽度方向补偿（膜幅片纬向），取幅片中点对应囊体纵向曲率半径，并计算对应张力，然后计算补偿，得到新幅片宽度为

$$S_i^1 = S_i\left(1 - \frac{pf'\left(\frac{(r_{i-1} + r_i)}{2}\right)}{Et}\right) \qquad (3-31)$$

由 S_i^1、a_i、a_{i-1} 绘制囊体裁剪幅片以及分割重排,对整个幅片排版优化。

两种方法各有优劣,纵向裁剪法划分的膜片形状一致、方便加工,但是膜片形状使得膜材料利用率很低,并且膜片焊缝方向沿经向,而飞艇中环向应力为主要应力,无法很好地发挥膜片的材料性能;环向裁剪法则相反,能够很好地发挥膜片材料性能,可很好地利用膜材料,但是膜片形状不一致,加工困难,且焊缝有两个方向,焊缝较长。参考文献[55]以200m飞艇为例,列出了这两种设计方法的比较,如表3-1所列。

表 3-1 分膜设计方法对比

名称	主幅片形式	主幅片数	最长幅片/m	纵缝长/m	环缝长/m	膜利用率/%	受力	加工
纵向裁剪法	标准	142	217.545	30891.4	0	68.97	不利	容易
环向裁剪法	各不同	155	197.82	3596.67	21580.9	98.7278	有利	难

3.2.3 副气囊设计

艇体主气囊内部设置体积较小,通常充入空气的囊体称为副气囊,如图3-4所示[56]。

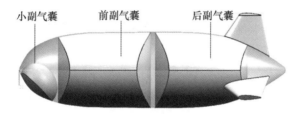

图 3-4 艇体的多副气囊结构示意图

副气囊的数量根据需要来决定。副气囊内充入或者排出空气,可以控制飞艇主气囊压力,调节飞艇的浮力实现飞艇上升或下降。多个副气囊协同调节,还可以操控飞艇飞行姿态[57]。

洛·马公司承担的 HALE-D 飞艇作为最具影响力的平流层验证飞艇,并未公开发表其副气囊结构布局,其2009年的专利中展示了一种具有多氦气囊的飞艇构型设计,如图3-5所示。

该专利展示了使用多个主气囊,并依靠不同主气囊之间初始充入氦气比例的不同保持飞艇在整个飞行过程中的俯仰姿态。

副气囊的设计要求主要有3点,即抗氦渗漏、重量轻、柔软。副气囊内填充空气,而主气囊内填充氦气,因此,需要副气囊具备较好的密封性。副气囊材料强度需求较低,在设计及选材过程中,应选择密度小的材料,以减少艇体的重量。设计副气囊时,选材尽可能柔软,对主气囊无损伤。

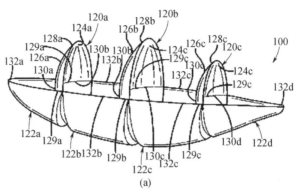

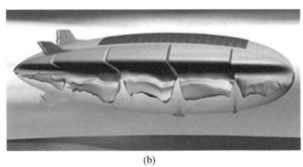

图3-5 艇体的多副气囊结构

副气囊的体积大小根据使用高度和滞空时间来确定。在特定高度范围和滞空时间内,主气囊的体积变化也可以确定,从而确定出副气囊所需最大体积。

平流层飞艇在飞行过程中,当内部气体温度变化时,主气囊内气体体积可根据理想气体状态方程计算,即

$$\frac{V - V_{副}}{T_0} = \frac{V}{T} \tag{3-32}$$

式中:V 为主气囊的体积;$V_{副}$ 为副气囊体积;T_0 为初始温度;T 为变化后的温度。

副气囊的体积为

$$V_{副} = \left(1 - \frac{T_0}{T}\right) \cdot V \tag{3-33}$$

副气囊相对于主气囊的体积比为

$$K_f = \frac{V_{副}}{V} = \frac{\Delta T}{T_0 + \Delta T} \tag{3-34}$$

考虑副气囊泄漏,氦气泄漏体积用 $V_{泄}$ 表示,则副气囊相对于主气囊的体积比为

$$K'_f = \frac{V_{副} + V_{泄}}{V} = K_f + \frac{V_{泄}}{V} \qquad (3-35)$$

泄漏后氦气的余量为

$$V_{余} = V \cdot (1 - K'_f) \qquad (3-36)$$

将体积换算成落地时的氦气体积,即

$$V_{He} = \frac{(p_h + \Delta p_h) \cdot V_{余} \cdot T'_0}{(p'_0 + \Delta p'_0) \cdot T_h} \qquad (3-37)$$

式中:p_h 为飞艇飞行高度的大气压;Δp_h 为飞艇内外气压差;T_h 为飞艇飞行高度下浮升气体温度;p'_0 为落地时大气压力;$\Delta p'_0$ 为落地时内外气压差;T'_0 为落地时浮升气体的温度。

综上所述,副气囊最大设计体积为

$$V_{副\max} = V - V'_{He} \qquad (3-38)$$

确定副气囊设计体积后,开展副气囊形状设计。副气囊依附于主气囊,副气囊的底部和主气囊共用,主要设计工作在副气囊的上半部分。副气囊设计过程中,还需要考虑副气囊重心的变化对于主气囊的影响。

副气囊设计完成后也需要进行分膜,其分膜方法基本和主气囊一致。

3.2.4 尾翼设计

尾翼是安装在飞艇尾部的翼面,其主要功能是维持飞艇的稳定性和操纵性,通过尾翼维持飞艇的流线形,从而控制飞艇的俯仰角、偏航角、滚转角等空中姿态,防止飞艇在空中失稳,以保持较好的稳定性和机动性。

尾翼之间通常都有系索连接固定,以防止其发生偏斜。常用飞艇尾翼构型为十字形、Y 形和 X 形,如图 3-6 所示。

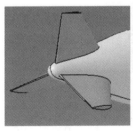
(a) Y 形尾翼布局
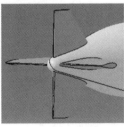
(b) 十字形尾翼布局
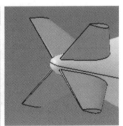
(c) X 形尾翼布局

图 3-6 飞艇尾翼典型布局

平流层飞艇通常采用柔性充气结构尾翼,目前主要有两种结构形式。

一种结构形式与系留气球和常规飞艇尾翼结构类似,尾翼内部采用柔性隔膜将其划分为数个区域,隔膜两侧分别与尾翼上、下两面的膜材料相连接,隔膜上面存在孔洞,一方面是减轻重量的需求,另一方面确保尾翼内部相互连通,如图3-7所示。

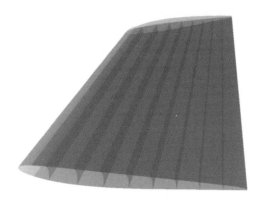

图3-7 传统隔膜结构尾翼

另一种结构形式为气柱-囊体结构,尾翼主体框架由数段充气柱拼接而成,气柱内部为压缩气体,保证整体结构的刚性,气柱外侧覆有囊体结构,与外界相通。囊体的作用既可保证良好的气动外形,又可对充气柱的位置形成一定的约束,如图3-8所示[58]。

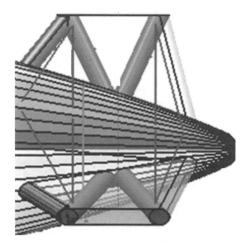

图3-8 气柱-囊体结构尾翼

为了保证尾翼结构刚度，柔性充气结构尾翼与副气囊连通，内部充满高压空气，其压控形式通常与副气囊一致，控制策略较为简单，无须单独制定压控策略并安装压控执行机构。

当考虑飞艇艇体超热超压问题时，即艇体内部温度高于环境温度导致艇体压力增高。如果尾翼与副气囊相连通并采用同样的压控策略，则同样面临超压问题，可能导致尾翼结构难以承压而引起破坏。因此，目前尾翼结构越来越多地采用独立压控策略，尾翼内部自成一体，形成一个单独的密封结构，布置有单独的压控执行机构和单独的压控策略，这样就保证尾翼压力始终保持在合理范围之内。

3.3 刚性结构设计

3.3.1 吊舱结构设计

传统的飞艇吊舱结构主要采用金属材料，如铝合金、钛合金、不锈钢等。不锈钢密度太大，在平流层飞艇吊舱的利用率非常低。铝合金的应用比较多，铝合金的热导率高，有利于飞艇吊舱热控制设计，铝合金密度低，可有效降低吊舱结构的重量。钛合金比强度高，适合于搭载和吊舱设计，但是价格较高。

碳纤维复合材料有比强度高、比刚度大、抗疲劳、耐腐蚀和易设计等优异特性，已被广泛地应用于航空航天领域。碳纤维复合材料在飞艇吊舱和主承载结构上的应用正成为研究热点，飞艇大型化、轻量化发展必将成为主流趋势。作为飞艇的重要结构部件，有必要对碳纤维复合材料吊舱轻量化技术和重载连接技术开展更深入的研究。

碳纤维复合材料的重载连接技术是一大难题。对于复合材料吊舱大载重（大于 50000N，3 倍过载超过 150000N）要求，必须采用新的连接技术。中国科学院空天信息创新研究院开展了面向平流层飞艇的碳纤维复合材料重载吊舱关键技术研究，提出的碳纤维复合材料预埋缠绕连接技术和三维多向编织连接技术有效地解决了飞艇重载吊舱轻量化设计问题，该技术使吊舱载荷能力达到传统连接技术的 8 倍及以上，如图 3-9 所示。

3.3.2 艇首结构设计

飞艇设计过程中，可能会遇到以下情况。

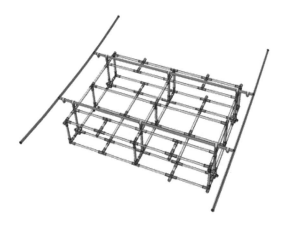

图 3-9 采用预埋缠绕连接技术碳纤维吊舱整体结构示意图

（1）需要在艇首安装与地面移动或停泊装置相连接的硬结构。
（2）需要对飞艇进行牵引操作，或安装一些与锚泊操作相关的设备。
（3）需要在艇首安装配重或压舱物。
（4）需要安装艇首推进器。

在上述情况下，有必要在飞艇艇首设计一个艇首罩，如图 3-10 所示。

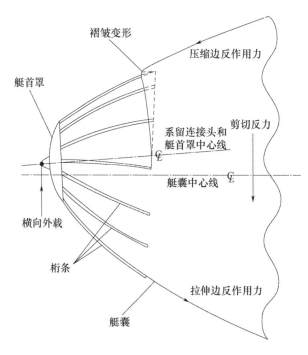

图 3-10 飞艇艇首罩加强结构变形图

艇首罩可以采用轮辐的形式,当从飞艇前端观察时,形状和艇囊头部相同,在它的中心处安装有锚泊连接头;也可以采用相对简单的锥形结构,但这会导致外围载荷较高。同时为了保证气动外形,在艇首罩的表面通常覆盖有绝热防收缩的织物材料。

通常,艇首罩的尺寸占艇囊直径的10%~15%,设计时将锚泊装置的反作用载荷分布到艇囊表面尽可能大的面积上。

设计艇首罩时应注意,沿其边缘进行束紧,并将它与艇囊表面连接起来,主要承受艇囊横向剪切力。其纵向桁条主要承受艇囊的纵向末端载荷。桁条保证了艇首罩轮辐的纵向连贯性,也可以按上面提到的方式连接在艇囊表面,以提供纵向加强。如果桁条的附件是以铰接的方式和艇首罩相连(允许接头随艇囊有一定的膨胀或收缩),那么因锚泊装置横向反作用力而造成的变形如图3-10所示。

软式飞艇艇首受压时,其艇囊在加强件末端处可能出现褶皱变形。压皱载荷 F 由下式给出,即

$$F = p\pi r^2 \tag{3-39}$$

式中:p 为艇囊内压;r 为加强件末端的艇囊半径。

一旦载荷高于此压皱载荷,前端结构将进一步被压入艇囊,就像在套筒中运动的活塞一样,实际上载荷连续并保持不变。当载荷被移出后,前端结构将恢复原形,而不会有明显的损坏。在特殊情况下,也可以利用这一机理作为飞艇吸收冲击能量的手段,用以缓冲来自飞艇锚泊装置的载荷。[15-17]

如果采用有限元方法分析艇首加强结构,应该使用大变形及非线性理论。这是因为对它建模时,使用的是弹性织物结构。同时还要用试验来验证分析的正确性,因为很多情况是其他方法所无法预测的。这一点必须引起重视,因为飞艇可能由于一个艇首与地面锚泊装置的加强结构没有设计好,而被暴风雨在一夜之间全部损毁。

3.3.3 推进器支撑结构设计

推进器支撑结构(以下简称"推进支架")是螺旋桨与飞艇之间的刚性连接机构,也是承受螺旋桨气动载荷的关键部件。推进支架通常位于飞艇的两侧或者底部;一端通过绑扎架与柔性囊体相连;另一端与电机底座相连,是关系飞艇飞行安全的关键部件。

推进支架主要采用桁架式结构,根据主支撑杆几何形状的不同又可以分为

棱台式、四面体式和金字塔式,如图 3-11 所示。

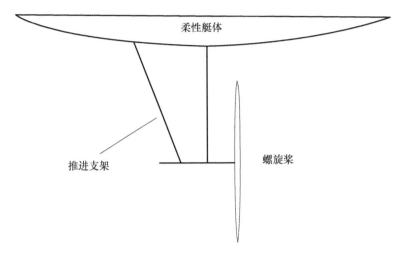

图 3-11 推进支架示意图

推进支架底框与飞艇柔性囊体紧密贴合,其形状和大小取决于螺旋桨和电机的重量、囊体材料承受剪力的能力及桨叶长度,主要采用工字形、正方形等形式。

平流层飞艇螺旋桨由于特殊的使用需求出现了"桨大电机小"的情况,因此推进支架横截面积从艇体到电机逐渐变小,整体呈棱台状,且靠近螺旋桨一侧必须与螺旋桨转动平面保持平行,另一侧则与转动平面保持一定角度,以便更好地承担由螺旋桨拉力引起的弯矩。推进支架的高度与螺旋桨的桨叶长度紧密相关,桨尖与艇体中间的距离可保持 150mm 以上距离。

在整个飞艇推进系统中,推进支架的作用是为电机和螺旋桨提供稳定的平台,保证螺旋桨的桨叶在高速转动时不会对艇体造成损伤,从而获得足够的气动拉力,并牵引飞艇进行自主飞行。推进支架是整个螺旋桨的承载基础,要有足够的强度和刚度,以保证螺旋桨在各种机动载荷下能正常运行。而且还要保证飞艇在遭受一些恶劣外部条件,如阵风袭击影响时的安全性。由于风速风向的不稳定性,螺旋桨运行时推进支架所受的载荷也是动态随机的,因此推进支架还必须有一定的抗疲劳性能。

目前,推进支架材料以钛合金为主,以满足上述刚度强度等要求,还可以减轻重量及提高抗疲劳性能。钛合金具有强度高、密度小、力学性能好、韧性和抗蚀性能好的特点。为避免在螺旋桨周期性激励下推进支架与柔性艇体发生共振,在设计时还必须考虑螺旋桨与推进支架在柔性艇体上的动力学特性。

基于推进支架以上特点及性能要求,在进行设计时,必须考虑的几点因素有静强度、刚度、模态及疲劳等几个方面。

推进支架是整个飞艇推进系统中重要的承载部件,其设计水平将直接影响螺旋桨的工作性能和可靠性。为确保推进系统的正常运行,提高推挤支架自身的可靠性,在设计塔架结构时必须充分考虑塔架的强度,这也是飞艇结构设计中的一项重要工作。

推进支架不仅要求有足够的强度,同时还要求有足够的刚度,这样可为螺旋桨提供稳定的转动平台,保证推进系统的正常运行。

3.3.4 阀门设计

阀门是平流层飞艇压力控制的重要组成部分,通过阀门调节飞艇内外压差,使之保持在安全合理的范围内,阀门的性能直接影响飞艇的升降以及飞行的安全性。

平流层飞艇阀门主要有以下功能。

(1)密封作用。密封作用是阀门的基本功能,飞艇阀门均需要具有良好的密封能力,尤其是氦气囊的阀门,需要保证氦气和空气的泄漏保持在允许的范围内。

(2)进气/排气。飞艇主气囊和副气囊体积调节,主要通过阀门的进、排气实现。

平流层飞艇阀门要求如下。

(1)良好的环境适应性。平流层飞艇全飞行包线内环境变化大,阀门应具有良好的环境适应性,在恶劣环境下仍保持正常工作并具有较高的可靠性。

(2)启闭响应快。飞艇阀门需要具有较快的响应速度,以便快速调节压差。

(3)可靠性高。即阀门应具有较高的可靠性,在工作过程中尽量减少故障的发生。

(4)重量轻。即阀门的重量越小越好。

(5)能耗低。即阀门的能耗越小越好。

根据平流层飞艇阀门的功能和特点,研制高性能飞艇阀门需要提升以下关键技术。

(1)材料性能。阀门外壳采用金属材料,需要进一步减轻重量;密封件需要提高抗老化、抗低温、抗脆化性能。

（2）密封性能。飞艇阀门与普通阀门相比，需要快速开启和关闭，因此阀门目前均采用蝶阀和闸阀的原理。阀门的运动件通过平移或者旋转挤压在密封材料上，密封材料通常采用软质的密封材料，通过阀门动静件的挤压达到密封目的。

（3）结构设计。阀门结构设计的重点在于能快速关闭、开启的阀门驱动机构，使其具有较高的可靠性，并能满足平流层飞艇运行环境的需要。

（4）阀门控制。阀门的控制主要是阀门的启闭。阀门控制电路应在浮空器所处的复杂环境下保持正常工作，包括低温、高温、潮湿、雷电干扰等方面。

（5）阀门检测。阀门必须通过检测才能应用于平流层飞艇。阀门通常口径较大、压力较小，但其所处的温度变化范围大，环境变化剧烈。需要对其进行检测以验证是否能满足平流层飞艇的要求。

3.4 刚柔连接结构设计

飞艇艇体结构是柔性的，但是其表面附属结构大多为刚性，如太阳能电池、阀门、吊舱等，刚柔连接结构设计描述如下。

3.4.1 太阳能电池铺设连接结构设计

太阳能电池组件一般安装在飞艇背部，可以采用尼龙搭扣黏结的方式将其铺装于艇体上，安装结构如图 3-12 所示，在艇体上布设太阳能电池的位置焊接带有尼龙粘扣的裙边，该裙边一部分与艇体焊接，另一部分的底面缝制尼龙粘扣（毛面）待与电池组件黏结。

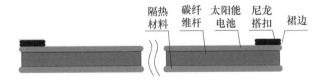

图 3-12　太阳能电池组件安装示意图

裙边组成各个太阳能电池组件的铺装单元。太阳能电池组件边缘的空白部分正面缝制尼龙粘扣（钩面），将这些太阳能电池组件依次铺装在铺装单元内，与艇体裙边的毛面粘扣黏结组合完成整个铺装过程，如图 3-13 所示。

太阳能电池组件安装在碳纤维支撑框架上,增加整体的刚度,起到在飞艇充气及升空过程中防护电池组件的作用。为减少太阳能电池发热对飞艇产生的影响,可在太阳能电池与艇体中间设置一层隔热材料,如图3-14所示。

图3-13 太阳能电池铺装完成情形　　图3-14 太阳能电池隔热材料

在平流层飞艇总装集成阶段,一般在完成艇体保压测试及艇体底部结构件安装后,再在飞艇上表面铺装太阳能电池组件。在铺装太阳能电池组件前,还需要首先将艇体上表面上太阳能电池阵列内部的温度法兰、排气阀、太阳辐射计和摄像机支架等设备安装到位。

3.4.2　吊舱等连接结构设计

吊舱安装有内部吊挂和外部吊挂两种方式,如图3-15所示。

内部吊挂如图3-15(a)所示,适用于中、大型飞艇,在飞艇顶部安装内拉襻,并连接拉索、吊挂接头盒吊索调整机构。外部吊挂如图3-15(b)所示,适用于中小型飞艇,在飞艇的侧表面设置拉襻,通过拉索与吊舱的底部相连,吊舱的上部通过柔性连接与飞艇直接相连。

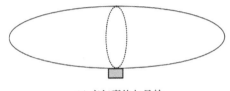

(a) 充气囊体与吊舱　　(b) 吊舱内部吊挂　　(c) 吊舱外部吊挂

图3-15 飞艇吊舱安装的两种基本方式

根据载荷选择合适的吊挂方式,内部吊挂加工难度大,但是承载力强,可承载更大的载荷。外部吊挂加工难度小,但可承载的载荷也小。

3.4.3 拉袢及拉索结构设计

拉袢和拉索可以分散吊舱载荷引起的集中应力,拉袢为一块焊接在艇体囊体上的加强材料,每个拉袢上会有一个连接点,用于安装拉索,V 形拉袢结构如图 3-16 所示。

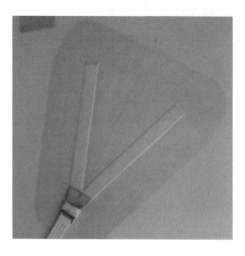

图 3-16 飞艇拉袢

拉袢最主要的功能为分散载荷和承载载荷,在设计过程中要将载荷有效地分散至囊体上。拉袢在飞行过程中一直承受载荷的拉力,且在飞艇姿态发生改变时,如飞艇大迎飞行时,拉袢会承受很大的突变应力,有可能造成撕裂、断裂,使得载荷分布平衡被打破,甚至可能造成其他的拉索和拉袢相继断裂,导致严重的后果。拉袢撕裂有可能损伤球皮,造成氦气泄漏,使得飞艇无法完成要求的任务。因此,拉袢和拉索的布置与设计是十分重要的。

拉袢的抗撕裂设计。设置拉袢边缘过渡区,将载荷扩散至扩散区域,可以很好地避免局部高应力。设计合理的吊索布置角度,使拉袢、拉索受力合理。增强应力集中区,在可能出现的高应力区对两部分进行增强。

第 4 章
平流层飞艇能源系统设计

本章介绍平流层飞艇能源系统总体设计的主要内容,从飞艇总体设计的角度提出对太阳能电池阵、储能系统及能源管理系统等单机和部组件的要求,简述相关单机和部组件的计算模型、设计技术及测试技术。

4.1 能源系统总体设计

4.1.1 一般功能和组成

能源分系统为飞艇飞行提供充足的能源,根据飞艇用电设备的用电需求进行电源变换与控制,以保障飞艇完成飞行试验。当前,一般采用太阳能电池阵与储能锂电池组组成的循环能源系统为飞艇上用电设备提供能源,组成一般包括高压循环能源系统、低压循环能源系统和配电系统,如图 4-1 所示[59]。

高压循环能源系统由太阳能电池阵、高压电源控制器、高压电池组组成,主要为动力电机和风机供电,实现在光照期由太阳能电池阵为负载供电并为锂电池组充电,在非光照期由储能锂电池组为负载供电的功能。

低压循环能源系统由太阳能电池阵、低压电源控制器、低压电池组组成,主要为飞控、测控和安控等平台低压负载供电,实现在光照期由太阳能电池阵为负载供电并为锂电池组充电,在非光照期由储能锂电池组为负载供电的功能。

供配电系统由高-低电压变换器、配电器、应急电池组和电源转换器组成:高-低电压变换器连接高压电源控制器与电源转换器,实现将高压母线转换为低压输出;电源转换器连接高-低电压变换器、低压电源控制器、配电器、飞控继电器箱和艇务继电器箱,实现电源供电切换与稳压供电;配电器连接电源转换器、应急电池组与其他艇载设备,实现应急电源与主电源的供电切换和稳压供电。

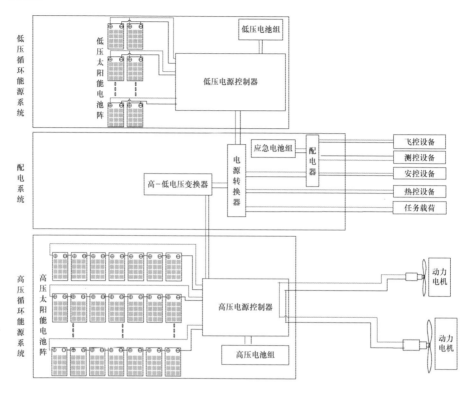

图 4-1　循环能源系统原理示意图

应急电池组作为应急电源,在主电源出现故障时启动工作,为重要设备应急供电。

循环能源系统承担着为负载供电的功能,设计原则是保证在此飞行时段内的能量平衡,即由太阳能电池阵产生的电能能够满足飞艇负载的能源消耗。通过能量平衡的计算,考虑合理冗余以增加可靠性,确定系统太阳能电池和储能电池组的能量数值,以此为依据来开展太阳能电池阵布局设计、组阵设计及储能电池组和电源控制器的设计。

4.1.2　系统参数分析

1. 能量平衡计算模型

设计飞艇光伏能源系统的理想目标就是满足飞艇飞行的能量平衡,即使太阳能电池产生的电能能够满足飞艇负载及储能电池的能源消耗。

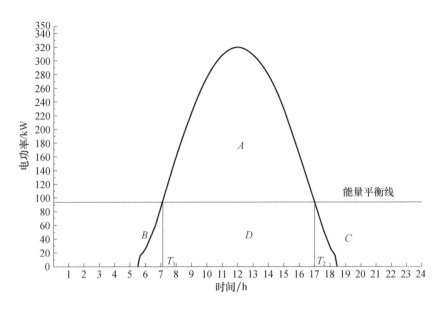

图 4-2 全天能量平衡图

图 4-2 所示为典型的飞艇全天能量平衡曲线。图中抛物线表示艇上太阳能电池全天发电量曲线,水平直线为能量平衡线。区域 D 为太阳能电池电能白天自给时段,区域 B、C 为储能电池供电时段,区域 A 为太阳能电池为储能电池充电的时段。根据能量平衡关系,由太阳能电池阵提供的能量需高于能量消耗量,即 $A\eta_{\text{battery}} + D \geqslant (B+C) + D$,其中,$\eta_{\text{battery}}$ 为储能电池的充放电效率。

太阳能电池阵可提供的能量与电池在艇体上的布局位置、布设面积、飞艇几何外形、飞行姿态及太阳能电池阵的效率相关。根据飞艇的能量消耗量、飞艇的几何外形和飞行姿态、太阳能电池阵的温度和效率等参数建模计算太阳能电池的布局位置及布设面积。

能源计算模型结合太阳辐射物理模型、太阳能电池温度模型、飞艇飞行运动模型和飞艇几何模型,运用太阳能电池阵输出的能量大于飞艇负载消耗能量的关系,考虑电池布局对飞艇配平的影响,同时避开艇体上的一些特殊位置点进行布局优化,得出太阳能电池阵布设面积和布局位置。太阳能电池温度模型,根据试验实测数据确定工作温度;飞艇飞行运动模型,可以以飞艇正东水平飞行作为初始设计输入条件进行能量平衡的设计分析。

光伏循环能源系统能量平衡关系的计算涉及飞艇飞行日期、太阳辐射常数、太阳能电池阵效率、电源控制器效率、高压电池组充放电效率和负载的功率需求等参数,将这些参数作为计算输入。

2. 太阳辐功率分析

进行平流层飞艇能量平衡分析,首先要解决的问题就是计算平流层高度处飞艇上表面太阳能电池阵接收的太阳辐射功率。为此,需建立合适的飞艇几何模型和平流层高度处的太阳辐射物理模型。太阳辐射功率计算模型如图4-3所示[60]。

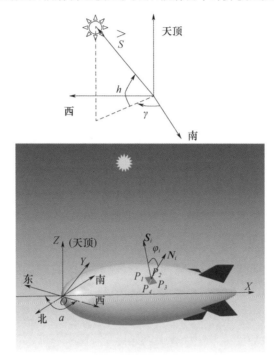

图4-3 太阳辐射功率计算模型

1) 飞艇几何模型

建立基于四边形网格划分的飞艇外表面几何模型。首先在三维机械设计软件中建立飞艇椭球状几何形体;然后应用有限元软件前处理模块对其划分四边形网格并输出计算结果到程序中,计算每个网格的表面积 A_i 和外法矢量 N_i。

其中,网格表面积为

$$A_i = \frac{1}{2}\sqrt{\left[\begin{vmatrix} y_2-y_1 & z_2-z_1 \\ y_3-y_1 & z_3-z_1 \\ y_3-y_1 & z_3-z_1 \\ y_4-y_1 & z_4-z_1 \end{vmatrix}\right]^2 + \left[\begin{vmatrix} z_2-z_1 & x_2-x_1 \\ z_3-z_1 & x_3-x_1 \\ z_3-z_1 & x_3-x_1 \\ z_4-z_1 & x_4-x_1 \end{vmatrix}\right]^2 + \left[\begin{vmatrix} x_2-x_1 & y_2-y_1 \\ x_3-x_1 & y_3-y_1 \\ x_3-x_1 & y_3-y_1 \\ x_4-x_1 & y_4-y_1 \end{vmatrix}\right]^2}$$

(4-1)

网格点的外法矢量为

$$N_i = P_1P_2 \times P_3P_4 \quad (4-2)$$

点 P_1、P_2、P_3、P_4 的坐标分别为 $P_1(x_1,y_1,z_1)$、$P_2(x_2,y_2,z_2)$、$P_3(x_3,y_3,z_3)$、$P_4(x_4,y_4,z_4)$。

2）地平坐标系下的太阳辐射物理模型

地平坐标系是建立在地心，沿正西、正南及地球表面外法线（天顶）方向的三维右手坐标系。太阳在地平坐标系下的位置（方向矢量 S）由太阳高度角 h 和太阳方位角 γ 确立。太阳高度角 h、太阳方位角 γ 及太阳方向矢量 S 的几何意义如图 4-3 所示。

地平坐标系下的太阳方向矢量为

$$S = (\cos h \times \sin\gamma, \cos h \times \cos\gamma, \cos h) \quad (4-3)$$

式中：h 和 γ 分别为太阳高度角和太阳方位角，其求解方法详见参考文献[61]。

3）飞艇坐标系下的太阳辐射物理模型

飞艇坐标系是建立在飞艇艇头，沿飞艇中心线方向，水平面上的三维右手坐标系，其中 X 轴与中心线重合并指向飞艇尾部。太阳在飞艇坐标系下的位置（方向矢量 S_1）由太阳方向矢量 S 和飞艇飞行方向角确立。对平流层飞艇，计算其飞行方向角可略去俯仰角的影响，只计及飞艇水平方向角 a，定义其为飞艇中心线与正西方向的夹角。S_1 和 a 的物理意义如图 4-3 所示。

飞艇坐标系下的太阳方向矢量为

$$S_1 = S \cdot \begin{pmatrix} -\cos a & \sin a & 0 \\ -\sin a & -\cos a & 0 \\ 0 & 0 & 1 \end{pmatrix} \quad (4-4)$$

4）太阳辐射功率计算模型

可接收的太阳辐射量，分为某时刻可接收的太阳辐射功率和全天累计可接收的太阳辐射功率两部分。

某时刻太阳辐射功率计算公式为

$$Q_i^t = \sum_{i=1}^{n} IE\cos\varphi_i \cdot A_i \quad (4-5)$$

全天累计可接收的太阳辐射功率为

$$Q_i = \sum_{i=1}^{n} \sum_{t=T_{\text{sunrise}}}^{t=T_{\text{sunset}}} Q_i^t \Delta t \quad (4-6)$$

式中：I 为平流层高度处的太阳辐射通量密度，$I = 1.317 \text{kW/m}^2$；E 为日地距离修正系数;φ_i 为太阳在网格单元处的入射角,是太阳方向矢量 S_1 和网格点外法矢量 N_i 的夹角;T_{sunrise} 和 T_{sunset} 分别为 24h 制的太阳日出和日落时刻。

3. 负载设备工作功率分析

飞艇负载主要分为低压长时用电负载、低压间歇用电负载、高压负载和载荷四部分。低压长时用电负载包括艇载飞控、测控、安控等系统负载,它由低压循环能源系统作为主电源完成供电。

统计负载总的供电功率配置,设计在满足负载功率的基础上,可预留 20% 设计裕度;低压间歇用电负载包括热控系统和风机供电,它可由高压循环能源系统作为主电源、低压循环能源系统作为备电源完成供电;高压负载主要是动力电机,可根据总体的估算,分配动力负载工作功率;载荷部分负载根据载荷功率和工作时长进行配置。

4. 高压循环能源系统参数计算

根据功率分配曲线,计入高压电池组充放电效率和电源控制器的工作效率等参数,可计算出飞艇总的负载耗能量 Q_{consume},即

$$Q_{\text{consume}} = \frac{P_{\text{ave}} T_{10-s} + P_{\max} T_{15-s} + P_{\text{ph}} T_{\text{ph}-s} + P_{\text{zh}} T_{\text{zh}-s} + P_{\text{dy}} T_{\text{dy}-s}}{\eta_c}$$
$$+ \frac{P_{\text{ave}} T_{10-b} + P_{\max} T_{15-b} + P_{\text{ph}} T_{\text{ph}-b} + P_{\text{zh}} T_{\text{zh}-b} + P_{\text{dy}} T_{\text{dy}-b}}{\eta_c \cdot \eta_b} \quad (4-7)$$

式中:P_{ave} 为巡航功率;$P_{\max}$ 为抗风功率;P_{ph} 为偏航推进系统平均功率;P_{zh} 为载荷的工作功率;P_{dy} 为低压负载平均功率,具体包括风机和热控系统功率;T_{10-s} 为巡航功率由太阳能电池直接供电的时长;T_{15-s} 为抗风功率由太阳能电池直接供电的时长;$T_{\text{ph}-s}$ 为偏航推进系统功率由太阳能电池直接供电的时长;$T_{\text{zh}-s}$ 为载荷功率由太阳能电池直接供电的时长;$T_{\text{dy}-s}$ 为低压负载由太阳能电池直接供电的时长;T_{10-b} 为巡航功率由高压电池直接供电的时长;T_{15-b} 为抗风功率由高压电池直接供电的时长;$T_{\text{ph}-b}$ 为偏航推进系统功率由高压电池直接供电的时长;$T_{\text{zh}-b}$ 为载荷功率由高压电池直接供电的时长;$T_{\text{dy}-b}$ 为低压负载由高压电池直接供电的时长;η_c 为电源控制器工作效率;η_b 为太阳能电池充放电效率。

5. 低压循环能源系统参数计算

根据功率分配曲线,计入低压电池组充放电效率和电源控制器的工作效率等参数,可计算出飞艇总的负载耗能量 Q_{consume},即

$$Q_{\text{consume}} = \frac{P_{\text{dy}} T_{\text{solar}}}{\eta_c} + \frac{P_{\text{dy}} T_{\text{battery}}}{\eta_c \eta_b} \quad (4-8)$$

式中:P_{dy}为低压负载平均功率,具体包括飞控、测控、安控、热控及各类风机阀门等的功率;T_{solar}为由太阳能电池直接供电的时长;$T_{battery}$为由低压电池组直接供电的时长。

4.2 太阳能电池阵设计

太阳能电池阵是飞艇的能量生产单元,布设于飞艇上表面,布设面积与阵列接收的光照条件、阵列效率和用电功率相关,输出特性与飞艇飞行日期、飞行姿态、电池组件的电性参数、电池组件的热环境等相关。

太阳能电池阵在平流层飞艇上的应用有以下两个特点[62]。

(1) 受飞艇曲面和飞行姿态实时变化的影响,太阳能电池阵各电池组件接收的光照条件动态变化,各电池组件接收辐射量不均衡。

(2) 受电池组件接收光照条件动态变化的影响,各电池组件的热环境也在变化,导致太阳能电池阵工作效率损失。

4.2.1 太阳能电池输出电性能计算

太阳能电池阵输出特性具有非线性特征,其输出受光照强度、环境温度和负载情况的影响。太阳能电池阵输出电压随光照强度和环境温度而变化,但是只有在某一个输出电压值时,太阳能电池阵的输出功率才能达到最大值。因此,要提高光伏发电系统的整体效率,一个重要途径就是实时调整太阳能电池阵的工作点,使之始终工作在最大功率点附近,太阳能电池阵最大功率可由下式计算,即

$$\bar{P}(S,T) = \sum_{i=1,j=1}^{i=m,j=n} P_{i,j}(S,T) = \sum_{i=1,j=1}^{i=m,j=n} I_{i,j}(S,T) \cdot V_{i,j}(S,T)$$

$$= \sum_{i=1,j=1}^{i=m,j=n} f_{i,j}[I_{ph}(S,T), I_0(S,T), n(S,T), R_s(S,T), R_{sh}(S,T), I, V]$$

(4-9)

式中:m、n分别为串联和并联的电池数量。

受飞艇曲面的影响,太阳能电池组件间接收的太阳辐射量存在差别,飞艇飞行姿态的不确定性又放大了这种差别,且太阳能电池布局面积越大,组件间的差异越明显。

针对平流层飞艇用太阳能电池组件接收光照条件不均匀的特点,建立输出

性能的计算模型,采用一定的算法对阵列输出特性参数的快速、准确识别。受太阳能电池组件接收光照条件不均匀的影响,在组成阵列时,为串联支路内的每个组件并联有旁路二极管,为每个并联支路并联有隔离二极管。

太阳能电池阵的组合方式如图 4-4 所示。

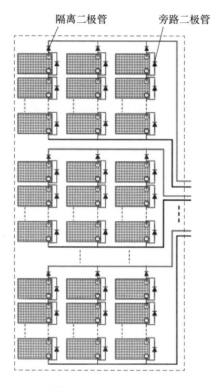

图 4-4 平流层飞艇太阳能电池阵组合示意图

从串联支路中取出两个电池组件,带有旁路二极管的串联支路电路如图 4-5 所示,分析被遮挡后串联组件的电流输出特性。

在光照不均匀情况下,即 $I_{ph2} \neq I_{ph1}$ 时,随着外接负载电阻由小增大,旁路二极管有导通和阻断两种情况。

当外接负载电阻很小,即输出电流很大时,因为 $I_{ph2} > I_{ph1}$,组件 2 的输出电流大于组件 1 本身产生的电流 I_{ph1},此时组件 1 的旁路二极管两端形成正向偏压,即旁路二极管处于导通状态。组件 2 多余的电流即 $I - I_{ph1}$ 从旁路二极管和并联电阻 R_{sh1} 流过对外输出。这个阶段只有组件 2 对外输出功率,而组件 1 则吸收由组件 2 输出的部分功率。因此,串联后的电流方程就是组件 2 的输出特性方程。

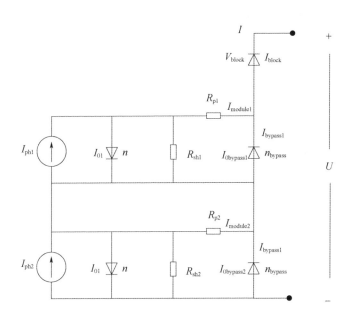

图 4-5　安装旁路二极管的太阳能电池串联支路模型

随着外接负载电阻的增大,即输出电流越来越小时,当组件 2 的输出电流等于组件 1 本身产生的电流 I_{ph1} 时,此时组件 1 的旁路二极管开始形成反向偏压,即旁路二极管开始处于阻断状态。因此,这个阶段组件 1 和组件 2 都开始正常对外输出功率,串联后的电流方程就是组件 1 和组件 2 的输出特性方程。

综上所述,由于旁路二极管的存在,整个串联组件的电流特性发生了改变,在旁路二极管导通和阻断两种工作状态下,串联组件的电流特性可用分段函数表示。分段方程之间的交汇点则是旁路二极管导通与阻断的转折点。

通过以上原理分析,可建立串联支路的 $P-I$ 关系式,根据 $\frac{dP}{dI}=0$ 可找到它的最大功率点,但因为分段函数性质,可得出两个值。在多个组件串联的情况下,会出现多个峰值。

从并联支路中取出两个电池组件,电路模型如图 4-6 所示,分析被遮挡后并联支路的电流输出特性。

在非均匀光照强度下,若第一块电池组件的开路电压减小,组件 1 所串联的隔离二极管就有可能处于阻断状态。

当外接负载电阻很小,即输出电压不大时,此时组件 1 和组件 2 的隔离二极管端都能形成正向偏压,这个阶段组件 1、2 均能正常对外输出功率,输出电流为二者电流之和。

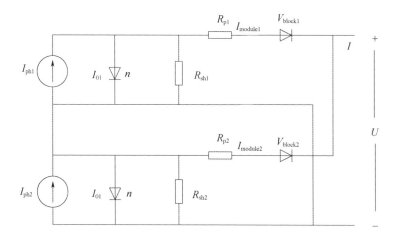

图 4-6 安装隔离二极管的太阳能电池并联支路模型

随着外接负载电阻的增大,输出电压不断增大,当输出电压等于组件 1 的开路电压时,此时若电压继续增大,组件 1 已经无法继续提供更大的输出电压,因此组件 1 的隔离二极管两端开始形成反向偏压,即组件 1 处于阻断状态,这个阶段只有组件 2 对外输出功率,因此并联后的电流方程就是组件 2 的输出特性方程。

相比于并有旁路二极管的串联支路模型,串有隔离二极管的并联支路模型相对简单,建模过程也不算复杂。

4.2.2 太阳能电池组件工作温度模型

受太阳光照的影响,太阳能电池各组件的温度会有较大提升。温度升高会降低太阳能电池输出电压,减小输出功率。在设计太阳能电池阵时,需要太阳能电池阵温度特性计算模型。

在一定光照强度下,太阳能电池阵工作温度的变化会导致其最大功率点工作电压的改变,影响工作效率。而基于电池材料建立的电池传热学模型较为复杂,计算耗时且精度难以保证。可根据历史测量数据,构建太阳能电池阵组件温度与环境温度、输出功率之间的关系模型,在测得当前环境温度以及太阳能电池阵组件功率的情况下,预测太阳能电池阵组件温度。

环境温度和太阳能电池阵的输出功率等往往具有较大的不确定性或者噪声特性,因此构建与该类因素相关的模型时,需充分考虑其不确定性的特性。针对这种特点,可以建立基于高斯过程回归算法的组件温度建模来预测飞艇上太阳能电池组件的温度。高斯过程是一种基于贝叶斯推理框架、无参数、具有概率意义的统计机器学习方法,尤其适用于处理高维、小样本、非线性等复杂分类和回归问题。在保证获得相同的机器学习性能条件下,高斯过程比神经网络和支持矢量机更易于实现。更重要的是,在利用高斯过程构建分类或回归模型时,无须指定具体的模型类型,且该过程中的相关超参数可基于训练样本,通过极大化似然函数获得[8]。在利用高斯过程建模时,需考虑数据存在的噪声,即在该算法中自然地融入数据测量等引起的不确定性。

建模过程中主要考虑两大因素,即环境温度以及组件输出功率对太阳能电池组件温度的影响。在建模过程中,将实际的测量样本记为 $D = \{(\boldsymbol{x}_i, y_i), i = 1, 2 \cdots, n\}$,其中,$\boldsymbol{x}_i \in \boldsymbol{X}$ 是包含环境温度和组件输出功率的矢量,$y_i \in Y$ 为太阳能电池组件温度,基于高斯过程回归机制针对任意的 $\boldsymbol{x}_i$ 确定合适的 $f(\boldsymbol{x}_i)$,使得下式成立,即

$$y_i = f(\boldsymbol{x}_i) + \varepsilon_i \qquad (4-10)$$

式中:$f(\boldsymbol{x}_i)$ 为服从高斯分布的随机过程,记为 $f(\boldsymbol{x}_i) \sim GP(m(\boldsymbol{x}_i), \boldsymbol{C})$,这里 $m(\boldsymbol{x}_i)$ 为高斯过程的均值,$\boldsymbol{C}$ 为 $n \times n$ 的对称正定协方差函数,其元素为 c_{ij},度量 $\boldsymbol{x}_i$ 和 $\boldsymbol{x}_j$ 的相关性,利用正定核函数 $k(\boldsymbol{x}_i, \boldsymbol{x}_j)$ 获取。ε_i 表示测量误差或者测量不确定性的独立随机变量,一般假设其符合均值为 0、方差为 σ_n^2 的高斯分布,即 $\varepsilon_i \sim N(0, \sigma_n^2)$。则根据高斯分布特性,可知输出 y_i 满足下式,即

$$y_i \sim N(M(\boldsymbol{x}_i), \boldsymbol{C} + \sigma_n^2 \boldsymbol{I}) \qquad (4-11)$$

式中:$\boldsymbol{I}$ 为 $n \times n$ 的单位矩阵。

则基于样本集 D,可得样本输出的联合先验概率为

$$p(Y|X) = \frac{1}{\sqrt{(2\pi)^n |\boldsymbol{C}|}} \exp\left[-\frac{1}{2}(Y - M(X))^\mathrm{T}(\boldsymbol{C} + \sigma_n \boldsymbol{I})^{-1}(Y - M(X))\right] \qquad (4-12)$$

根据式(4-12)以及高斯分布特性,在已知新的环境温度、组件输出功率 $\boldsymbol{x}_*$ 时,其预测值与训练样本输出 Y 的联合高斯先验分布为

$$\begin{Bmatrix} Y \\ y_* \end{Bmatrix} \sim N\left[\begin{pmatrix} M(X) \\ M(\boldsymbol{x}_*) \end{pmatrix}, \begin{pmatrix} \boldsymbol{C} + \sigma_n^2 \boldsymbol{I} & \boldsymbol{C}_* \\ \boldsymbol{C}_*^\mathrm{T} & \boldsymbol{C}_{**} \end{pmatrix}\right] \qquad (4-13)$$

式中:$\boldsymbol{C}_*$ 为待预测样本 $\boldsymbol{x}_*$ 与所有训练样本集 $\boldsymbol{X}$ 的协方差矩阵矢量,即 $\boldsymbol{C}_* = \{k(\boldsymbol{x}_1, \boldsymbol{x}_*), k(\boldsymbol{x}_2, \boldsymbol{x}_*), \cdots, k(\boldsymbol{x}_n, \boldsymbol{x}_*)\}^\mathrm{T}$;$\boldsymbol{C}_{**} = k(\boldsymbol{x}_*, \boldsymbol{x}_*)$

根据贝叶斯概率推理,可得待预测目标的概率分布为

$$p(y_* | D, x_*) \sim N(M(x_*) + C_*^T (C + \sigma_n I)^{-1}(Y - M(X)), C_{**} - C_*^T(C + \sigma_n I)^{-1} C_*) \quad (4-14)$$

由式(4-14)可知,预测目标均值为 $\mu_* = M(x_*) + C_*^T(C + \sigma_n I)^{-1}(Y - C(X))$,预测的不确定性为 $\sigma_* = C_{**} - C_*^T(C + \sigma_n I)^{-1} C_*$。

基于高斯过程的温度预测模型的基本流程如图4-7所示。

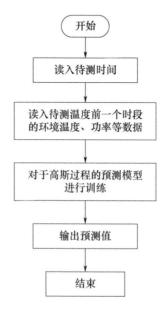

图4-7 太阳能电池温度预测模型流程框图

4.2.3 太阳能电池阵构型设计

按照功率/能量计算、面积计算、布设位置优化、避开飞艇表面器件位置的流程进行太阳能电池阵构型设计[63]。

飞艇太阳能电池阵的设计遵循串联支路里单体电池间的最大功率点电流相匹配、并联支路间的最大功率点电压匹配的原则。设计太阳能电池阵的串联支路沿飞艇身轴线的方向,太阳能电池阵各并联支路垂直轴线方向依次平行布置;在太阳能电池阵的恰当位置配装太阳辐射计来实时采集太阳能电池阵的太阳辐射通量密度用以计算太阳能电池阵的工作效率;在太阳能电池阵中关键位置点安装温度探头实时采集其工作温度;在太阳能电池阵附近安装"太阳能电池工作数采集单元"用以将采集到的太阳辐射通量密度和太阳能电池阵工作温度等数据转化为数字信号传输至电源控制器的通信接口。

太阳能电池阵布设在飞艇艇体正上方。匹配高压电池组的工作电压 U_O，及电源控制器的控制方式来设计太阳能电池阵的工作电压 U_M；再根据电池单体的工作电压 U_m 来设计太阳能电池阵串联单体的数量 N_s（对计算结果向上取整），根据电池布设面积 A_{total}、电池单体的面积 $A_{solarcell}$、每路串联单体的数量 N_s 来计算太阳能电池阵的并联数量 N_p（对计算结果向上取整），有

$$N_s = \frac{V_M}{V_m} \qquad (4-15)$$

$$N_p = \frac{A_{total}}{(N_s A_{solarcell})} \qquad (4-16)$$

根据电池组件的参数，应用式（4-16）计算选择太阳能电池阵每个并联支路的串联数量。

根据电源控制器升压模式和不调节母线的工作特性，设计电池模块在工作点的工作电压不小于锂电池组电压高值（满充状态）的一半且不大于锂电池组电压的低值（起始充电的电压值）。

太阳能电池的工作电压受电池工作温度影响较大，任意工作温度下的电池工作电压可由标准温度下的测试数据计入电压温度系数计算而得出。任意工作温度下电池的工作电压计算公式为

$$U_M = U_{M(25℃)} + \beta \cdot (T - 25) \qquad (4-17)$$

4.3 储能系统设计

储能电池是循环能源系统的能量存储单元，对整个系统的稳定性和安全性至关重要。电池性能模型（简称电池模型）描述电池工作的外特性，是循环能源系统设计与仿真必不可少的环节。

电动汽车用电池性能模型研究较多，可以供平流层飞艇储能系统设计参考使用。综观各国学者的研究成果，等效电路模型、神经网络模型和简化的电化学模型在仿真中经常使用。这3类模型本身又有多种不同的结构，如等效电路模型中有 Rint 模型、电阻电容（RC）模型和 PNGV 模型等；神经网络模型中有误差反向神经网络（简称 BP 神经网络）模型和径向基网络模型等；简化的电化学模型中有 Shepherd 模型和 Unnewehr 模型等。3类模型在模型参数辨识方法、适用范围、模型精度等方面各有优势。根据电池模型输入的不同，电池模型又可分为电流输入结构和功率输入结构。不同的种类与结构必然带来电池模型如

何选取的问题。

3 类模型中最经常使用且性能较好的 3 个代表模型,分别为 PNGV 等效电路模型、BP 神经网络模型和简化的电化学组合模型。

4.3.1 等效电路模型

PNGV 等效电路模型是基于电池原理,用电容、电阻等构成的电路描述电池的工作特性,适用于多种电池、多种等效电路模型中,PNGV 模型物理意义清晰,模型参数辨识试验容易执行、参数辨识方法系统、模型精度较高,目前最常使用。

PNGV 模型电路结构如图 4-8 所示。

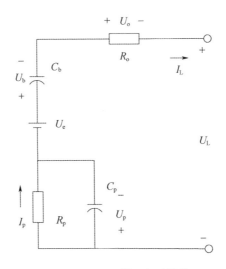

图 4-8 PNGV 模型电路结构

图中,U_o 为电池的开路电压;R_o 为欧姆内阻;R_p 为极化内阻;C_p 为 R_p 旁的并联电容;t 为极化时间常数($t = C_p R_p$);I_L 为负载电流;I_p 为极化电阻上的电流;U_L 为负载电压;C_b 为电容,用来描述随着负载电流的时间累积而产生的开路电压的变化。基于电路原理得出电流输入 PNGV 模型的状态方程式为

$$\begin{cases} \begin{bmatrix} \dot{U}_b \\ \dot{U}_p \end{bmatrix} = \begin{bmatrix} 0 & 0 \\ 0 & -\dfrac{1}{C_p R_p} \end{bmatrix} \begin{bmatrix} U_b \\ U_p \end{bmatrix} + \begin{bmatrix} \dfrac{1}{C_b} \\ \dfrac{1}{C_p} \end{bmatrix} [I_L] \\ [\dot{U}_L] = \begin{bmatrix} -1 & -1 \end{bmatrix} \begin{bmatrix} U_b \\ U_p \end{bmatrix} + [-R_0][I_L] + [U_{oc}] \end{cases} \quad (4-18)$$

4.3.2 神经网络模型

电池是一个高度非线性系统,而神经网络具有非线性、多输入多输出、泛化能力强的优点,这使得神经网络电池模型能够模拟电池的外特性。目前,神经网络中的 BP 神经网络理论最完备、应用最广泛。电流输入的 BP 神经网络电池模型结构如图 4-9 所示。

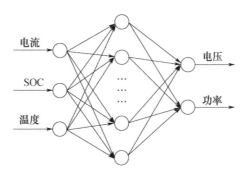

图 4-9 BP 神经网络电池模型结构

图 4-9 所示为电池的 3 层 BP 神经网络,由输入层、输出层和隐含层组成。输入为电流 I、剩余电量 SOC 和工作温度 T,输出为电压 U 和功率 P。隐含层使用 S 型神经元,输出层使用线性神经元。如果隐含层包含足够多的神经元,整个网络可以逼近任何具有有限个断点的电池外特性曲线。

BP 神经网络输出为

$$\boldsymbol{C}_{\text{output}} = \boldsymbol{W}_2 \cdot LS(\boldsymbol{W}_1 \cdot \boldsymbol{C}_{\text{Input}} + \boldsymbol{B}_1) + \boldsymbol{B}_2 \qquad (4-19)$$

式中:$\boldsymbol{C}_{\text{output}}$ 为输出矢量 $[\boldsymbol{P},\boldsymbol{U}]$;$\boldsymbol{C}_{\text{input}}$ 为输入矢量 $[\boldsymbol{I},\text{SOC},\boldsymbol{T}]$;SOC 为通过安时计量法计算;$\boldsymbol{W}_1$ 为隐含层的连接权系数矩阵;$\boldsymbol{W}_2$ 为输出层的连接权系数矩阵;$\boldsymbol{B}_1$ 为隐含层的阈值;$\boldsymbol{B}_2$ 为输出层的阈值;$LS(x)$ 为 S 型函数,可以选择对数正切函数 $y = 1/(e^{-x}+1)$ 或双曲正切函数 $y = \tan(x)$。

4.3.3 简化电化学模型

电池的电化学机理模型过于复杂,在系统上难以应用。使用简化的电化学模型描述电池的外特性。经常使用的组合模型如式(4-20)所示,它基于 Shepherd 模型、Unnewehr 模型和 Nerst 模型组合得到,在此类模型中最有代表性。模型中,U_L 为电池负载电压,I_L 为电流,R 为电池内阻,K_0、K_1、K_2、K_3、K_4 为模型系数。

电池负载电压为

$$U_L = \frac{K_0 - RI_L - K_1}{\text{SOC} - K_2\text{SOC} + K_3} \times \ln(\text{SOC}) + K_4 \times \ln(1 - \text{SOC}) \quad (4-20)$$

对于电动汽车的 SOC 估算方法主要有安时积分法、卡尔曼滤波法、神经网络法及其各种组合算法。有学者采用开路电压法为安时积分法提供初值来估算电池 SOC,但存在电流累计误差的问题。有学者采用神经网络法估算电池 SOC,将辨识精度提高到 3%,但该方法依靠大量的样本进行数据训练且易受干扰。有学者研究的 5 种典型工况试验表明,卡尔曼滤波与安时积分的组合算法比神经网络法、卡尔曼滤波与神经网络组合算法的 SOC 估算误差都要小;有学者研究的基于电池的等效电路模型或神经网络模型,采用卡尔曼滤波与安时积分的组合算法对 SOC 估计取得了较好效果,但在估算精度、初始误差修正及调节时间等方面的研究还不足。

对于电动汽车用热特性模型,早在 20 世纪 80 年代就有文献对电动汽车电池的三维热模型进行了研究,直到现在仍有大量的研究人员进行动力电池热模型研究,电池热模型主要从以下几个方面进行研究,即电化学 – 热耦合模型、电 – 热耦合模型、集总质量模型、一维模型、二维模型和三维模型等。电化学 – 热耦合模型主要利用电池化学反应生热建立电池热模型,模型认为电池温度分布均匀,忽略电池极片上电流密度的分布,Bernardi 和 Newman 对电化学 – 热耦合模型进行了深入研究,其提出的电池生热率模型已被广泛应用。

平流层飞艇用储能电池组容量大、电压高,而针对其应用的锂/锂硫电池模型研究较少,空间应用如空间站、卫星等有对锂电池模型的适用性研究,具有一定的参考价值,但其局限性较大,表现在其使用电池组的容量和电压较小而且其供电负载的工作模式相对固定。电动汽车应用的锂电池模型研究相对较为充分,电池组的电压、容量水平也与实际平流层飞艇的应用相当,但也有其局限性,主要表现在充电方面,电动汽车使用市电充电,功率储备充足,这与飞艇应用充电受光照条件限制的模式有较大差别。

为了能够快速、准确地计算电池组的充放电电流曲线、电压曲线和剩余容量曲线,需要研究大容量锂/锂硫电池组的性能计算模型,进而建立电池组的动态充放电模型。对于电池组的计算模型,可采用工程上较为常用的等效电路模型,即二阶 RC 模型,该模型由一个电阻和两个 RC 网格组成,如图 4 – 10 所示。

图 4 – 10 所示电容 C_b 为简化的理想电压源,C_b 两端的电压 U_b 为电池的开路电压,它在一定情况下与电池的 SOC 有固定的映射关系;R_i 为电池的欧姆内

阻;R_1和C_1用于描述扩散现象,这是一个放电电压缓慢稳定的过程,时间常数较大,其两端电压是U_1;R_2和C_2描述电池双电层部分的荷电变化,这是一个放电电压快速变化的过程,时间常数较小,其两端电压是界面过电位U_2。

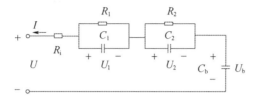

图4-10　锂/锂硫电池二阶RC等效电路模型

根据电路模型能得到二阶RC模型的状态方程,即

$$\begin{bmatrix} \dot{U}_b \\ \dot{U}_1 \\ \dot{U}_2 \end{bmatrix} = \begin{bmatrix} 0 & 0 & 0 \\ 0 & -\dfrac{1}{R_1 \cdot C_1} & 0 \\ 0 & 0 & -\dfrac{1}{R_2 \cdot C_2} \end{bmatrix} \cdot \begin{bmatrix} \dot{U}_b \\ \dot{U}_1 \\ \dot{U}_2 \end{bmatrix} + \begin{bmatrix} -\dfrac{1}{C_b} \\ \dfrac{1}{C_1} \\ \dfrac{1}{C_2} \end{bmatrix} \cdot I \quad (4-21)$$

$$U = \begin{bmatrix} 1 & -1 & -1 \end{bmatrix} \cdot \begin{bmatrix} U_b \\ U_1 \\ U_2 \end{bmatrix} - R_i I \quad (4-22)$$

将此状态方程离散化,可得到此系统的离散模型,即

$$\begin{bmatrix} U_{b,k+1} \\ U_{1,k+1} \\ U_{2,k+1} \end{bmatrix} = \begin{bmatrix} 1 & 0 & 0 \\ 0 & 1-\dfrac{1}{R_1 \cdot C_1} & 0 \\ 0 & 0 & 1-\dfrac{1}{R_2 \cdot C_2} \end{bmatrix} \cdot \begin{bmatrix} U_{b,k} \\ U_{1,k} \\ U_{2,k} \end{bmatrix} + \begin{bmatrix} -\dfrac{T}{C_b} \\ \dfrac{T}{C_1} \\ \dfrac{T}{C_2} \end{bmatrix} \cdot I_k$$

$$(4-23)$$

$$\boldsymbol{U}_k = \begin{bmatrix} 1 & -1 & -1 \end{bmatrix} \cdot \begin{bmatrix} U_{b,k} \\ U_{1,k} \\ U_{2,k} \end{bmatrix} - R_i \cdot I_k \quad (4-24)$$

其中,电池模型中的状态变量为$\boldsymbol{x} = \begin{bmatrix} x_1 & x_2 & x_3 \end{bmatrix}^T = \begin{bmatrix} U_b & U_1 & U_2 \end{bmatrix}^T$,系统输入$u$为锂电池的工作电流$I$,且放电为正,系统输出$y$为锂离子电池的工作电

压 U,采样时间为 T。

系统的离散模型可以写成以下锂离子电池离散状态空间模型,即

$$x_{k+1} = Ax_k + Bu_k \qquad (4-25)$$

$$y_{k+1} = Cx_k + Du_k \qquad (4-26)$$

式中:

$$A = \begin{bmatrix} 1 & 0 & 0 \\ 0 & 1-\dfrac{1}{R_1C_1} & 0 \\ 0 & 0 & 1-\dfrac{1}{R_2C_2} \end{bmatrix}, \quad B = \begin{bmatrix} -\dfrac{T}{C_b} \\ \dfrac{T}{C_1} \\ \dfrac{T}{C_2} \end{bmatrix}, \quad C = \begin{bmatrix} 1 & -1 & -1 \end{bmatrix}, \quad D = -R_i \text{。}$$

由于锂离子电池充放电过程的内部化学反应较为复杂,因此这个过程是时变且非线性的,因而要通过理论分析获得模型的参数是很困难的。由于电池系统的时变性,随着电池 SOC、外界温度、循环次数等因素的改变,其模型参数也会发生较大的变化,因此为了提高 SOC 的估计精度、增强系统的适应能力,需要对电池模型参数在线辨识并做出实时修正。

4.4 能源管理系统设计

平流层飞艇能源管理系统,在一定程度上制约着平流层飞艇的发展,一个高能量密度、高效的能源管理系统能够在很大程度上减小电源本身的体积和重量,提高电能的利用率,同时也能够延长太阳能电池板的使用寿命,而且对蓄电池的管理也会有非常高的性能提升和寿命的延长,可以有效提高整个飞艇的工作性能及可靠性,从而提高平流层飞艇系统整体的工作性能和使用寿命。平流层飞艇能源功率需求大、发电单元构成复杂、储能电池多样,给能源管理带来了挑战,目前还没有成熟的平流层飞艇能源管理系统产品,其设计和研发还是一种正在发展的新技术。

4.4.1 能源管理方案设计

母线配置是指调节功能设计、能量传递方式设计、母线数量设计等,有多种配置方式,根据飞行任务进行配置,完成配置后基本可以确定能源管理系统的拓扑和组成。

相对于卫星电功率只有几十瓦到 10kW,电源系统的控制和管理相对简单,平流层飞艇需要的功率高达几十千瓦到几百千瓦,要管理好这样一个庞大的电源系统不是一件容易的事,需要采用多种控制技术。

能源管理方案设计包括母线电压大小、母线调节方式、能量传输方式选择等方面。此外,还有储能电池监测、控制等功能设计。能源管理方案根据母线调节方式和能量传递方式,如表 4 – 1 所列的几种组合形式。

表 4 – 1 能源管理方案组合形式

能量传输方式	母线调节方式		
	不调节	半调节	全调节
直接能量传输(DET)	√	√	√
峰值功率跟踪(PPT)	×	√	√

从表 4 – 1 中可以看出,总共有 DET 不调节、DET 半调节、DET 全调节、PPT 半调节、PPT 全调节 5 种组合形式。

1. 母线电压选择

母线按照电源系统的拓扑结构可分为单母线、双独立母线、高低压母线及多母线等。考虑到供电安全可靠性,平流层飞艇高压母线与低压母线相互独立形式,高压母线参与动力等高压能源循环,用于大功率负载供电,以减少供电线路压降;为了减轻电缆重量和损耗,根据以往经验,再考虑到航空 270V 是标准配置,因此高压母线常常选用 270V。低压母线参与控制等低压能源循环,低压母线选择标准为 28V。随着功率增大和高电压技术的提高,母线电压提高会带来导线重量减轻和功耗减小等好处。

2. 母线电压调节方式

母线电压包括不调节、半调节和全调节 3 种,电源系统按照母线电压的调节方式可以分为 3 种,即母线电压不调节式、母线电压半调节式和母线电压全调节式。

1) 母线电压不调节式

母线电压不调节式是指太阳能电池阵和蓄电池组不通过调节而直接向负载供电,其原理如图 4 – 11 所示。

光照期,母线电压依赖于太阳能电池阵供电,取决于太阳光的辐照状况、温度情况、负载需求情况等;无光照时,母线电压依赖于蓄电池组放电,此时母线电压取决于电池组允许串联只数、工作温度、放电电流大小、放电深度等。

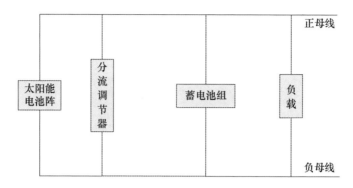

图 4-11 母线电压不调节形式

这种调节方式的优点是电源系统控制器简单、可靠;缺点是母线电压波动大,电磁兼容特性差,给整个负载系统带来一些问题。

2)母线电压半调节式

在母线电压半调节式电源功率控制系统中,太阳能电池阵供电部分可以调节,但是蓄电池供电部分不能调节,其原理如图 4-12 所示。

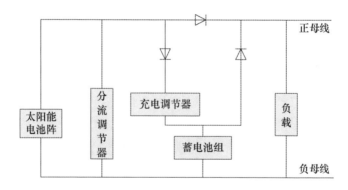

图 4-12 母线电压半调节形式

光照期,母线电压通过一个分流调节器保证母线输出电压是一个稳定值,非光照时负载用电由蓄电池组直接供给,这样造成了在白天与黑夜变化时,母线电压有一个"跃变",这对浮空器上的各仪器提出了较高的要求。这种母线电压调节方式的优点在于电源系统效率一直保持最高水平,光照期时,电源母线电压稳定,电磁兼容性好;非光照期时,母线电压较低,但蓄电池组放电传输效率高。

3)母线电压全调节式

母线电压全调节式电源功率控制系统是指太阳能电池阵供电和蓄电池放

电都可以调节,即在母线电压半调节式的基础上加入了一个蓄电池放电调节器,其原理如图 4-13 所示。

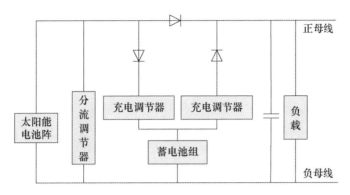

图 4-13 母线电压全调节形式

光照期由分流调节器调节母线电压,非光照时由蓄电池组放电调节器调节到同一母线电压,使得母线电压在全部寿命周期内均输出稳定的电压。母线电压全调节式电源系统有两个突出的优点:一是在太阳能电池阵供电不足时,蓄电池可以通过放电调节器给母线供电,保持母线电压稳定;二是电源系统结构设计更容易实现模块化和通用化。这种方式下,输出母线电压在浮空器全部工作时间都可以保持稳定。

母线电压不调节方式由于光照期间和地影期间母线电压均波动较大并且电磁兼容性较差,排除在外,电压半调节和电压全调节的优缺点如表 4-2 所列。

表 4-2 母线电压调节方式的优缺点

母线电压调节方式	优点	缺点
电压半调节式	光照期时,电源母线电压稳定,电磁兼容性好,内阻小;夜间蓄电池组放电传输效率高	夜间母线电压波动大
电压全调节式	光照期和夜间母线电压波动小,电磁兼容性好,内阻小	电源控制设备较复杂;蓄电池传输效率较低

目前,在太阳能电池效率较低且锂电池比能量不高,同时动力电机和电源输入均采用宽范围输入设计的情况下,浮空器采用母线电压半调节式比较合适。

3. 能量传输方式选择

从能量传输的角度来看,能源系统的拓扑结构可以分为两大类,即直接能量传输方式(DET)和峰值功率跟踪方式(PPT)。

1) 直接能量传输方式

直接能量传输方式的太阳能电池阵的输出功率直接传输给负载,太阳能电池阵与负载直接并联。采用分流器调节太阳能电池阵的输出功率,使母线电压维持在预先设定的范围内,它将超过负载需要的功率消耗掉,是耗散型的调节方式。

2) 峰值功率跟踪方式

峰值功率跟踪方式是指在太阳能电池阵和负载之间引入一个开关串联调节器,来代替直接能量传输方式中的分流调节器,这样可以随时跟踪太阳能电池阵的最大输出功率点,把太阳能电池阵能够输出的全部功率都发挥出来。

直接能量传输方式属于利用分流稳压的并联调节方式,峰值功率跟踪方式属于直接稳压的串联调节方式,各有优缺点。

两种能量传输方式对比如表4-3所列。

表4-3 能量传输方式对比

能量传输方式	太阳能电池阵与负载的连接方式	性能特点	适用范围
DET	并联	功率传输效率高	具有指向机构能够实时指向太阳的空间飞行器,如带太阳能电池指向机构的卫星或飞船
PPT	串联	能够实时追踪太阳能电池阵的最大功率	功率需求比较大,太阳能电池阵不是实时指向太阳的高空长航时飞行器,如平流层飞艇

4.4.2 能源管理拓扑结构设计

典型的能源管理器拓扑结构如图4-14所示。

能源管理器的输入端是由多个功率调节器并联的结构,每个调节器输入端对应连接一个太阳能电池子阵、输出端并联连接至储能电池组。能源管理器的输出端分别对应连接储能电池组和各个负载。能源管理器的通信控制由主控单元协同各从控单元共同完成,实现对系统工作模式的调节和转移控制。

第4章 平流层飞艇能源系统设计

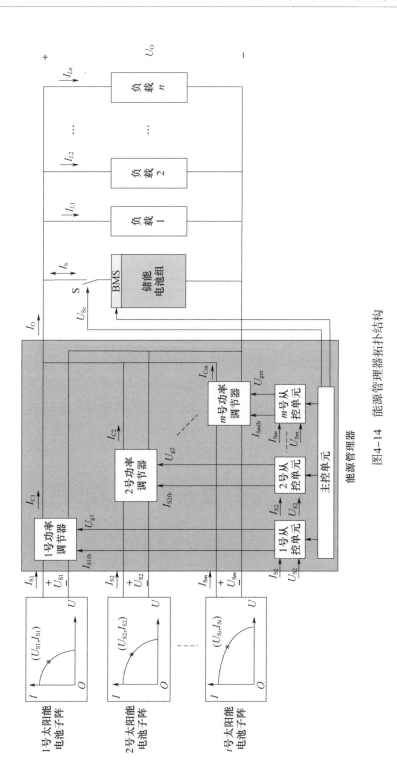

图4-14 能源管理器拓扑结构

图 4 – 14 显示，各太阳能电池子阵的工作电压和工作电流分别为 U_{Si} 和 I_{si}，i 为对应子阵的编号，共计 m 个子阵；能源管理器的输出电压和电流分别为 U_O 和 I_O；储能电池组的工作电压和电流分别为 U_O 和 I_b，储能电池组的工作电流定义为，在充电时其值为正 ($I_b > 0$)，在放电时其值为负 ($I_b < 0$)；负载的工作电压和电流分别为 U_{Lj} 和 I_{Lj}，j 为对应负载的编号，共计 n 个负载。能源系统工作电压、电流和功率的关系如下。

太阳能电池阵工作功率为

$$P_S = \sum_{i=1}^{m} P_{Si} = \sum_{i=1}^{m} I_{Si} \cdot U_{Si} \qquad (4-27)$$

储能电池组充放电功率为

$$P_b = I_b \cdot U_O \qquad (4-28)$$

负载工作功率为

$$P_L = \sum_{j=1}^{n} P_{Lj} = \sum_{j=1}^{n} I_{Lj} \cdot U_{Lj} \qquad (4-29)$$

基于图 4 – 14 所示的能源管理器拓扑结构，实现闭环能量管理的关键在于能源管理器对工作模式的转移控制，主要包括对各太阳能电池子阵工作功率的调节控制、对储能电池组充放电的调节控制和对各负载的调节控制。

综合太阳能电池阵工作功率和储能电池组荷电状态以及负载的工作特性，以瞬时工作的功率匹配为调节目标，由主控单元实现对工作模式的转移判断。工作模式包括以下几种。

模式 1：峰值功率跟踪 – 放电模式 (MPPTD)：飞艇出现峰值负载或光照条件不好，太阳能电池阵输出最大功率仍不能满足负载需要时，即 $0 < P_S \leqslant P_L$ 时，由太阳能电池阵和储能电池组联合供电的工作模式。此时储能电池组的工作电流 $I_b \leqslant 0$。

模式 2：峰值功率跟踪 – 充电模式 (MPPTC)：太阳能电池阵输出最大功率，功率满足负载需要并剩余时，储能电池组以小于恒流充电电流 I_{REF} 充电，即 $P_L < P_S$ 和 $I_b < I_{REF}$ 时，充电电流随太阳能电池输出电流大小变化的工作模式。此时，储能电池组的工作电流为 $0 < I_b < I_{REF}$。

模式 3：功率调节模式 (BCR)：太阳能电池阵输出功率完全满足负载和充电功率需要，储能电池组以设定的电流充电时，太阳能电池阵的工作点偏离最大功率点的工作模式。

模式 4：储能电池组放电 (BD)：在夜间，光照强度为零，即 $P_S = 0$ 时，由储能电池组为负载供电满足夜间工作的需求。此时,储能电池组工作电流为 $I_b<0$。

基于上述分析,结合能源管理器的拓扑结构,建立工作模式状态转移图及条件如图 4-15 所示。

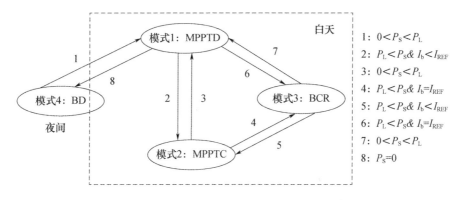

图 4-15　能源管理器工作模式状态转移图及条件

4.4.3　能源管理功率设备设计

能源管理功率设备主要包括太阳能电池阵功率调节器、蓄电池组充电调节器、蓄电池组放电调节器、蓄电池组再处理器等设备。

(1) 太阳能电池阵功率调节器。平流层飞艇使用的太阳能电池阵一般采用带有柔性的电池贴附在艇体表面,艇体表面具有曲率,太阳能电池阵的输出功率与飞艇飞行地域、飞行季节、太阳光强、飞行过程中艇身力学环境等多种因素有关,而负载功率和充电功率也经常发生幅度较大的变化,因此导致白天光照期的母线电压会发生大幅度变化,太阳能电池阵功率调节器就是调节太阳能电池阵的功率,使得白天母线电压稳定在要求范围内。常用的太阳能电池阵功率调节器有分流调节器、峰值功率跟踪器,根据不同电源拓扑进行选择。

(2) 蓄电池组充电调节器。蓄电池组充电调节器是根据蓄电池组允许的充电要求按照不同的充电倍率给蓄电池组充电,并根据荷电状态改变充电策略。锂电池的充电过程可以分为 4 个阶段,即涓流充电、恒流充电、恒压充电及充电终止。

(3) 蓄电池组放电调节器。蓄电池放电调节器的功能是提供蓄电池组对供电母线的放电接口,并对蓄电池组放电进行控制。放电调节器实质上是一种单路的直流-直流变换器,根据母线要求和电源结构有多重电路拓扑结构,包括降压型、升压型、升降压型。

（4）蓄电池组再处理器。蓄电池组再处理器主要用于飞艇运行超过一定时间后进行的蓄电池组在线维护，主要包括对电池组深放电和单体电池深放电，短期飞行的浮空器一般不需要蓄电池组再处理器。

第 5 章
平流层飞艇动力推进系统设计

本章主要介绍动力推进系统总体设计的主要内容,从飞艇总体设计的角度提出对动力电机、螺旋桨、倾转机构等单机和部组件的要求,简述相关单机和部组件的设计技术以及推进器性能的测试技术。

5.1 动力推进系统总体设计

5.1.1 一般功能和组成

动力推进系统的性能对飞艇的巡航能力、抗风能力和飞行时长等各方面的飞行性能都有很大的影响。平流层飞艇要实现长时间驻空飞行必须实现太阳能电池和/或可再生燃料电池与储能电池之间的能源循环,根据当前电动推进系统的发展水平,由动力电机和螺旋桨构成的推进器仍然是平流层飞艇的主要推进方式[64]。

动力电机 – 螺旋桨推进器一般由动力电机、电机驱动器、螺旋桨、传动系统和/或连接结构以及相关传感器组成。基本工作原理:能源系统为动力电机提供电力,电机驱动器解析来自飞控系统的指令,并控制动力电机的启停及转速,并将动力电机及驱动器的运行参数反馈给飞控系统,动力电机通过传动系统或直接驱动螺旋桨旋转产生推力,推动飞艇前进。

目前,国内外关于平流层飞艇的研究仍处于关键技术攻关和飞行试验及演示验证阶段,平流层飞艇的设计和研制尚没有可以参照的设计准则和标准。在平流层飞艇动力推进系统设计时,在保证实现预期功能、性能以及保证设备稳定工作的前提下,更注重于验证动力电机、螺旋桨等单机设备新的设计方法、加工工艺,积累动力电机设计参数与螺旋桨设计参数、动力推进系统设计参数与艇体气动参数以及推进系统设计参数与飞控系统设计参数之间的匹配经验等。

鉴于此,动力推进系统的主要设计原则如下。

(1) 设计方案尽量采用成熟技术,充分利用国内外已有飞艇试验经验;同时,基于未来平流层飞艇推进技术发展的需要,有针对性地尝试新的技术方案。

(2) 设计方案需综合考虑任务要求和生产实际,合理分配部组件技术指标,单机设备研制符合现有设计、生产以及测试能力和条件;单机设备研制按照国家、行业、企业相关标准进行。

(3) 满足总体任务要求的前提下,对分系统效率、重量等指标进行优化设计。

(4) 预先进行风险分析,采取预防和改进措施,增加可靠性,降低技术风险和进度风险。

动力推进系统总体设计的主要工作包括以下内容。

(1) 根据飞艇系统总体分解的动力技术指标为输入计算动力推进系统参数并分析。

(2) 根据艇体气动布局与飞控策略设计推进器数量、构型和推进布局。

(3) 综合考虑使用环境和系统的重量以及可靠性等要求,细化分解动力电机、螺旋桨等部件技术指标。

(4) 设计推进器性能的地面和飞行过程中的测试方案。

5.1.2 系统参数分析

1. 推进功率计算模型

推进需用功率按飞艇匀速平飞工况核算推进功率,此时螺旋桨产生的推力 T_P 与飞艇阻力 F_D 大小相等、方向相反,即[65]

$$T_{P0} = F_D = \frac{1}{2}\rho v^2 C_D A \qquad (5-1)$$

螺旋桨轴所需功率为

$$P_{P0} = T_P \cdot v = \frac{1}{2}\rho \cdot v^2 \cdot (V_{ol})^{2/3} \cdot C_D \cdot \frac{v}{\eta_P} \qquad (5-2)$$

动力电机总功率为

$$P_{\text{M0}} = \frac{1}{2}\rho \cdot v^2 \cdot (V_{\text{ol}})^{2/3} \cdot v \cdot \frac{C_{\text{D}}}{(\eta_{\text{M}} \cdot \eta_{\text{G}} \cdot \eta_{\text{P}})} \quad (5-3)$$

式中：$A = V_{\text{ol}}^{2/3}$ 为飞艇艇体参考面积；η_{P} 为螺旋桨效率；η_{M} 为动力电机效率；η_{G} 为减速器效率，若为直驱电机，此参数取 1。

得到动力电机总功率后，再根据推进布局形式和推进器数量，分解每套动力电机的单机功率。通常根据以往设计经验并结合不同高度平飞时艇体气动阻力系数仿真结果，计算不同阻力系数和抗风要求下的动力电机单机功率需求矩阵表，考虑一定的余量确定动力电机单机功率。

2. 推进布局设计

平流层飞艇的推进布局形式主要包括艇体两侧布局、艇体底部布局、艇首布局、艇尾布局及组合布局等。推进器的构型可分为推力方向固定式推进器和推力方向可倾转式推进器。当前平流层飞艇的推进器除提供推力外，还兼具调整飞艇航向、调节飞艇姿态的功能。根据不同的推进布局和推进器构型，采用不同的策略实现飞艇的偏航控制。

推进器安置在飞艇两侧时，能够较好地维持艇体表面的流动状态，且推进器推力方向与前进方向一致，推力不影响艇体俯仰姿态，可以通过两侧推进器动力输出大小和/或方向的不同实现飞艇的偏航转向。在这种安装方式下：一是推进器距离地面较高，给推进器安装及检查带来不便，且供电线缆较长，但便于推进器在地面开展旋转测试；二是推进器位于悬臂梁式的推进器安装支架的最外侧，需要安装支架具有适当的刚度以避免推进器、推进支架和艇体发生耦合振动，同时还需要艇体始终维持一定的压差以提供支撑刚度。另外，需要特别指出的是，两侧推进器的旋转方向需相反，以产生关于艇体轴对称的螺旋桨滑流，从而保持艇体偏航扭矩系数的对称性，并消除推进器转动带来的滚转力矩。

推进器安置在艇体底部时，安装结构简单且便于操作，能源供电线缆长度短，但推进器离地面近，不便于推进器在地面开展旋转测试。推进器推力方向与前进方向一致，但由于位于艇体重心下部，推力会造成艇体俯仰姿态的变化，需要采取辅助措施消除此影响。

推进器安置在尾部布局时，推力作用点距质心远，偏航操纵效率高；尾部推进器对艇体后部分离的气流有很大的吸附作用，有利于降低压差阻力。缺点是艇体尾部曲率较小，通常需要硬结构以提供较大的支撑刚度。

进行推进布局设计时，需综合考虑艇体气动布局、飞控策略、结构安装及发放方法等因素,选择合适的布局形式。

3. 动力推进系统指标分解

动力推进系统指标分解主要是根据总体指标输入确定动力电机和螺旋桨的详细技术指标。

动力推进系统自身的效率和重量是相互矛盾的两个参数:在吸收功率一定的情况下,效率随着螺旋桨直径的增大而增大,但螺旋桨结构和艇体安装结构的重量也会随之变大;在螺旋桨直径一定的情况下,螺旋桨效率随着动力电机功率的增大而降低。因此,动力推进系统的配置存在一个最佳的功率配置组合。在推进器布局设计时,以动力推进系统、艇体结构和能源系统的重量最小为目标,综合考虑全系统的重量约束、能量约束及抗风功率约束,利用优化方法合理配置推进单机功率和效率。

系统指标分解中,一项最主要的工作是匹配螺旋桨和电机的转速、转矩(功率)参数,以实现系统在高效工作点和宽范围速度区间的高效工作,典型动力电机和螺旋桨的工作特性曲线如图5-1所示。

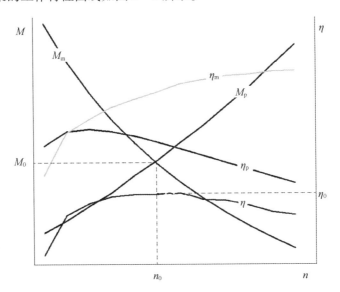

图 5-1 动力电机与螺旋桨指标匹配

在图5-1中,M_p为螺旋桨的扭矩-转速特性曲线;M_m为动力电机的恒功率工作时扭矩-转速特性曲线;η_p为螺旋桨不同轴功率下的效率曲线;η_m为动力电机不同输出功率下的效率曲线;η为动力推进系统效率曲线。螺旋桨的吸收扭矩与螺旋桨转速的平方成正比,而在恒功率下,动力电机的扭矩随转速增加而减小,两条曲线的交点即图中 M_p 与 M_m 的交点即为理论工作点,此时也是系统效率的高点。

系统指标分解工作中,需要确定的动力电机主要指标包括以下几点。

(1) 额定输出功率及过载能力,即动力电机的额定功率,可根据上述单机功率计算得到。

(2) 额定点效率,即动力电机在额定功率和额定转速下工作时的效率,根据推进系统单机功率配置优化计算得到。

(3) 重量即动力电机本体、减速器、驱动器以及相关线缆和附件的重量。

(4) 额定电压及电压变化范围,即动力电机的工作电压范围,根据能源系统的电压确定。

(5) 与飞控系统的通信接口,根据飞控系统要求确定总线形式,如 CAN、RS-422、RS-485 等。

(6) 电机及驱动器具有的保护功能如过压、过流、过热保护等,根据总体飞行剖面确定。

(7) 额定转速及调速范围根据螺旋桨的转速确定,需要与螺旋桨同步进行迭代设计。

(8) 转速调节加速度。根据飞行控制需求、螺旋桨的转动惯量限制、电机刹车能量反馈形式等,需要与螺旋桨设计及飞行控制参数设计迭代进行。

(9) 工作制及连续工作时间根据总体飞行剖面确定。

(10) MTBF 及使用寿命根据总体飞行时间确定。

系统指标分解工作中,需要确定的螺旋桨主要指标包括以下几点。

(1) 额定轴功率,即螺旋桨在设计点(设计飞行高度、设计来流速度、设计转速)工作的吸收功率,等于动力电机系统额定输出功率。

(2) 设计点效率,即螺旋桨在设计点工作时的效率,受飞行高度影响,由前进比确定。

(3) 直径,即螺旋桨桨尖扫掠圆的直径,越大效率越高,主要受支撑结构尺寸和重量限制。

(4) 桨叶数目,即螺旋桨桨叶的数目,一般两叶桨效率较高。

(5) 设计点转速,即螺旋桨在设计飞行高度、设计来流速度下吸收额定轴功率所需要达到的转速。

(6) 桨叶重量以及结构形式即螺旋桨的重量和安装机械接口;同时,根据总体技术要求,明确推进系统设备的环境适应性要求。

5.2 动力电机设计

5.2.1 对动力电机的要求

平流层飞艇总体设计,对动力电机有以下几点要求[66]。

1. 环境适应性强

动力电机是动力装置的核心,其功用是提供飞艇飞行所需的功率,所以要求所选用的动力电机能够保证在飞艇的全部飞行速度和飞行高度范围内都具有足够的功率,这是最根本的且必须满足的要求。动力电机应能够在平流层低温环境中冷启动,能够在平流层低气压、低对流速度工况下保持良好的散热性能。

2. 效率高

动力电机效率的高低,在研制时直接影响飞艇能源系统的重量,进而影响飞艇系统的重量;飞行时直接影响飞艇的航程和续航时间,因此要求动力电机的效率应尽量高。

3. 功率密度高

动力电机的重量虽然在飞艇系统的重量中占比较小,但因通常安装于悬臂支架的端部,因此,选用自身的重量比较轻的动力电机,常可以明显地减轻飞艇的结构重量。

4. 安全可靠

动力电机一旦出现故障,飞艇的飞行安全就会受到严重威胁。因此,要求动力电机的工作必须在各种飞行状态下,都是稳定和可靠的。这也就是要求动力电机的各组成部分及其各个系统都是成熟、可靠的。

6. 工作寿命长

即动力电机系统的使用寿命越长越好。

上述各种要求一般不是孤立的,它们之间具有一定的内在联系,有些不同的要求之间还存在着矛盾,因此需要定量分析、综合考虑。

5.2.2 动力电机设计

在飞机总体设计中,发动机通常从现有型号中选择。与飞机设计不同,飞艇动力电机通常是针对具体型号进行设计和研制,随着平流层飞艇及推进技术水平的发展,值得探讨的是,能否根据飞艇动力电机的研制经验将高空电机按功率进行谱系设计,飞艇研制单位根据已有电机型号选型,然后进行螺旋桨的匹配设计,以降低推进系统的研制费用、缩短研制周期。

永磁同步动力电机因具有效率高、重量轻、运行平稳、可靠性高等性能,具有在平流层低温、低气压下在预计寿期内长期连续运转的能力,是平流层飞艇动力的较好选择[67,68]。

动力电机根据是否采用减速器分为"减驱"和"直驱"两种方式。"减驱"通过减速器进行电机与螺旋桨之间的转速 – 功率匹配,如图5 – 2所示。"减驱"电机有减速器,系统的长期工作可靠性问题和复杂工况下的能量损失问题制约着"减驱"方案的效率和可靠性指标的进一步提升。

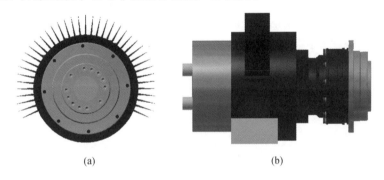

(a)   (b)

图5 – 2 "减驱"型动力电机示意图

"直驱"方式采用电机直接驱动螺旋桨,如图5 – 3所示。"直驱"电机系统结构简单,传动效率损失小,可靠性高,但因平流层螺旋桨特有的低速大转动惯量特点,使得"直驱"电机转速很低,进而牺牲了体积和功率密度指标。

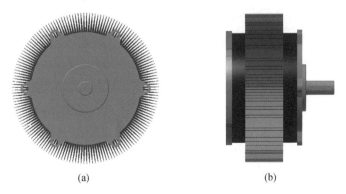

(a)   (b)

图5 – 3 "直驱"型动力电机示意图

目前的技术水平能够达到的指标如下:以单机输出功率30kW为例,减驱效率为86%,功率密度为300W/kg;直驱效率为90%,功率密度为200W/kg。如何进一步提高功率密度和减驱效率,是两种驱动形式共同的目标[69]。

相对常规应用的永磁同步电机,用于平流层飞艇的动力电机需要同时提高效率、功率密度和散热性能,而3个指标是相互耦合甚至相互矛盾的。

电机的损耗可表示为

$$\begin{cases} P_{Cu} = mI^2 R \\ P_s = kP_1 \\ P_{Fe} = K_h f B_m^\alpha + K_e (fB_m)^2 + K_{ex} \end{cases} \quad (5-4)$$

式中: P_{Fe} 为铁损耗,由铁芯磁通密度以及电流频率决定; P_{Cu} 为铜损耗,由电流密度以及电负荷决定,调整铜损耗以及铁损耗的比值可直接影响电机中电负荷以及磁负荷的分配方式,从而影响电机的效率和功率密度,研究表明当铜损耗与铁损耗的比值处于0.8~1.1之间时,电机具有最优的效率; p_s 为杂项损耗。

电机的输出功率为

$$P_1 = P_0 - P_{Fe} - P_{Cu} - P_s \quad (5-5)$$

电机的效率为

$$\eta = \frac{P_1}{P_0} = 1 - \frac{P_{Fe} + P_{Cu} + P_s}{P_0} \quad (5-6)$$

式(5-5)表明,提高电机的效率必须降低电机的损耗,可以通过降低定子电流、减小铁芯磁密、降低气隙磁密实现;提高电机的功率密度必须减小电机的质量,可以通过增大定子电流、增加气隙磁密实现;提高电机的散热性能,可以通过减少电机损耗、增大电机散热面积实现。而提高电机的效率会降低散热难度,但必然会引起功率密度的降低,增大电机散热面积可以提高电机散热性能,进而提高电机效率,但也会引起功率密度的降低。因此,不能单纯从效率或者功率密度指标衡量电机装置的性能水平[70]。

常规电机设计难以同时满足三方面的要求,可以通过研究电机系统内部多物理场耦合演化机理,综合考虑平流层环境约束、外电路结构等因素下电机运行机理和损耗机理的分析和精确计算,以高效率、高功率密度为目标开展电磁场、温度场、流体场、应力场的多物理场耦合设计,进而实现最优的电机设计。另外,随着国内外学者对电机基础理论研究的不断完善深入,出现了无铁芯永磁同步电机、多气隙电机、磁齿轮电机、超导电机等新原理、新结构的电机装置。同时,一些具有更高性能的电磁材料和电子元器件正在由实验室逐步进入应用领域,这些材料和器件的使用必然能够进一步提高电机驱动系统的性能。

从系统的角度来看,电机本体与驱动器组成的电机系统综合效率最优才是工程应用的基础。因此,研究效率最优的控制算法,才能实现高效率的电机本体和驱动控制器的有机结合。从目前研究情况看,永磁同步电机系统效率优化控制策略可以分为最大转矩电流比策略、基于损耗模型的最优磁场调节策略、输入功率最小策略及直接功率控制策略 4 种类型。每种策略均有各自最佳的适用工况,应用于平流层飞艇动力电机系统时,将基于损耗模型的效率最优控制和最小输入功率的在线搜索方法相结合,采用损耗模型计算当前状态下的最优电流和最优磁链,在计算出的最优电流附近进行在线搜索,大大缩短效率寻优时间,加快系统收敛速度,同时又避免了电机参数变化对结果的影响,从而集成两种控制策略的优势,是一种具有竞争力的电机系统效率最优控制方式。实践中,可通过半物理仿真平台、模拟负载以及螺旋桨负载试验验证控制策略的有效性,进而解决电机系统实际运行过程中的高效驱动和高精度控制问题[6]。

平流层低温低气压环境及其高低温热循环效应对电机装置的散热结构提出了特殊设计需求,需要保障电机控制器元器件和绕组在高热负荷、高电流密度状态以及高空环境下的绝缘;同时,考虑润滑介质的选择及其密封问题。平流层环境中臭氧及其腐蚀效应以及紫外辐射及其损伤效应也是影响电机性能和长期工作可靠性的重要因素,必须在电机装置性能需求中加以考虑。另外,在推进器安装时,可将控制器安装于推进支架可以利用螺旋桨滑流提高散热效果,同时,减小电机控制器对其他设备产生的电磁干扰。

实际工程应用中,可靠性问题是影响电机系统在平流层飞艇推进领域应用的一个重要因素,开发出高可靠性的动力电机及其控制系统是一个非常迫切的重要课题。高可靠性的动力电机单机系统应具备以下基本特点:电机的结构设计以及驱动控制电路相间的电耦合、磁耦合、热耦合达到最小,使得故障发生时能够对故障部分进行有效的电、磁、热和物理隔离,把故障相对其他工作相的影响降到最低程度,即一个或多个故障发生时,电机仍可以在满足某种技术指标的前提下带故障运行而不至于失效,从而提高其可靠性。研究新型双凸极永磁电机以及故障容错永磁电机结构、具有更高容错能力的驱动系统拓扑结构以及容错控制策略,以进一步提高电机系统的可靠性。另外,分析平流层环境对电机系统的影响,采用严格的元器件筛选、高效散热措施和可靠性增长设计方法等,解决散热条件很差环境下长时间运行造成的元器件老化问题;采用耐磨型材料、高精度加工和高稳定性润滑脂等措施解决低温和低气压环境下润滑脂挥发和发黏/有颗粒等润滑条件下减速器轴承和齿轮可靠运转问题。

当前,冗余技术是提高平流层飞艇电推进系统可靠性的最有效方法。因为在部件的设计和制造水平一定的前提下,电机本体或者驱动器的单元可靠性是很难有大幅度提高的,但是通过并联某个或多个部件可以达到提高可靠性的目的,如采用多组小功率推进器代替单一大功率推进器。

5.3 螺旋桨设计

5.3.1 对螺旋桨的要求

平流层飞艇总体设计,对螺旋桨有以下几点要求[71]。

1. 效率高

螺旋桨效率的高低,直接影响到飞艇的能源配置和续航时间,在动力电机基本可以保持较高效率的条件下,提高螺旋桨的性能显得非常重要,螺旋桨的效率具有较大的可设计性,因此要求动力电机的效率应尽量高。

2. 重量轻

螺旋桨的重量虽然本身相对别的结构较轻,但其尺寸较大,导致推进器的安装结构重量较大,螺旋桨位于安装结构的悬臂梁端部,结构受力工况较差,减轻螺旋桨的重量就可以减轻推进系统及相关安装结构的重量,从而也可以改善和提高飞艇的各种飞行性能。

3. 刚度大

用于平流层动力推进系统的螺旋桨一般尺寸相对较大,轻量化的结构设计,防止大的形变,维持气动外形,保证螺旋桨气动效率,同时避免与固定于柔性艇体的安装结构发生耦合共振。

4. 环境适应性强

平流层大气环境的典型特征包括低温、低气压、臭氧浓度大、紫外辐射强,螺旋桨应该具有较强的环境适应性,原材料选择及加工工艺设计时,应避免因低温引起的脆化、气压变化引起的起泡开裂,并防止紫外辐射和臭氧氧化影响结构强度。

5. 安全可靠

螺旋桨结构应简单可靠,使用维护方便,便于安装使用。很明显,一旦螺旋桨出现故障,飞艇的安全就会受到严重威胁。因此,要求螺旋桨的工作必须在各种飞行状态下,都是稳定和可靠的。

上述各种要求一般不是孤立的,它们之间具有一定的内在联系,有些不同的要求之间还存在着矛盾,因此需要定量分析、综合考虑。

5.3.2 螺旋桨设计

现阶段,平流层飞艇及其关键部件仍处于样机试验阶段,所使用的推进电机和螺旋桨多为根据不同飞艇的技术要求而针对性设计和研制的,通用性低,研制费用高。

螺旋桨设计的主要问题是,在满足螺旋桨吸收轴功率、拉力和转速的前提下,力求使螺旋桨的重量最轻、效率最高、噪声最小,并保证具有一定的结构安全裕度。

通常设计流程如下。

(1)根据螺旋桨的功率和最大拉力要求,初步确定桨叶数目、螺旋桨直径和桨叶的平均弦长等。

(2)选定桨叶的平面形状和厚度沿径向分布,通常这种分布是相当标准的。

(3)选定螺旋桨翼型形状,并利用片条理论计算不同工况的气动性能。

(4)判断是否满足设计要求,如不满足则改变桨叶形状或其他参数重新计算,直到满足设计要求为止。

因飞艇平飞所处环境大气密度低、飞行速度慢,决定螺旋桨效率 η 的3个无量纲数分别是前进比、拉力系数、功率系数,定义为

$$\eta = \frac{C_T \lambda}{C_w} \tag{5-7}$$

式中:

$$\lambda = \frac{v}{n_s D} \tag{5-8}$$

$$C_T = \frac{T}{\rho n_s^2 D^4} \tag{5-9}$$

$$C_Q = \frac{Q}{\rho n_s^2 D^5} \tag{5-10}$$

$$C_w = \frac{w}{\rho n_s^3 D^5} \tag{5-11}$$

式中:ρ 为空气密度(kg/m³);λ 为螺旋桨前进比;v 为来流速度(m/s);n_s 为螺旋桨转速(r/s);D 为螺旋桨桨盘直径(m);C_T 为拉力系数;T 为螺旋桨拉力(N);Q 为螺旋桨扭矩(N·m);C_w 为功率系数;w 为螺旋桨的输入功率($w = 2\pi n_s Q$)(W);η 为螺旋桨效率。

因平流层飞艇飞行速度较低,在平流层飞艇动力推进系统的使用范围内,螺旋桨的效率随前进比的增大而增大,如图5-4所示。

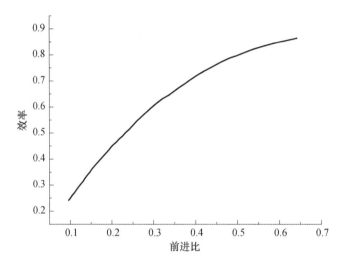

图5-4 某平流层飞艇螺旋桨效率随前进比变化曲线

上述公式表明,影响前进比的因素有3个,其中,飞艇的飞行速度由系统总体给定;而另外两个因素之间是相互矛盾的,即相同吸收功率下,大直径的螺旋桨需要较低的转速;小直径的螺旋桨需要更多的叶片和更高的转速,会导致叶片气动效率的降低。因此,目前倾向采用大直径小转速的螺旋桨设计。由螺旋桨设计理论可知,相同设计工况下,螺旋桨直径越大其效率越高,但螺旋桨的直径受其自身结构重量、转动惯量、推进器支撑结构、艇体内压等多种因素的制约。因此,需综合权衡螺旋桨直径和效率。

影响效率的另一个因素——拉力系数和功率系数,主要由螺旋桨几何特性和运动特性综合决定,即由螺旋桨的气动设计决定。

目前,平流层螺旋桨设计时重点解决平流层高度巡航时的效率问题以及大桨径复合材料螺旋桨制造问题,其中,效率问题的解决关键在于深入研究低雷诺数、高亚声速流动下的桨叶流动的流场特性,创新螺旋桨的气动设计方法,探索大幅提高效率的新概念措施,以及提高螺旋桨气动计算的精度;大直径复合材料螺旋桨制造问题的解决关键在于开展轻量化复合材料结构的设计优化和仿真分析,合理设计加工工艺,加强生产过程中的质量控制,以及开展充分的环境验证试验。

根据平流层飞艇螺旋桨的指标要求,可从高空工况条件的径向气动载荷控制、桨宽、桨叶角分布等进行螺旋桨气动设计。首先采用优化方法和局部修形等措施设计满足要求的螺旋桨气动方案;然后采用数值求解纳维-斯托克斯(N-S)方程的方法,计算较为精确的气动性能。

进行结构设计时,综合考虑结构的强度和重量,特别是螺旋桨本身结构固有频率(刚度)的控制,可以选择碳纤维复合材料做桨叶材料。可采取的结构形式包括空心结构、蜂窝/泡沫夹层结构、梁式结构等。空心结构工艺简单、重量轻、频率控制容易实现,但螺旋桨仅由上、下工作面构成,缺少纵向构件,导致桨叶扭转刚度差,结构的扭转变形对螺旋桨气动效率影响较大;蜂窝/泡沫夹层结构可以改善桨叶的扭转刚度,但对低能量冲击和湿热环境敏感[9]。具体设计时,可以根据螺旋桨的尺度、重量要求设计合适的结构形式。

5.4 推力倾转机构设计

5.4.1 对推力倾转机构的要求

国内外关于平流层飞艇的研究仍处于关键技术攻关和验证飞艇演示验证阶段,因此,在进行平流层飞艇设计时,没有成熟的设计手册和标准可以参照。参照航空飞行器对机构设计的要求[72],根据工程研制时的具体情况提出在系统任务分析与设计中的技术要求。

推进器矢量机构性能与飞艇总体结构、能源管理及飞行控制等密切相关,因此,其设计要求也是多方面的。基本的设计要求应包括以下几点。

1. 功能要求

功能要求主要指矢量机构需要完成的动作和运动特性要求。包括:对倾转部件(如螺旋桨和/或动力电机)及相应连接件提供支撑和连接,并且可以按照设计指标进行倾转;运动学和动力学要求,即保证机构倾转的角度、角速度、角加速度、指向、位置、循环次数能够达到设计指标要求;限位和自锁,即限制机构倾转运动以及螺旋桨旋转运动的包络范围,使其与其他结构之间保持一定的安全距离,并能够偏转到位后自动锁定。

2. 重量要求

即飞艇总体所允许的矢量机构的最大重量,属于对机构的强制要求。同时,还需考虑倾转部件的重心位置,如要求尽量通过倾转轴等。

3. 结构要求

结构要求主要是强度和刚度的要求,因为矢量机构本身也是一种机械组件,需承受螺旋桨产生的气动力载荷以及螺旋桨旋转造成的激振力载荷;机构组合应具有适当的自振频率,以免在螺旋桨旋转时发生共振。

4. 环境要求

推进矢量机构裸露于吊舱之外,需要适应平流层高度的低温低气压环境;还需考虑机构电磁兼容性能要求,综合考虑动力电机电缆、信号缆等的布置、屏蔽以及各带电设备机壳接地等。

5. 接口要求

接口要求主要指机构与艇体结构的机械接口以及倾转设备之间的接口和连接要求;电气接口要求,如供电形式、电压、功率、峰值电流及电池容量等;控制信号接口要求,如总线通信形式、控制指令及位置反馈信息的数据流向等。

6. 力矩裕度要求

机构的力矩裕度反映的是动力源能够提供驱动能力的余量,是确保机构拥有足够的能量,来完成其所有运动功能的重要设计准则,它可以分为静态力矩裕度和动态力矩裕度。静态力矩裕度是对机构的最小启动能力的要求;动态力矩裕度是对机构的最小惯性运动能力的要求。力矩裕度是机构设计中所特有的,且应用最为广泛、最为重要的设计准则,直接影响到机构动力源的选择、系统构型和重量分配、能源需求与控制形式、机构对于热控/润滑等保障技术的需求、系统的安全模式设置及可靠性设计。

5.4.2 推力倾转机构设计

1. 推力倾转机构选型

矢量推进可以实现低速飞艇的航线偏转、垂直升降、定点悬浮等飞行操纵的精确控制,是现代飞艇飞行控制重要的辅助机构。

矢量推进可以通过推力转向技术(如 Hisentinel 系列、Zeppelin NT、Au – 30 等飞艇采用的倾转技术)或动力操纵舵片技术(LEMV 飞艇等采用的技术)实现。推力转向可以通过倾转机构将动力电机 – 螺旋桨构成的动力短舱整体转向,也可以将动力安装于吊舱内仅通过倾转机构和传动装置实现螺旋桨转向。

平流层飞艇动力推进系统的倾转机构可采用伺服电机、涡轮蜗杆减速器的组合形式,利用蜗轮蜗杆实现大角度转向和反向自锁,通过减速提高伺服电机输出扭矩驱动推进器倾转;也可以采用伺服电机、制动器、行星减速器的组合形式,利用行星减速器的高效率性能提高扭矩输出能力,利用伺服电机制动器锁定位置,伺服电机制动器可采取失电制动的策略,非倾转状态下,由制动器制动,不需要消耗电能,安全可靠;在倾转时,通电打开制动器,由驱动器控制电机转动。

因平流层飞艇对结构重量要求更为苛刻,倾转机构设备和安装结构均受到重量的限制,动力系统在工作时会产生振动,在某些工况下振动也会比较强烈,倾转机构及安装结构不仅要保证具有足够的强度,还需具有一定的刚度以避免结构变形、机构摩擦增大而影响机构的扭矩传输效率。另外,动力装置或螺旋桨一般位于安装支架的端部,因安装支架不可能完全刚性,尤其是推进器安装于软式飞艇艇体时,推进器有可能会与安装结构、艇体发生耦合振动。避免发生共振是倾转机构及其安装结构设计的关键。

飞艇配置不止一套矢量推进器时,需考虑多套机构之间的协同控制。矢量动力推进器安装于艇体底部动力吊舱两侧时,可通过伺服电机、倾转通轴进行两侧推进器的同步控制;当矢量推进器位于艇体两侧距离较远时,则需采用特殊控制方法,如基于总线的控制方法实现两侧倾转机构的同步控制以及倾转机构与动力电机的协同控制。

2. 倾转力矩分析

推力倾转机构设计中最重要的工作是进行分析机构所需提供的倾转力矩[73]。

图 5-5 所示为一种典型的矢量推进器,矢量机构将动力电机和螺旋桨构成的推进短舱整体旋转,系统结构简单,不影响动力推进系统传动效率。

这里以此为例进行倾转机构的倾转力矩分析。如图 5-5 所示,矢量推进系统有两个运动自由度,动力短舱相对于艇体支撑基座的转动和螺旋桨相对动力短舱的转动,即螺旋桨相对于倾转部件的转动角为 α、倾转部件相对基座的转动角为 β。

假设螺旋桨轴、倾转轴交于一点,记为 O 点。以该点为原点,定义基座固连坐标系(惯性坐标系)$Oxyz$,倾转部件固连坐标系 $Ox_0y_0z_0$ 和螺旋桨固连坐标系 $Ox_iy_iz_i$。其中,x_i 轴始终沿螺旋桨桨轴方向,y_0 轴始终沿倾转轴方向。初始静止时刻,三坐标系重合,此时螺旋桨轴为 x 轴,倾转轴为 y 轴,z 轴与 x 轴和 y 轴正交,构成右手坐标系。3 个坐标系之间的关系如下:$Oxyz$(绕 y 轴转 β 转

$\beta_0 Ox_0y_0z_0$ (绕 y 轴转 α 转 $\alpha_0 Ox_iy_iz_i$,设倾转部件(动力电机)和螺旋桨的总质量为 m,总重心位置位于 x_i 轴上,偏离 O 点的距离为 r。$J_o = \text{diag}(J_{xo}, J_{yo}, J_{zo})$ 为倾转部件(含动力电机,不含螺旋桨)绕其固连坐标系 $Ox_0y_0z_0$ 各轴的转动惯量矩阵;$J_i = \text{diag}(J_{xi}, J_{yi}, J_{zi})$ 为螺旋桨绕其固连坐标系 $Ox_iy_iz_i$ 各轴的转动惯量矩阵。

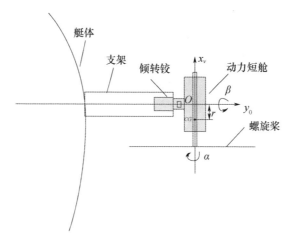

图 5-5 一种矢量推进器组成示意图

作用在整个矢量推进系统上的主动力包括重力、螺旋桨推力、螺旋桨气动反作用力矩和倾转伺服电机减速器对倾转部件所施加的扭矩。

其中,重力为有势力,取过 O 点的水平面为零势面,则重力势能为

$$U = mgz = mgr\sin\beta \qquad (5-12)$$

利用势能原理分析,得到上述结构形式的电推进系统倾转机构的倾转力矩为

$$M_c = (J_{y0} + J_{yi}\cos^2\alpha + J_{zi}\sin^2\alpha)\ddot{\beta} + \dot{\alpha}\dot{\beta}(J_{zi} - J_{yi})\sin2\alpha + mgr\cos\beta \qquad (5-13)$$

分析式(5-13)可知,倾转力矩为正弦脉动力矩,脉动的强度与螺旋桨在盘面内两个主惯量的差有密切的关系。双叶螺旋桨由于桨盘面内的两个主惯量存在显著差异,会产生较强的力矩脉动,容易诱发结构共振,造成矢量推进系统失效甚至损坏。为消除正弦脉动力矩的影响,较好的方案是选用正交的四叶桨,四叶桨主惯量相等,倾转力矩的正弦脉动量将自动消失。通过对倾转力矩的分析,可得出以下结论。

(1)倾转机构伺服电机需要克服的主要力矩包含惯性力矩 $(J_{yo} + J_{yi}\cos^2\alpha + J_{zi}\sin^2\alpha)\ddot{\beta}$、陀螺力矩 $\dot{\alpha}\dot{\beta}(J_{zi} - J_{yi})\sin2\alpha$ 和重力矩 $mgr\cos\beta$,其中,陀螺力矩只在螺旋桨转动时才会产生,其大小与桨的转速成正比,高转速时,陀螺力矩具有很

大的量值。

（2）惯性力矩和陀螺力矩为正弦脉动力矩，脉动频率为螺旋桨转速的2倍，二者相位差刚好是90°。

（3）惯性力矩与桨位置的关系。当桨转到平行于倾转轴和自转轴张成的平面内时，影响最小；垂直于该平面时，影响最大。

（4）陀螺力矩与桨位置的关系。当桨转到平行或垂直于倾转轴和自转轴张成的平面内时，影响最小；当桨转到与倾转轴和自转轴张成的平面的夹角为45°时，影响最大。

（5）造成惯性力矩和陀螺力矩正弦脉动的根本原因在于，螺旋桨的桨盘面内的两个主惯量之间存在差异，常用的两叶桨，这种差异最为显著。且螺旋桨直径越大，差异越显著。

（6）三叶桨桨盘面内的两个主惯量相等，可完全消除力矩的正弦脉动，并使陀螺力矩项消失。为追求效率，平流层飞艇一般倾向于使用大直径螺旋桨，更容易造成惯量不对称问题，因此，用于矢量推进的螺旋桨最好采用三叶桨[11]。

5.5 推进器性能测试

5.5.1 地面试验测试技术

目前，国内外对平流层飞艇的研究仍处于关键技术攻关和飞艇演示验证阶段，动力推进系统尚没有成熟的设计规则和标准可以依据。在动力推进系统设备研制完成后，充分的地面模拟试验是十分必要的。

受益于试验条件的不断改进和试验技术的提高，单机设备以及系统集成后测试手段越来越完善。一些试验可以依照国家相关标准开展，如动力电机的性能测试和电磁兼容、振动冲击等环境试验以及螺旋桨缩比模型的风洞试验等。一些试验则需要在原有标准上根据平流层环境和飞行任务剖面改变试验条件，如高低温循环、低温低气压等环境试验中的温度和气压条件；一些试验可以采用新的试验条件和方法进行更为真实的模拟测试，如采用车载试验台在不同海拔地区进行真实动力系统的动态模拟试验[74]、采用平流层环境模拟试验装置（一种闭式风洞）模拟动力电机在平流层环境中额定工况下长时间的工作性能[75]；还有一些试验方法仍需进一步研究，如动力电机的平均无故障时间（MT-

BF)测试等。

在地面进行推进器集成测试中,还有一项重要的内容是考核推进器、安装支架和艇体在全转速范围内是否会发生耦合振动。要模拟在高空飞行时螺旋桨的激振作用,要求两者工况具有相似性,最直接的是在真实艇体上采用推进器进行试验。根据螺旋桨气动理论,因拉力载荷和功率的巨大差异,同一螺旋桨无法在地面环境达到与高空的额定转速。因此,只能通过调整桨矩(如减小桨叶安装角),使其尽可能在地面环境所达到的转速和拉力与高空运转时相近,这就要求在螺旋桨气动分析时计算地面和高空两个环境下额定转速点的性能,在桨毂结构设计的同时考虑两个桨叶安装角度。此方法的优点是采用真实的推进器,系统刚度和质量严格一致,结果真实可信。另外,作为一种简易的模拟手段,可以采用同刚度和质量分布的模拟螺旋桨代替真实螺旋桨进行激振[76]。

5.5.2 飞行试验测试技术

平流层飞艇在高空飞行过程中,需测量螺旋桨产生的拉力和扭矩,以测试推进设备在飞行时达到的性能用于验证设计计算方法,同时,所获取的数据可用于飞艇的飞行控制和气动参数辨识。

飞艇飞行试验中测量螺旋桨拉力、扭矩的方案:一是可采用基于测量推进器安装过渡结构应变的管式天平;二是基于测量推进器安装支架应变的广义天平,如图5-6所示[77,78]。

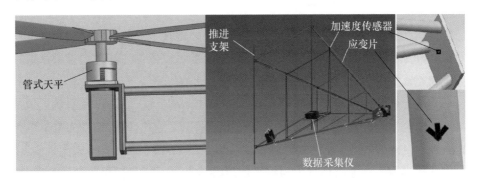

图5-6 两种天平形式(管式天平、广义天平)

管式天平为中空结构,作为推进器与安装支架的过渡结构,推进器沿天平轴线从其中间穿过并悬置其中,动力电机输出的扭矩和螺旋桨产生推力,通过法兰连接传递给天平并进行载荷测量,通过姿态角修正、温度修正、压力修正、惯性力修正来减小或消除飞艇姿态角、环境温度、大气压力、惯性力等因素引起的测量误差,提高测量精度。该测量方案的优点是直接测量扭矩和拉力,测量精度较,但受制于推进器的尺寸,天平结构的体积和重量较大,尤其是动力电机尺寸较大时,天平的重量已与推进器本身的重量相当。

广义天平方案中,螺旋桨拉力、扭矩的测量以推进支架为弹性体,通过在推进支架上贴多组应变片的方式进行。此种测量方式对于推进器与飞艇之间原有的装配关系无影响,结构的体积和重量的增加相对也较少,对推进支架的总体刚度和结构可靠性无影响。应变片的数量和安装位置将在研制时根据仿真和地面试验数据确定。

为了保证飞行测力试验的精度和可靠性,在测试系统使用前需进行全面的校准和检测,主要包括:静态校准——提供天平公式用于载荷计算并检测天平的强度可靠性;低温测试——检测管式天平和集成式综合数据采集系统的低温可靠性;低温影响校准——提供天平公式中的温度影响系数;低压测试——检测管式天平和集成式综合数据采集系统的低压可靠性;倾角影响校准——提供倾角修正参数;加速度校准——提供加速度影响修正参数;振动测试——与飞艇进行联合调试,检测整体抗震性能。

第 6 章
平流层飞艇飞行控制系统设计

本章首先介绍平流层飞艇的典型飞行控制系统的功能、组成、工作模式及典型的飞行程序,简要描述飞行控制理论,梳理平流层飞艇控制的若干关键技术。其次,针对平流层飞艇这种特殊的飞行器,从运动模态、飞行稳定性分析的角度描述其动力学特性,针对热力学耦合、风场影响等阐述若干关键问题。最后,根据平流层飞艇及其操控布局特点,介绍常见操控机构和操控布局并给出几个典型的操控示例。

6.1 飞行控制系统总体设计

飞行器飞行控制系统是指在飞行器飞行过程中,利用自动控制的方式,能够对飞行器的构型、飞行姿态和运动参数实施控制的系统[79]。飞行控制系统利用导引和控制算法产生控制量,操纵飞行器执行机构,以完成特定飞行轨迹,增强保证飞行器的稳定性和操纵性,提高完成任务的能力与飞行品质,保障飞行的安全等。对于驾驶员在环的飞行控制系统,还可减轻驾驶员负担。

典型的飞行器控制系统框架如图 6-1 所示,涵盖了飞行控制系统的理论研究领域和工程实践领域。

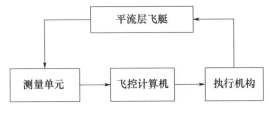

图 6-1 典型的飞行控制系统

理论研究领域主要包括对飞行器本身的研究(动力学、飞行力学)、控制器的研究(飞行控制理论)。工程实践领域,主要集中在飞艇用的飞控计算机、执行机构(如高空推进技术等)、特有传感器(如空速传感器)的发展以及飞行仿真和模拟技术等方面。

另外,平流层飞艇相对传统飞行器最大的特点在于压力控制。除需要依靠维持艇囊内外压差来保持外形外,压力控制还经常与传统的飞行控制加以耦合,实现飞艇的高度控制和姿态控制[80]。

6.1.1 一般功能和组成

平流层飞艇飞行控制系统主要功能包括状态监控、飞行姿态和位置控制及应急安全控制,考虑平流层飞艇压力控制与飞行控制耦合较强,通常也将压力控制的功能纳入飞行控制分系统。

平流层飞艇的飞行控制系统典型的功能如下。

(1) 通过测控链路实现飞行状态参数和测量数据的回报和监控。

(2) 在地面锚泊和飞行过程中保持艇体的安全压力外形。

(3) 具备偏航操纵、动力调节和俯仰配平姿态调整等基本控制功能。

(4) 在平飞段实施闭环偏航控制、直线飞行、迎风飞行控制和迎风驻留控制等复杂控制功能。

(5) 具备自动控制和人工指令控制两类控制模式,并可通过指令切换。

(6) 支持控制参数在线修改。

(7) 通过人工或者自动的方式启动艇上的应急安全控制装置。

(8) 具备在线存储飞行状态参数功能。

(9) 地面软件具备飞行任务规划、轨迹预测和落点预报功能。

不同的平流层飞艇总体设计方案,飞艇所需的执行机构和测量单元也不同。典型的飞行控制系统包括艇载系统和地面系统两部分,如图6-2所示。

艇载飞控分系统由传感器单元、计算处理单元和执行机构组成。传感器单元包括全球定位系统/惯性导航系统(GPS/INS)组合导航系统、气压高度计和艇囊压差传感器。计算处理单元为飞行控制计算机。对没有专门艇务管理计算机的平流层飞艇,飞控计算机还可执行艇务管理功能。执行机构包括3类:一是运动控制机构,包括推进电机及其倾转机构、压舱阀;二是压力控制机构,包括副气囊排气阀和风机,主气囊排气阀;三是安全控制机构,包括撕裂幅、切割索。由于平流层飞艇上风机、阀门等开关量执行机构众多,通常安排专门的继电箱。

艇载飞控分系统通过两路总线组成主备链路,分别与两个测控链路连接,并通过后者与地面指控中心交换数据。

地面系统主要是地面监控/操控计算机及其附属操控设备。可对飞艇实施状态监控和飞行操控。

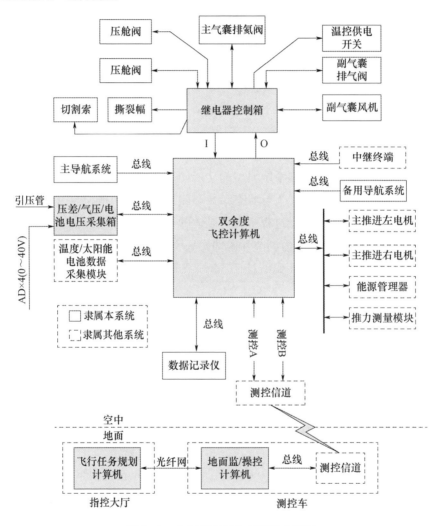

图 6-2 典型的飞控分系统组成框图

6.1.2 飞控工作模式设计

为应对各种复杂的飞行需求和突发故障,飞行控制系统的工作模式通常包括自主控制模式、人工工作模式和应急模式,控制模式状态转移模式如图 6-3 所示。

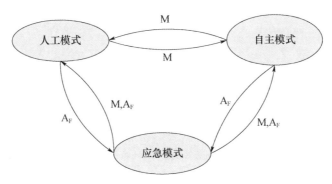

图 6-3 控制模式状态转移图

M—人工切换操作;A_F—故障模式触发的(自动)切换操作。

各工作模式简述如下。

1. 自主控制模式

飞行控制与管理计算机按照设定的飞行任务,启动相应的控制计算、实施自主控制,完成设定任务。自主控制模式下的飞行任务包括艇体压控、驻空飞行、航线飞行等。飞行任务的动态更新,采用地面指令注入的方式实现。

2. 人工控制模式

人工控制模式下,飞行控制与管理计算机将地面指令直接送至控制系统的执行机构,不进行控制回路的计算。主要用于特殊或相对复杂的工况,对操控人员的经验和应急能力处理有一定的要求。

3. 应急模式

应急模式是一类特殊的自主控制模式,用于处理正常飞行程序之外的故障。飞行控制与管理计算机进入应急模式的前提是故障模式有处理预案,且自主控制系统能正常工作。当故障模式满足上述条件时,飞控分系统自动进入应急模式。应急控制模式具有最高优先级。处理完成后,自动返回应急控制前的操控模式。

6.1.3 飞行控制阶段划分

不同于固定翼飞行器,典型的平流层飞艇通过自由浮力升空,其飞行过程具有阶段性,全过程飞行程序可分为 6 个阶段,如图 6-4 所示。

各阶段飞行控制分系统的典型任务如下。

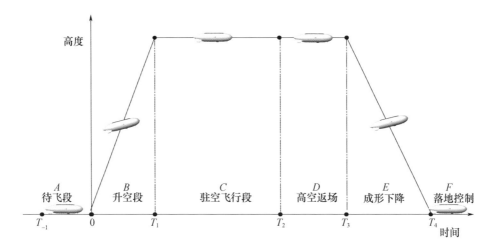

图 6-4 平流层飞艇飞行各阶段

1. 飞前准备

飞艇控制系统上电后,进行系统自检和初始化,数据日志清零,并自动进入待飞状态。飞前准备包括传感器状态检查、链路检查、手控/自控切换检查、操控机构检查等。飞前准备完毕,即可准备起飞。

2. 自由浮升

飞艇采用自由浮力上升方案。发放约束解除后,飞艇在净浮力的作用下升空。上升过程中,主要是实施副气囊排气控制,来维持艇体压力安全。若升速过快,则通过适量排氦降低升速。随着副气囊中空气排出,氦气逐渐占据大部分的艇囊,在重力的作用下,飞艇逐渐转平,高度最终稳定在升限附近。

3. 驻空飞行

飞艇到达预定的驻空高度,完成初始姿态调整且驻空高度稳定后,通过地面指令控制飞控系统转入驻空飞行阶段。该阶段主要是飞行控制任务展示和进行各类试验。

4. 高空返场

飞控地面人员,接到指挥部门的返场回收指令后,根据落区气象和风场数据,以期望落点为起点,逆向解算降落轨迹,得到高空返场点位置。然后,控制飞艇从当前位置,沿航线飞行至高空返场点位置。抵达高空返场点后,开始成形下降准备。

5. 成形下降

成形下降段,通过排氦和向副气囊内打空气相结合,使重力大于浮力,并保持艇体成形。成形下降段主要的飞行控制任务是进行降速控制的同时,维持艇体的压力外形。对于装配了低空动力的飞艇,本阶段还可进行下降过程的机动,使飞艇能够降落到预定区域。

6. 落地控制

对于成形落地的飞艇,落地过程需要进行近地机动、减速、待机操作,通常需要人工干预。另外,如果降落后需要排出净浮力,则需要执行落地安控指令,通过高度判断或者人工指令方式进行排气。落地控制分为落前控制和落后控制。当试验飞艇降落到事先规定的落前强制安控高度后,可通过人工指令自毁。无论人工指令是否正常收发,飞艇到达设定的强制安控高度(GPS高度或气压高度)后,飞控计算机自动发出自毁指令。

6.2 典型飞行控制任务

6.2.1 飞行任务规划

飞行任务规划是指飞行器在存在约束条件(如气象、地形等)时完成指定飞行任务所采取的规划方案。飞行任务规划是飞行器有效执行任务的重要支持,其中心内容是选择最优飞行航线,也即飞行航迹规划。

平流层飞艇作为一种典型的临近空间飞行器,具有留空时间长、载荷量大、效费比高等优点,工程应用前景极为广泛。平流层飞艇的工程应用主要依赖于飞艇工作模式的布局(定点驻留、动力机动等)。此外,平流层飞艇作为大尺度的低速飞行器,环境对其的影响也是不可忽视的。因此,无论是基于工程应用角度,还是基于外部环境约束的角度,都需要对其飞行任务的执行进行有效的分析规划。此外,从能源使用的角度看,平流层飞艇在发放、回收、下降或者平飞过程中,其所携带的能源以及可利用的太阳能能源也是十分有限,且在执行特定的飞行任务时,可能需要以尽可能短的时间到达目标点。在这些情况下,需要对飞艇的飞行轨迹进行优化,以使飞艇跟踪特定的最优轨迹。不同性能指标如时间最短、耗能最少或者耗能综合最优情况下所得出的轨迹,可以直接用于实际平流层飞艇的轨迹跟踪中,具有重要的工程实际意义。

对于低空飞艇,飞行航迹规划方面的研究较为成熟,大多数研究方法已经进行过试验验证。而平流层飞艇由于其技术难度和特定的飞行任务要求,目前尚处在仿真阶段,主要从仿真和试验两方面分析,包括考虑大气环境变化的上升/下降轨迹优化问题、长时间定点控制问题、长时间飞行轨迹规划问题等。

6.2.2 定点控制

根据飞行器控制的一般理论以及飞行器的运动特点,飞行控制的控制器可划分为3个层次[81]。最底层的控制回路为基本控制层。基本控制层,为常态下(小偏差下)持续进行的控制活动,如姿态稳定、航速/航向保持等。中间层为导引控制层,根据飞行任务的要求,生成平滑的导引控制命令,并送由基本控制层具体实施,如高度保持、航迹跟踪、定点控制等。顶层为管理控制层,其任务是根据飞行任务执行相应的控制策略,最终产生平滑的导引信号。管理控制层还负责飞行任务的调度/切换以及异常情况下的控制策略。

定点控制是平流层飞艇主要的期望工作状态,是指飞艇在一特定的任务点维持驻留。理论上,由于平流层特殊的大气条件,飞艇的可达空速大于当地风速,则这一目标必然可以实现。现实中由于能量消耗、执行机构效率、环境尤其是风速测量等原因,上述目标依然面临诸多困难。

驻留控制本质上为扰动抑制问题,驻留控制的研究主要包括以下3个方面。

(1)应用不同的控制理论方法解决定点控制问题。

(2)应用分层控制思想方法解决定点控制问题,考虑到定点控制问题主要涉及姿态稳定和位置稳定,采用内外环的方法设计控制方案,内环为飞行器的姿态稳定控制,外环涉及飞行器的速度、高度等位置控制。

(3)应用系统辨识和自适应鲁棒控制的方法解决定点控制问题,抑制系统内部结构不确定和外界环境的不确定性因素,同时降低飞行器对外部扰动引起的参数不确定性的灵敏度。

6.2.3 姿态控制

对经典构型的飞艇,其飞行控制通常在纵向和横向两个解耦的通道内完成。纵向通道包括航速控制、俯仰姿态控制,而横向通道则主要包括偏航姿态控制。由于重心靠下产生的自稳定,飞艇的滚转通道一般不施加主动控制[3]。

无论是低空飞艇还是高空的平流层飞艇抑或其他大型浮空器,其控制器的设计基本上有两种主要的思路[82]。

(1)以线性控制理论为基础,基于飞艇动力学的线性化模型进行控制器设计,以满足闭环系统的性能指标要求。线性化方法的一个重要结果是运动学和动力学方程组的解耦,即分别在纵向和横侧向得到两组独立的运动学和动力学方程。线性化方法在某些较为稳定的情况下,可以得到较好的控制器设计,但不适合参数大范围变化的情况,基本上多采用古典控制的方法。

(2) 采用非线性控制设计全局的控制方案。非线性控制在安全性、灵活性上比线性化方法有更好的前景,在性能上也更有优越性,其面临的挑战在于飞艇在低速和高速情况下的动力学差异,以及建模中的不确定性因素。目前的研究主要集中于反馈线性化、动态逆方法、Back-stepping 技术、滑模控制等方法。典型的反馈线性化方法结构如图 6-5 所示。

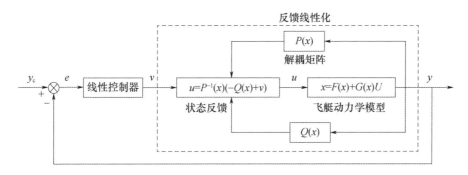

图 6-5 反馈线性化控制结构框图

低空飞艇通常利用舵面进行姿态控制。针对低空速下舵面效率的降低,部分低空飞艇,如 Zeppelin NT 等,使用了矢量尾桨等手段,以加强飞艇在低空速段的操控性。而对平流层飞艇,当前俯仰姿态控制的难点在于难以获取强有力的俯仰控制机构来克服重力的恢复力矩。其优点同样在于重力的恢复力矩,可以使俯仰通道具有较强的自稳定性。

偏航控制方面,目前的平流层试验飞艇均舍弃了气动舵面,而利用矢量尾桨或者位于飞艇两侧的推进桨差动产生偏航控制力。

平流层飞艇与低空飞艇在执行机构上的明显差异带来了诸多的控制问题,这也是当前飞艇飞行控制领域的研究热点之一。

6.2.4 航迹跟踪控制

低空飞艇的航迹跟踪控制较为常见,通常指跟踪指定的航迹。由于低空飞艇具备较好的操控性,当前航迹跟踪控制的主要研究目标是获取性能更为优良的控制器。

对于平流层飞艇,根据飞行阶段的不同,在爬升阶段航迹跟踪主要是针对大气剖面的风场、温度、气压等变化情况设计相应的控制策略。

在任务飞行阶段,平流层飞艇航迹控制的主要挑战在于对执行机构的能力要求较高。控制算法的设计和优化主要针对这个特点来实施,当前航线跟踪控制的研究主要包括以下 3 个方面。

(1) 借助优化理论和优化算法来解决航迹优化控制问题。

(2) 借助增广误差模型和自适应鲁棒控制方法来解决航迹控制问题,即利用飞行器航迹状态和期望航迹状态建立增广的误差控制系统模型,同时为了克服航迹过程中出现的不确定性问题,采用自适应鲁棒控制方法。

(3) 借助分层分通道的控制思想方法解决航迹控制问题,即基于航线跟踪控制问题包含姿态稳定和位置稳定运动两层含义,设计内、外环采用不同控制方法,内环设计保证姿态稳定和航向稳定,外环实现期望航线的稳定跟踪。

6.3 飞艇动力学特性

6.3.1 飞艇动力学特性

1. 动力学模型

与传统飞行器类似,飞艇动力学的模型也构筑在动力学(牛顿力学)、气动力学的学术根基之上。

传统的飞行器六自由度动力学建模有着全面而丰富的研究成果,传统飞行器通常将体坐标系原点放置在质心位置,而飞艇建模通常将体坐标系原点放置于体积中心,如图 6-6 所示。其主要原因是将飞艇当作闭系统考虑时,体心是浮力的作用点,从而可以避免氢气体积和形态变化带来的建模困难。

在刚体假设下,依据牛顿运动定律,飞艇的动力学模型有以下经典形式[6-8],即

$$\begin{bmatrix} m\boldsymbol{E} & -m[\boldsymbol{r}_G \times] \\ m[\boldsymbol{r}_G \times] & \boldsymbol{I}_o \end{bmatrix} \begin{bmatrix} \dot{\boldsymbol{v}} \\ \dot{\boldsymbol{\omega}} \end{bmatrix} + \begin{bmatrix} \boldsymbol{\omega} \cdot m\boldsymbol{v} + m\boldsymbol{\omega} \cdot (\boldsymbol{w} \cdot \boldsymbol{r}_G) \\ \boldsymbol{\omega} \cdot \boldsymbol{I}_o \boldsymbol{w} + m\boldsymbol{r}_G \cdot (\boldsymbol{w} \cdot \boldsymbol{v}) \end{bmatrix} = \begin{bmatrix} \boldsymbol{F}_B + \boldsymbol{F}_G + \boldsymbol{F}_A^{\Sigma} + \boldsymbol{F}_C \\ \boldsymbol{M}_B + \boldsymbol{M}_G + \boldsymbol{M}_A^{\Sigma} + \boldsymbol{M}_C \end{bmatrix}$$

(6-1)

式中:m 为飞艇质量;$\boldsymbol{I}_o$ 为飞艇绕体心的转动惯量;$\boldsymbol{v}$ 和 $\boldsymbol{\omega}$ 分别为飞艇的速度和角速度;$\boldsymbol{r}_G$ 为飞艇质心相对体心的位置。等式右端为各项力和力矩,下标 B、G、A、C 分别表示浮力、重力、气动力和控制力。

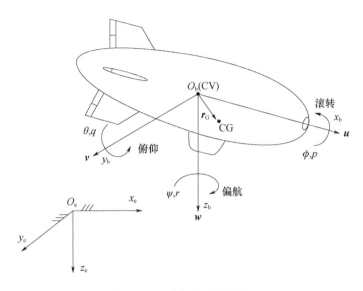

图 6-6 飞艇受力示意图

飞艇的总体布局、飞行机理和工作模式不同于导弹、飞机等飞行器,具有以下特点。

(1) 气动外形为流线形轴对称旋转体。
(2) 主要依靠浮升气体提供静升力。
(3) 体积/质量比大、飞行速度低,惯性特性显著。
(4) 飞行模式多为低速巡航和区域驻留。

在"刚体假设"仍成立的条件下,平流层飞艇运动特性的分析与低空艇所采用的模型和方法并无本质区别。在上述基本方程的基础上,利用经典的小扰动理论和特征点参数固化方法,可实现动力学模型纵向通道和侧向通道的解耦、线性化,进而进行定常运动的稳定性分析和模态特征分析[83]。

2. 运动模态特征

平流层飞艇的运动特征可在纵向和侧向两个通道内分别完成。通过在标称飞行条件(通常为匀速直飞情况)下,对其动力学方程的线化常微分方程系数矩阵的特征值加以分析。不同特征值对应的扰动运动的类型不同,每个实数特征值或一对复数特征值都对应着一个基本运动形态,称为模态。通过这种方法可以获取飞艇的运动模态。根据线性系统理论,飞艇的扰动运动可表示为这些特征值的线性组合,因此这些特征根决定了飞艇自由扰动运动的特性。

纵向和侧向通道分别有 3 个运动模态[84],即浪涌、升沉和俯仰钟摆振荡模态(纵向),以及侧滑衰减、偏航衰减和滚转振荡模态(横向)。

1) 纵向模态特征

平流层飞艇与低空飞艇一样,其纵向特征根由两个实根和一对共轭复根组成。也即纵向运动是由3个模态叠加而成,两个非周期模态和一个振荡模态。

纵向非振荡模态中的长周期模态称为浪涌模态;非振荡模态中的短周期模态称为沉浮-俯仰模态,低速时该模态表现为沉浮特性,可由 $s-z_w$ 刻画,高速时更多表现为俯仰衰减特性,可由 $s-m_q$ 刻画;振荡模态称为钟摆模态,在低速状态下,钟摆模态可由 $s^2-m_q s-m_\theta$ 的复根近似;在高速下可由 $s^2-z_w s-m_\theta z_w/m_q$ 的复根近似。

纵向3个模态特征值与近似模型的对比、各个模态对应的特征矢量图,如图6-7所示。图中数据显示,纵向的模态特征与Cook的近似模型一致,故纵向模态特征可采用Cook的近似模型表示[80]。

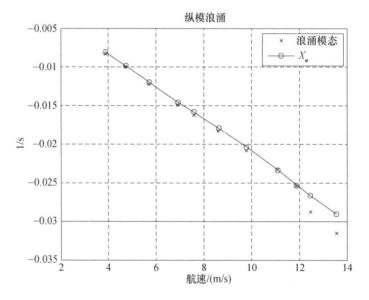

图6-7 浪涌模态特征值

表6-1给出纵向模态的近似模型汇总。

表6-1 纵向模态近似特征表

纵向模态	低速近似	高速近似
浪涌模态	$s-x_u$	
俯仰衰减模态	$s-z_w$	$s-m_q$
钟摆振荡模态	$s^2-m_q s-m_\theta$	$s^2-z_w s-\dfrac{m_\theta z_w}{m_q}$

(1) 浪涌模态(surge mode)。轴向速度(前向速度)对应的模态为浪涌模态,如图6-8(a)所示。该模态表征轴向速度的增量变化类似于"海浪的涌动",所以称为浪涌模态。该模态体现了由轴向速度 u 引起的阻力变化,通常为较小的负值,为缓慢模态。

(2) 浮沉模态(heave mode)。垂直速度(升降速度)对应的模态为浮沉模态,如图6-8(b)所示。该模态表征垂直方向速度分量的变化以及垂直位移的变化,类似于物体在水中的"浮沉",所以称为浮沉模态。该模态体现了由飞行速度的垂直分量引起的阻力变化,通常为负值,且随着速度的增加而负向增大。浮沉模态呈指数规律衰减,对应的浮沉模态为快衰减运动模态。

(3) 摆动模态(pendulum mode)。俯仰角对应的模态为摆动模态,如图6-8(c)所示。该模态表征飞艇在俯仰方向的上下摆动,称为摆动模态。该模态体现了由俯仰角速度引起的俯仰阻尼力矩,体现了由重力引起的俯仰阻尼力矩。由于飞艇的重心与浮心不重合,通常重心位于浮心之下,所以初始扰动将导致飞艇在俯仰方向上下运动,俯仰角随之变化。该模态呈俯仰振荡衰减规律,对应的摆动模态为振荡衰减模态。

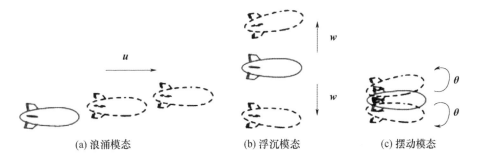

(a) 浪涌模态　　　　(b) 浮沉模态　　　　(c) 摆动模态

图6-8　模态示意图

2) 横向模态特征

平流层飞艇与低空飞艇一样,其横向特征根由两个实根和一对共轭复根组成,也即横向运动是由3个模态叠加而成,即两个非周期模态和一个振荡模态。

Cook将横/侧向长周期非振荡模态称为侧滑衰减模态,悬停状态下该模态可由 $s-(y_v+y_\phi l_v/l_\phi)$ 表征,随速度增加模态由 $s-(y_v'+y_\phi' l_v/l_\phi)$ 表征。

对比横向运动的3个模态根可以看出,侧滑螺旋模态的特征根比其他两个模态的特征根明显小一个量级。参考常规飞机的研究方法类比分析,考虑到状态矩阵的特征方程可以展开为关于 s 的一元四次代数方程 $s^4 + a_3 s^3 + a_2 s^2 + a_1 s + a_0 = 0$，对于小根，可以略去特征方程的高次项，由最后两项计算特征根。因此，有 $s = -\dfrac{a_0}{a_1}$。化简特征方程，可以得到近似解 $s - \dfrac{l_\phi n_v y_r - l_\phi y_v n_r - y_\phi n_v l_r + y_\phi l_v n_r}{l_\phi y_v + l_\phi n_r}$，进一步近似可得 $s - \dfrac{y_v n_r - n_v y_r}{y_v + n_r}$。

表达式 $s - \dfrac{l_\phi n_v y_r - l_\phi y_v n_r - y_\phi n_v l_r + y_\phi l_v n_r}{l_\phi y_v + l_\phi n_r}$ 和 $s - \dfrac{y_v n_r - n_v y_r}{y_v + n_r}$ 较好地表征了侧滑 - 螺旋模态的特征根。

侧滑收敛模态特征如图 6-9 所示。图中数据显示，低速时该模态主要诱发 δ_v 和较弱的 δ_r，对应纯粹的侧滑运动；高速时该模态还会诱发 δ_f，但不影响 δ_p，如果该模态始终被激发，那么这种运动对应稳态的螺旋运动。所以，将该模态称为侧滑 - 螺旋模态更合适。

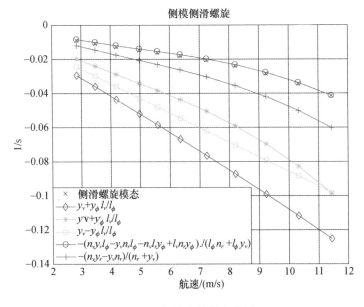

图 6-9　侧滑收敛模态特征

图 6-10 中数据显示，该模态体现了侧向速度和偏航角速度的耦合作用，并非单纯的侧滑效应，模态特性由侧向速度和偏航角速度偏导数共同决定。

Cook 将横/侧向振荡模态称为滚转振荡模态，并指出速度很低时，该模态可由 $s^2 - (y_\phi l_v / l_\phi) s - l_\phi$ 表征，有一定速度时可由 $s^2 - (l_p + y'_\phi l_v / l_\phi) s - l_\phi$ 表征。Goineau 和 Cook 在后续报告中又建议该模态由 $s^2 - (l_p + y_\phi l_v / l_\phi) s - l_\phi$ 表征。

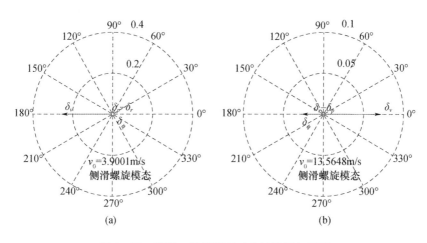

图 6-10 侧滑-螺旋模态对应的特征矢量图

图 6-11 和图 6-12 显示,在本书给出的速度范围内,$s^2 - (l_p + y_\phi l_v/l_\phi)s - l_\phi$ 都较好地表征了滚转振荡模态。

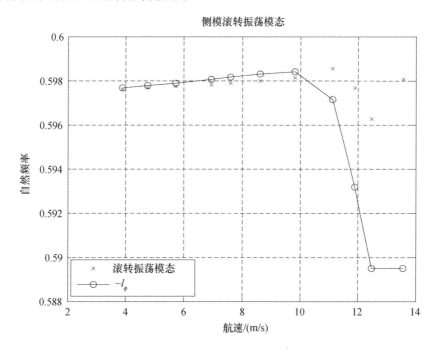

图 6-11 滚转振荡模态特征自然频率

滚转振荡模态对应的特征矢量如图 6-13 所示。图中数据表明,该模态主要影响 δ_p 和 δ_f,对其他状态的影响较小。低速时 δ_p 和 δ_f 之间的相位差接近

90°,接近无阻尼振荡,高速时,相位差仅略有增大,阻尼有限,所以该模态一旦被激发,很难被衰减。

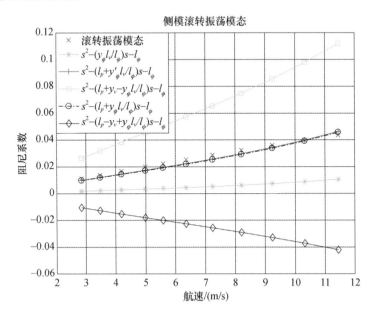

图 6-12 滚转振荡模态特征阻尼系数

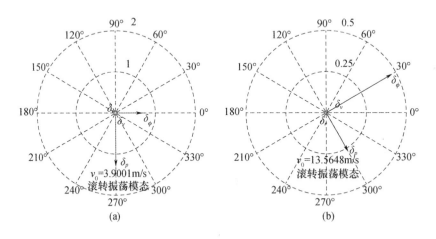

图 6-13 滚转振荡模态对应的特征矢量图

综上所述,滚转振荡模态主要影响横滚通道。只要质心位于体心下方,该模态就是稳定的。但速度较低时,滚转阻尼系数很小,速度趋于零时,接近自由振荡。飞艇偏航通道和滚转通道通常存在交联,在飞艇转向时,该模态较容易被激发,并持续较长的时间,可能会对飞艇转向控制造成不良影响,在进行航向控制律设计时,应当引起注意。

Cook 将横/侧向短周期非振荡模态称为偏航衰减模态,偏航衰减模态和纵向俯仰模态相似,反映了偏航角速率 δ_r 在气动阻尼力矩的作用下的衰减特性。

Cook 指出在速度较低时,偏航收敛模态由 $s - \left[n_r + \dfrac{n_\phi l_v - n_v l_\phi}{y_v l_\phi - y_\phi l_v} y_r \right]$ 表征,随着速度的增大,此模态特性变成 $s - (y_v + n_r)$。Cook 在后续报告中又指出,$s - n_r$ 是偏航收敛模态一个较好的近似。

参考常规飞机的研究方法[83],在两个模态根已经有较为满意的近似结果后,由一元 4 次特征方程消去一实根和一对复根后得到偏航衰减模态的特征根。将特征方程写为 $s^4 + a_3 s^3 + a_2 s^2 + a_1 s + a_0 = (s - \lambda_1)(s - \lambda_2)(s^2 + 2\xi\omega_n s + \omega_n^2)$,展开等号右边,对比系数可得到偏航衰减模态的近似根。这里,对比 3 次项系数,并作适当简化,可以得到近似表征 $s - \left(y_v + n_r - \dfrac{y_v n_r - n_v y_r}{y_v + n_r} \right)$。由于此近似方程是由 4 次方程消去前述两个特征根近似解得到的,它的精确度取决于前述两个特征根的近似精度。

偏航收敛模态特征如图 6-14 所示,图中数据显示,$s - \left(y_v + n_r - \dfrac{y_v n_r - n_v y_r}{y_v + n_r} \right)$ 可较好地表征偏航衰减模态。

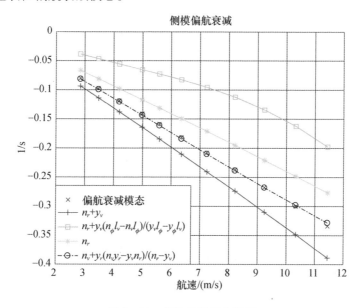

图 6-14 偏航收敛模态特征

偏航衰减模态对应的特征矢量图如图 6-15 所示,从数据显示中可看出该模态主要诱发 δ_r 和 δ_v,二者同相,δ_r 衰减后 δ_v 自动消失。高速时,该模态还会诱发滚动,不过 δ_p 和 δ_f 反相,滚动效应会逐渐衰减。

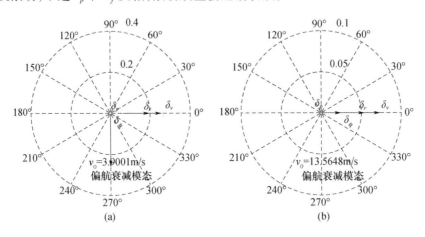

图 6-15 偏航模态对应的特征矢量图

3. 运动稳定性

1) 线化扰动运动方程

纵向方程组的矩阵形式为

$$\begin{bmatrix} m_x & 0 & ma_z & 0 \\ 0 & m_z & -ma_x & 0 \\ ma_z & -ma_x & J_y & 0 \\ 0 & 0 & 0 & 1 \end{bmatrix} \begin{bmatrix} \dot{u}_a \\ \dot{w}_a \\ \dot{q} \\ \dot{\theta} \end{bmatrix} = \begin{bmatrix} X_{\delta,T} & X_{\delta,\theta} \\ Z_{\delta,T} & Z_{\delta,\theta} \\ M_{\delta,T} & M_{\delta,\theta} \\ 0 & 0 \end{bmatrix} \begin{bmatrix} \delta_T \\ \delta_\theta \end{bmatrix}$$

$$+ \begin{bmatrix} X_u & X_w & -m_z W_e & -\Delta G\cos\theta_e \\ Z_u & Z_w & Z_q + m_x U_e & -\Delta G\sin\theta_e \\ M_u & M_w & M_q - m(a_x U_e + a_z W_e) & mg(a_x\sin\theta_e - a_z\cos\theta_e) \\ 0 & 0 & 1 & 0 \end{bmatrix} \begin{bmatrix} u_a \\ w_a \\ q \\ \theta \end{bmatrix}$$

(6-2)

式中:$[\dot{u}_a, \dot{w}_a, \dot{q}, \dot{\theta}]^T$ 为纵向运动参数;δ_T 为广义推进控制量;δ_θ 为广义俯仰控制量;X_a、$M_{\delta,\theta}$ 等为气动力、推力及其力矩对运动参数及控制量的偏导数。

横向方程的矩阵形式为

$$\begin{bmatrix} m_y & -ma_z & ma_x & 0 \\ -ma_z & J_x & -J_{zx} & 0 \\ ma_x & -J_{zx} & J_z & 0 \\ 0 & 0 & 0 & 1 \end{bmatrix} \begin{bmatrix} \dot{v}_a \\ \dot{p} \\ \dot{r} \\ \dot{\phi} \end{bmatrix} = \begin{bmatrix} Y_{\delta,\psi} \\ L_{\delta,\psi} \\ N_{\delta,\psi} \\ 0 \end{bmatrix} \delta_\psi$$

$$+ \begin{bmatrix} Y_{va} & m_z W_e & Y_r - m_x U_e & \Delta G \cos\theta_e \\ L_{va} & L_p - ma_z W_e & ma_z U_e & -mga_z \cos\theta_e \\ N_{va} & ma_x W_e & N_r - ma_x U_e & mga_x \cos\theta_e \\ 0 & 1 & 0 & 0 \end{bmatrix} \begin{bmatrix} v_a \\ p \\ r \\ \phi \end{bmatrix} \quad (6-3)$$

式中：$[\dot{v}_a \quad \dot{p} \quad \dot{r} \quad \dot{\phi}]^T$ 为横向扰动运动的状态参数；δ_ψ 为广义偏航控制量；Y_{va}、$N_{\delta,\psi}$ 等为气动力、推力及其力矩对运动参数及控制量的偏导数。

纵向（或横向）线化方程的矩阵形式为

$$\boldsymbol{m}_L \dot{\boldsymbol{x}} = \boldsymbol{a}_L \boldsymbol{x} + \boldsymbol{b}_L \boldsymbol{u} \quad (6-4)$$

式（6-4）左乘 $\boldsymbol{m}_L^{-1}$，得到经典的状态方程为

$$\dot{\boldsymbol{x}} = \boldsymbol{A}_L \boldsymbol{x} + \boldsymbol{B}_L \boldsymbol{u} \quad (6-5)$$

常规的稳定性分析方法有以下两种。

（1）直接计算 $\boldsymbol{A}_L$ 的特征值，若所有特征值的实部均小于零，则系统稳定；否则不稳定。

（2）通过对矩阵 $\boldsymbol{A}_L$ 的特征多项式进行分析。设特征多项式为

$$\Delta(s) = \det[s\boldsymbol{I} - \boldsymbol{A}_L] = \det[\boldsymbol{m}_L s - \boldsymbol{a}_L] = as^4 + bs^3 + cs^2 + ds + e \quad (6-6)$$

系统稳定的充要条件如下[15]。

（1）特征多项式的系数均大于0，即 $a>0, b>0, c>0, d>0, e>0$。

（2）满足 $bc - ad > b^2 e/d$。

参考文献[12]给出了第3种方法，先作以下简化：

（1）假设系统质心和体心重合。

（2）重力和总浮力平衡。

（3）平飞冲角 $\alpha_e = 0$。

文献[80]指出以上简化不会因其特殊性而失去一般价值。这是因为上述假设对应的是稳定条件较差的情况，其他工况下的稳定性更好。例如，零攻角附近恰好是飞艇气动静不稳定区域；又因通常飞艇重心位于体心下方，重锤效应有利于增加稳定性。

通过上述简化,得到下面第 3 种方法的判据。

纵向运动稳定性判据:纵向运动稳定的充分必要条件为

$$\frac{\ell_w}{\ell_q} < 1 \qquad (6-7)$$

其中

$$\ell_w = \frac{M_w}{Z_w} \qquad (6-8)$$

$$\ell_q = \frac{M_q}{(Z_q + m_x U_e)} \qquad (6-9)$$

ℓ_w 和 ℓ_q 具有长度量纲。ℓ_w 称为气动静稳定力臂,因为计算表明偏导数 M_w、Z_w 主要取决于气动特性,推力的贡献很小;ℓ_q 称为等效阻尼力臂。

推论 1:若飞艇在配平冲角下为气动静稳定,即 $M_w < 0$,则纵向运动必然稳定。

推论 2:若飞艇在配平冲角下气动静不稳定,只要满足 $|\ell_w| < |\ell_p|$,即气动静稳定力臂的长度小于等效阻尼力臂的长度,纵向运动仍然稳定。

偏航运动稳定性判据:偏航运动稳定的充要条件为

$$\frac{\ell_v}{\ell_r} < 1 \qquad (6-10)$$

其中

$$\ell_v = \frac{N_v}{Y_v} \qquad (6-11)$$

$$\ell_r = \frac{N_r}{(Y_r - m_x U_e)} \qquad (6-12)$$

同时,有如下类似的推论。

推论 3:若飞艇横侧向为气动静稳定,即 $N_v > 0$,则侧向运动稳定。

推论 4:若飞艇横侧向为气动静不稳定,则只要满足 $|\ell_v| < |\ell_r|$,即气动静稳定力臂小于等效阻尼力臂,侧向运动仍然稳定。

显然,横向稳定性和纵向稳定性判据对称。因此,当飞艇外形关于纵轴对称时,满足纵向稳定判据,必然也满足侧向稳定判据;反之亦然。

以中国科学院空天信息创新研究院的平流层试验飞艇 B 为例,取几个特征速度点作为算例,分别计算 3 种稳定性分析方法,数据在表 6-2、表 6-3 和表 6-4 中列出,3 种稳定性分析方法的结果是一致的,可以相互验证。

表 6-2 稳定性分析方法一的结果

平飞速度/(m/s)	纵向特征值			是否稳定
3.9	-0.0083	-0.0407	-0.0500±0.1984i	稳定
7.6	-0.0162	-0.0889	-0.0916±0.1696i	稳定
9.8	-0.0209	-0.1377	-0.1021±0.1403i	稳定
12.47	-0.0288	-0.2555	-0.1419±0.0737i	稳定
平飞速度/(m/s)	横向特征值			是否稳定
3.9	-0.0112	-0.1139	-0.0113±0.6905i	稳定
7.6	-0.0218	-0.2214	-0.0222±0.6901i	稳定
9.8	-0.2854	-0.0281	-0.0289±0.6899i	稳定
12.47	-0.3671	-0.0353	-0.0353±0.6954i	稳定

表 6-3 稳定性分析方法二的结果

平飞速度/(m/s)	纵向特征多项式	是否稳定
3.9	$s^4+0.1490s^3+0.0471s^2+0.0021s+0.000014$	稳定
7.6	$s^4+0.2884s^3+0.0579s^2+0.0042s+0.0001$	稳定
9.8	$s^4+0.3629s^3+0.0654s^2+0.0054s+0.0001$	稳定
12.47	$s^4+0.5681s^3+0.1136s^2+0.0094s+0.0002$	稳定
平飞速度/(m/s)	横向特征多项式	是否稳定
3.9	$s^4+0.1477s^3+0.4811s^2+0.0597s+0.0006$	稳定
7.6	$s^4+0.2877s^3+0.4923s^2+0.1162s+0.0023$	稳定
9.8	$s^4+0.3713s^3+0.5029s^2+0.1499s+0.0038$	稳定
12.47	$s^4+0.473s^3+0.5262s^2+0.196s+0.0063$	稳定

表 6-4 稳定性分析方法三的结果

平飞速度/(m/s)	l_w/m	l_q/m	是否稳定
3.9	-8.99	-28.85	稳定
7.6	-9.26	-28.57	稳定
9.8	-10.17	-27.34	稳定
12.47	-2.37	-41.01	稳定
平飞速度/(m/s)	l_v/m	l_r/m	是否稳定
3.9	13.73	25.69	稳定
7.6	13.73	25.68	稳定
9.8	13.73	25.67	稳定
12.47	13.73	26.00	稳定

对非线性六自由度运动模型施加一定的初始扰动,若运动稳定则会最终稳定在某一状态。利用仿真对上述判据进行验证,设置初始 0 时飞艇处于非稳定状态,飞艇处于主桨 400r/min、尾桨 1000r/min 的运动条件下,仿真 1000s,结果如图 6-16 所示。图中数据表明,状态参数最终稳定,验证了上述稳定性分析判据。

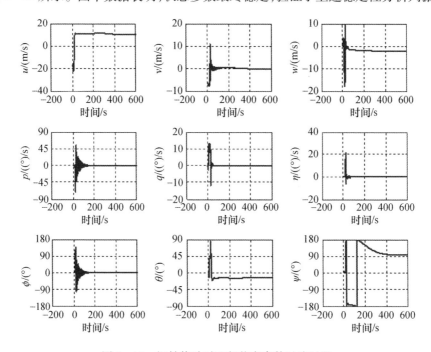

图 6-16 初始扰动时飞行状态参数过渡过程

在"刚体假设"仍成立的条件下,平流层飞艇的运动特性与低空飞艇无本质区别。纵向和横向模态近似特征如表 6-5 所列。

表 6-5 纵向和横向模态近似特征汇总表

模态类型	模态	低速近似	高速近似
纵向模态	浪涌模态	$s - x_u$	
	俯仰衰减模态	$s - z_w$	$s - m_q$
	钟摆振荡模态	$s^2 - m_q s - m_\theta$	$s^2 - z_w s - \dfrac{m_\theta z_w}{m_q}$
横航向模态	偏航衰减模态	$s - \left(n_r + y_v - \dfrac{y_v n_r - n_v y_r}{n_r + y_v} \right)$	
	侧滑螺旋模态	$s - \dfrac{y_v n_r - n_v y_r}{n_r + y_v}$	
	滚转振荡模态	$s^2 - \left(l_p + \dfrac{l_v y_\phi}{l_\phi} \right) s - l_\phi$	

6.3.2 飘飞特性

平流层试验飞艇在飞行试验过程中,有较长的时间处于自由飘飞状态。飘飞特性分析技术的关键在于建立合适的数学模型。在航速接近零的情况下,分析运动特性时,常规的线化理论已不再适用,只能直接从非线性模型出发进行简化。由于对飘飞特性研究得很少,尚无成熟的分析方法,因此本书的研究更多是一种尝试。

1. 飘飞沉浮特性

平流层飞艇飘飞时,相对于大气的水平速度(空速)接近零。沉浮运动和水平运动可近似解耦,平流层飞艇平漂段的沉浮运动模型可用以下微分方程描述,即

$$(m' + m)\ddot{h} = \rho_a \nabla g - G - \frac{1}{2}\rho_a \dot{h}|\dot{h}|C_d \nabla^{2/3} \qquad (6-13)$$

式中:h 为偏离平衡高度 $\bar{H}$ 的高差;ρ_a 为 h 处的大气密度;∇ 为飞艇体积;C_d 为沉浮运动气动阻力系数;G 为飞艇闭系统总重力(软硬结构 + 内部气体)。

由于平衡高度处重浮平衡,有

$$G = mg = \bar{\rho}_a \nabla g \qquad (6-14)$$

将式(6-14)代入式(6-13)中,并将附加质量用附加质量系数 k 表示,可得

$$\left(k\frac{\rho_a}{\bar{\rho}_a} + 1\right)\bar{\rho}_a \nabla \ddot{h} + \frac{1}{2}\rho_a \dot{h}|\dot{h}|C_d \nabla^{2/3} + \left(1 - \frac{\rho_a}{\bar{\rho}_a}\right)\bar{\rho}_a \nabla g = 0 \qquad (6-15)$$

方程两边除以 $\bar{\rho}_a \nabla$,可得

$$\left(k\frac{\rho_a}{\bar{\rho}_a} + 1\right)\ddot{h} + \frac{1}{2}\frac{\rho_a}{\bar{\rho}_a}\dot{h}|\dot{h}|C_d L^{-1} + \left(1 - \frac{\rho_a}{\bar{\rho}_a}\right)g = 0 \qquad (6-16)$$

其中,特征长度 $L = \nabla^{1/3}$,即体积的 1/3 次幂。

平流层内大气温度 T 随高度波动较小,近似认为不变,则

$$\frac{\rho_a}{\bar{\rho}_a} = \frac{P_a}{\bar{P}_a} \qquad (6-17)$$

利用微分关系式,有

$$dP = -\rho_a g \cdot dh = -\frac{P}{RT}g \cdot dh \qquad (6-18)$$

可导出

$$\frac{\rho_a}{\bar{\rho}_a} = \frac{P_a}{\bar{P}_a} = e^{-\frac{gh}{RT}} \qquad (6-19)$$

将式(6-19)代入公式(6-16),可得

$$(ke^{-\frac{gh}{RT}} + 1)\ddot{h} + \frac{1}{2}e^{-\frac{gh}{RT}}|\dot{h}|C_d L^{-1}\dot{h} + (1 - e^{-\frac{gh}{RT}})g = 0 \qquad (6-20)$$

假设高度涨落 h 满足 $gh \ll RT$,则方程可近似表示为

$$(k+1)\ddot{h} + \frac{1}{2}|\dot{h}|C_d L^{-1}\dot{h} + \frac{g^2}{RT}h = 0 \qquad (6-21)$$

令

$$\omega_n^2 = \frac{g^2}{RT(1+k)} = \frac{\gamma}{1+k} \cdot \left(\frac{g}{c}\right)^2 \qquad (6-22)$$

$$\zeta = \frac{C_d \cdot c \cdot |\dot{h}|}{4gL\sqrt{\gamma(1+k)}} \qquad (6-23)$$

则微分方程化为标准的二阶振荡系统。其中,$c \approx 295\text{m/s}$ 为平流层大气声速,$\gamma = 1.4$ 为大气绝热指数。

式(6-22)表明,沉浮自然频率仅与艇型和平流层大气温度相关,与艇的大小无关,也与平流层内具体的高度无关。考虑到平流层大气温度为长周期波动,ω_n 可视为常数。对长圆柱段椭球体外形的飞艇,取附加质量系数 $k \approx 0.86$,可计算出自然频率 $\omega_n = 0.0288\text{rad/s}$,对应的周期约为 218s。

式(6-23)中,阻尼系数 ζ 是沉浮速率 $|\dot{h}|$ 的函数,并非常数,故沉浮特性为变阻尼振荡。实际沉浮周期形式上可写为

$$\omega = \sqrt{1 - \zeta^2} \cdot \omega_n \qquad (6-24)$$

设平漂时最大沉浮速率 $\max\{|\dot{h}|\} < 2\text{m/s}$,取 $C_d = 1.1$ 可计算出阻尼系数 ζ 的范围为(0.0,0.3),由此可得出振荡频率在 218~228s 之间,与自然周期差别不大。

式(6-23)还表明,阻尼系数 ζ 不但与艇型相关,还与艇的尺度相关。艇的尺度越大,ζ 相对越小,沉浮周期越靠近自然周期。

通过对平流层试验飞艇 HiSentinel 20 飞行试验的数据反演分析表明,HiSentinel 20 飞艇到达平流层约 22.5km 高度时进入平飞状态。进入平飞状态后的前 24min 内,飞艇未进行动力试验、未进行配平操作、存在气体泄漏和降压,可以认为是近似平飘。

平飞初始段的高度随时间变化曲线如图 6-17 所示,其中 500~1500s 的黑色虚线框所示为平飘段。

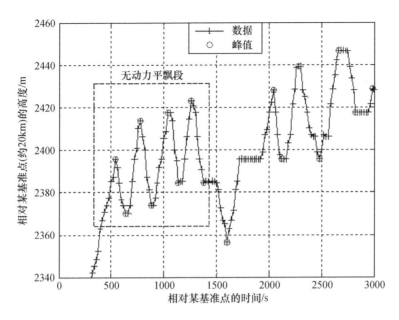

图 6-17 HiSentinel 20 平飞初始段高度曲线

图 6-17 中数据表明,根据曲线的所有峰谷值结果取中位数,得到的振荡周期为 239.84s,约 4min。理论分析模型指出,平流层飞艇平飘段振荡周期为 218~234s,理论分析模型结果与试验结果一致。

2. 飘飞姿态特性

一种观点(观点1)认为,由于尾翼安定面的存在,飞艇具有随风特性,应该会艇头朝向风。这种观点显然未注意到自由飘飞与动力飞行或地面系留有很大的差异。飘飞时,空速接近于零,近似"无风"的状态,飞艇随风性存在很大的疑问。

另一种观点(观点2)认为,空速为零时,飞艇的运动模态时间常数趋于无穷大,因此是一种随遇平衡状态,各种朝向都有可能,取决于初始的扰动。按照随遇平衡的观点,各种朝向具有等概率性质。

图 6-18 和图 6-19 所示为中国科学院空天信息创新研究院某平流层试验飞艇(以下简称飞艇A)动力开启前的飘飞曲线,艇身大致与飘飞轨迹垂直,也即与风的关系,既不是迎风向,也不是顺风向,而是大致呈横风方位。

图 6-20 和图 6-21 所示为中国科学院空天信息创新研究院某平流层飞艇(以下简称飞艇B)动力开启前的飘飞曲线。图中数据显示,大部分时间内,飞艇大致呈横风方位。

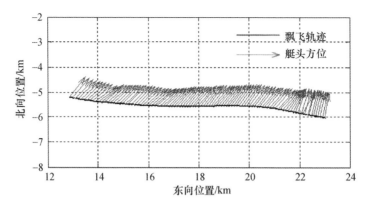

图 6-18　飞艇 A 动力开启前的飘飞段

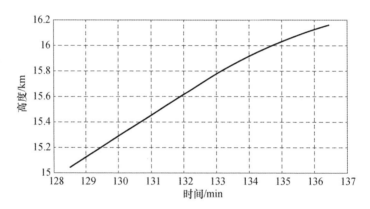

图 6-19　飞艇 A 的飞行高度曲线

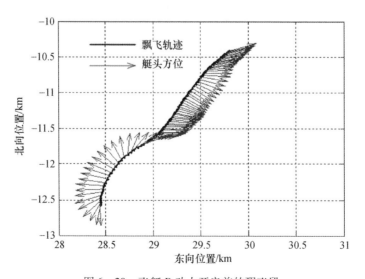

图 6-20　飞艇 B 动力开启前的飘飞段

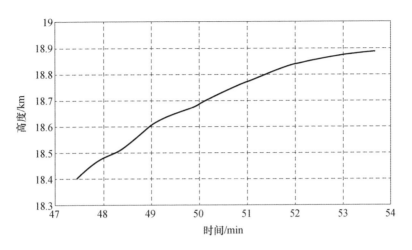

图 6-21　飞艇 B 飞行高度曲线

图 6-22 和图 6-23 所示为飞艇 B 动力关闭后的飘飞曲线。在结束动力飞行试验前,操控手刻意把飞艇调成了迎风状态。从图 6-22 可以看出,该状态保持了一段时间,约 5min,但随后飞艇却逐渐呈现出横风方位。

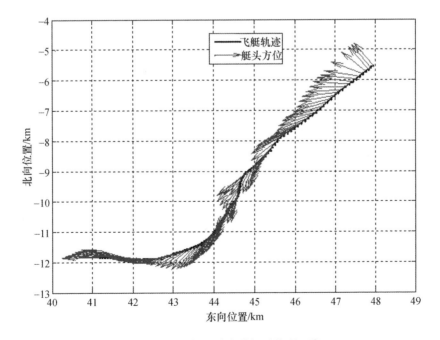

图 6-22　飞艇 B 动力关闭后的飘飞降

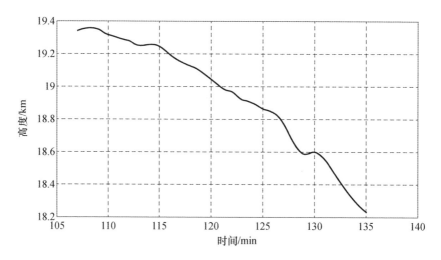

图 6-23 飞艇飞行高度曲线

结合目前的试验数据,可初步总结出以下规律:飘飞时飞艇呈横风方位的概率要远大于迎风方位或顺风方位。因此,观点 1 可基本排除,观点 2 认为的随遇平衡也要打上问号,因为横风方位的概率明显更大。观点 2 的核心思想,即零空速时和无干扰时,随遇平衡能够成立,这一观点显然又有其合理性,图 6-21 中初始迎风方位保持了较长时间也说明了这一点。

基本假设:为了得到一些有洞察力的解析结论,需要作简化分析。既然飞行试验数据否决了观点 1,就表明在很低的空速下,尾翼安定面几乎起不到什么作用。因此,在进行分析时,可将其忽略。作以下近似。

① 飘飞时仍存在一个较小的空速,且空速沿风速方向。

② 忽略尾翼的影响,将飞艇近似为椭圆或旋成椭球或类椭球旋成体。

来流以侧滑角 α 流过椭圆,如图 6-24 所示。

理论基础:在气动特性章节中,已指出势流理论对力矩特性的预测有一定的准确性,而飘飞姿态特性主要取决于力矩特性,故理论分析采用势流理论。

二维椭圆近似分析:首先采用椭圆近似,匀速来流以侧滑角 α 流过半长短轴 a、b,焦半径为 c 的椭圆的复速势可表示为

$$W = \frac{1}{2} v_\infty \left[e^{-i\alpha} \left(z + \sqrt{z^2 - c^2} \right) + e^{i\alpha} \left(\frac{a+b}{c} \right)^2 \left(z - \sqrt{z^2 - c^2} \right) \right] \quad (6-25)$$

对式(6-25)求导数,可得

$$\frac{dW}{dz} = \frac{1}{2} v_\infty \left[e^{-i\alpha} \left(1 + \frac{z}{\sqrt{z^2 + c^2}} \right) + e^{i\alpha} \left(\frac{a+b}{c} \right)^2 \left(1 - \frac{z}{\sqrt{z^2 - c^2}} \right) \right] \quad (6-26)$$

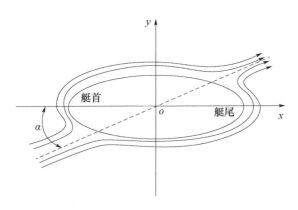

图 6-24 来流以侧滑角 α 流过椭圆

利用级数展开式(6-25),有

$$\frac{1}{\sqrt{z^2-c^2}} = \frac{1}{z} + \sum_{k=1}^{\infty} \frac{(2k)!}{(k!)^2}\left(\frac{c}{2}\right)^{2k} z^{-2(k+1)} \tag{6-27}$$

可得 dW/dz 的系数为

$$A_2 = \frac{1}{4}v_\infty c^2\left[e^{-i\alpha} - e^{i\alpha}\left(\frac{a+b}{c}\right)^2\right] \tag{6-28}$$

按照儒可夫斯基的升力定理[19],即

$$F = \rho v_\infty \times \Gamma \tag{6-29}$$

$$M = -\frac{1}{2}\rho \mathrm{Re}\left\{2\pi i\left(-\frac{\Gamma^2}{4\pi^2} + 2v_\infty e^{-i\alpha}A_2\right)\right\} \tag{6-30}$$

将 $\Gamma=0$ 代入式(6-30),可得

$$M = -\frac{1}{2}\rho\pi v_\infty^2(a^2-b^2)\sin(2\alpha) \tag{6-31}$$

对照可知,M 为负时为右转(顺时针方向)力矩,M 为正时为左转(逆时针方向)力矩。

$M=0$ 的平衡点有两个,分别为 $\alpha=0°$(或 $\alpha=180°$)和 $\alpha=90°$(或 $\alpha=270°$)。

根据

$$\delta M = -\rho\pi V_\infty^2(a^2-b^2)\cos(2\alpha)\cdot\delta\alpha \tag{6-32}$$

可知,当 $\alpha=0^{+°}$ 时,$\delta M<0$,使飞艇右转,α 继续增大,故 $\alpha=0°$ 为不稳定平衡点;当 $\alpha=90^{+°}$ 时,$\delta M>0$,使飞艇左转,α 减小,故 $\alpha=90°$ 为稳定平衡点。

这表明,对椭圆近似来说,飞艇与来流呈横向是一种稳定的状态,迎风方位或顺风方位是不稳定的状态。这与飞行试验观察到的现象基本符合。

三维近似分析：对于三维细长旋成体，飞艇飞行力学先驱德裔美籍学者 Munk 基于势流理论指出[84]，当来流以侧滑角 α 流过类椭球旋成体时，后者所受力矩可表示为

$$M = -\frac{1}{2}v_\infty^2 \rho \cdot \nabla \cdot (k_2 - k_1)\sin(2\alpha) \quad (6-33)$$

式中：∇ 为飞艇体积；k_1、k_2 分别为纵向和横向附加质量系数。

对二维椭圆，其附加质量系数为

$$k_1 = \frac{b}{a}, k_2 = \frac{a}{b}, \nabla = \pi ab \quad (6-34)$$

Munk 公式与平面势流理论的结果公式一致，因此，Munk 公式也适用于二维情况。

显然，由 Munk 公式得到的关于平衡点的结论与平面势流理论相同。即，飘飞时飞艇存在两个力矩为零的平衡点，分别为 $\alpha = 0°$（或 $\alpha = 180°$）和 $\alpha = 90°$（或 $\alpha = 270°$）。其中，$\alpha = 0°$ 为不稳定平衡点，$\alpha = 90°$ 为稳定平衡点。

Munk 公式同样表明，对流线形三维裸艇体来说，飞艇与来流呈横向是一种稳定的状态，迎风方位或顺风方位是不稳定的状态。

以某型飞艇为对象，取来流速度 0.6m/s，以 10° 为间隔，计算侧滑角[0°, 180°]之间变化时的偏航力矩系数(利用对称性，可得到[-180°, 0°]的偏航力矩系数)。参考高度取 18km。

此处分别计算了裸艇体和带尾翼的完整艇两种情况。计算流体动力学(CFD)的计算结果，经坐标变换后转到所定义的体坐标系(x 轴指向艇尾，y 轴在艇首右侧，z 轴垂直于水平面向上，坐标原点为体心)。

由裸艇体的偏航力矩系数计算结果，带尾翼全艇的偏航力矩系数计算结果如图 6-25 和图 6-26 所示。

力矩系数为零的点为平衡点。按照体坐标系的定义，斜率为正的平衡点为稳定平衡点，在图中用实心黑点表示；斜率为负的平衡点为不稳定平衡点，图中用空心黑圈表示。

计算流体力学数据显示，对于裸艇体和完整艇型，$\alpha = 0°$（或 $\alpha = 180°$）均为不稳定平衡点，这一结论与 Munk 理论一致。裸艇体 CFD 计算的稳定平衡点为 $\alpha \approx \pm 90°$，与 Munk 理论预测的 $\alpha = \pm 90°$ 非常接近。完整艇型 CFD 计算的稳定平衡点为 $\alpha = \pm 60°$，与 Munk 理论预测的 $\alpha = \pm 90°$ 存在一些差异。该差异估计显然与尾翼有关，当空速接近零时，虽然尾翼的稳定作用会明显减弱，但还是存

在一定影响。

裸艇体 CFD 计算曲线与 Munk 理论曲线接近。但与 Munk 理论曲线相比，CFD 结果中，[0°，±90°]段的曲线与[±90°，±180°]段的曲线不具严格的中心对称性，这显然与艇体外形的非中心对称性有关。

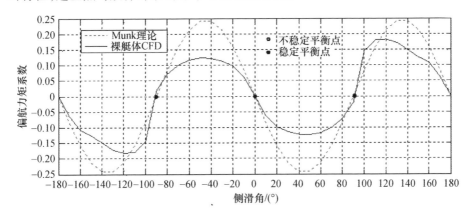

图 6-25　裸艇体飘飞偏航力矩系数曲线

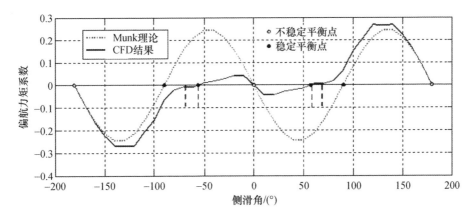

图 6-26　完整艇型飘飞偏航力矩系数曲线

完整艇型[0°，±90°]段的 CFD 计算结果比较平坦，与 Munk 理论差异较大，而[±90°，±180°]段幅度较大，与 Munk 理论差异不显著。这使得 CFD 结果在[0°，±90°]段的曲线与[±90°，±180°]段的曲线在形态上存在较大的差异，这与尾翼及艇外形的非中心对称性有关。

按照 CFD 分析的结果，长圆柱段椭球体外形的飞艇稳定的飘飞形态侧滑角在 ±(60°～70°)内，且在该区间内，呈现一定的随遇平衡特性。此外，由于[0°，±90°]段的 CFD 计算结果总体比较平坦，估计 ±(60°～70°)以外、[0°，±90°]

以内的形态也会以一定的概率存在。

假定艇体的阻滞作用使得飘飞地速略小于风速,则 CFD 结果对应的稳定飘飞形态大致如图 6-27(a)所示。如果飘飞时高度有变化,也可能会出现地速大于风速的情况。例如,当上层的风速小于下层的风速时,会出现地速大于风速的情况,此时的稳定飘飞形态如图 6-27(b)所示。

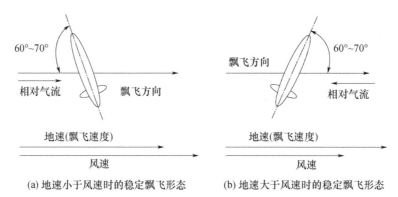

(a) 地速小于风速时的稳定飘飞形态　　(b) 地速大于风速时的稳定飘飞形态

图 6-27　CFD 得到的稳定飘飞形态

虽然 CFD 分析与 Munk 理论存在一定差异,但是二者的分析结果均表明,飘飞时飞艇最可能的形态呈横风方位。而且 CFD 结果也证明了空速很低时,尾翼的安定作用的确会大幅度降低。

表 6-6 中列出了试验结果、理论分析结果(椭圆近似及 Munk 理论)和 CFD 计算结果的对比。理论结果与试验结果的吻合度似乎更好,偏差在 15.12°以内,CFD 裸艇体的结果与试验结果的偏差在 14°以内,但 CFD 完整艇体结果与试验结果的偏差较大。

表 6-6　飘飞姿态结果对比

数据片段	侧滑角	试验平均值	理论	CFD 裸艇体	CFD 完整艇体
飞艇 A 动力开启前	侧滑角/(°)	91.15	±90	±91.21	±63.44
	与试验结果的偏差/(°)	0	1.15	0.06	27.71
飞艇 B 动力关闭后	侧滑角/(°)	105.12	±90	±91.21	±63.44
	与试验结果的偏差/(°)	0	15.12	13.91	41.68

上述结果似乎表明,飘飞时飞艇的动力学特性与裸艇体更接近,但考虑到试验次数较少,上述结论还需进一步验证。

(1) 平流层飞艇平飘段沉浮自然频率仅与艇型和平流层大气温度相关,与艇的大小无关,也与平流层内具体的高度无关。

(2) 理论推导的平流层飞艇平飘段的沉浮振荡周期为 3.65~3.85min,平流层飞艇 HiSentinel 20 和数次高空气球的试验数据高空气球平飘段的沉浮振荡周期(中性浮力振荡周期)为 3~5min 内,二者基本吻合。

(3) 飘飞时飞艇呈横风方位的概率要远大于迎风方位或顺风方位。这与飞艇 B 飞行试验数据、平面势流理论,Munk 理论基本吻合。

3. 大气风场对飞艇飞行控制的影响

飞艇的运动速度与风速处于相同量级,因此其运动特性受风的影响很大。对于飞艇的动力学建模,一个重要的问题是对风场环境的处理,即如何处理风引起非定常气动力。

多数文献常常简单地忽略风场的影响,直接从经典牛顿力学出发进行推导的传统建模方法,在体坐标系下建立形式简洁的基于地速的微分方程[79-81]。部分学者注意到飞艇在有风情况下的特殊动力学条件,推导了有风情况下基于地速的动力学方程[83-85]。但是,由于非定常气动力主要取决于飞艇相对大气的加速运动,而非相对地面的加速运动,所以方程中必须显式补充风引起的附加力和力矩,使得方程显得复杂而繁琐,不易计算。因此,依据地速、空速和风速三者之间的关系,文献[84]直接在体坐标系上建立了基于空速的动力学微分方程。

在平流层环境下,大气主要以水平方向流动,气流平稳,基本无上下对流。从已有的文献来看[85],根据所研究的问题,可以认为在经纬度变化不大的地区,水平风在较短时间尺度内仅随高度变化,是定常风,将小尺度的紊流看作外界扰动。因此,讨论大气扰动场的风速风向特性时,可将总的风速分解为(水平)平均风速和紊流分量。在建立基于空速的动力学微分方程后,仅需将风场自身的紊流作为扰动量加在模型中,从而避免风导致的附加力对动力学模型造成的复杂性。

4. 副气囊形态变化对飞艇飞行控制的影响

平流层飞艇中的副气囊形态变化对动力学特性的影响程度取决于副气囊的占比。对于副气囊所占整艇体积较小的低空飞艇(尤其在平飞阶段,副气囊排气后体积更小且变化不大),其动力学特性研究中通常忽略副气囊的作用。随着副气囊尺度的增大,副气囊本身的运动对飞艇动力学特性的影响也逐渐显现。这种影响主要体现在两个方面,即副气囊的形态变化(外形的变化)和副气囊本身晃动(类似水的波动)。对于平流层飞艇,在爬升和下降阶段,副气囊形态变化的影响尤其明显。

副气囊随俯仰角变化而变化,进而影响飞艇配平。不同俯仰角下,飞艇副气囊形态也会发生变化。在不同俯仰角以及副气囊充气状态下,副气囊的质心位置会发生变化,进而影响飞艇配平。因此,建模和控制过程中,还需对上述变化情况加以考虑。

日本 JAXA 低空验证飞艇 SPF2 选用了 3 个副气囊结构,并对副气囊形态变化做了深入的试验研究,利用"水/空气"和"空气/氦气"作为副气囊和主气囊的填充物,观测了副气囊在 0~100% 填充时的形态变化,如图 6-28 所示。

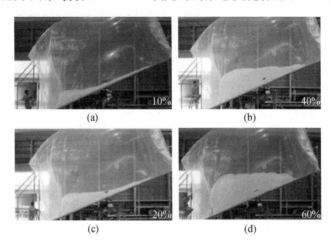

图 6-28　SPF2 验证飞艇副气囊形态变化——空气/氦气充气测试

研究证实了在静态情况下,受浮力影响,飞艇主、副气囊分界面在不受球膜张力影响的自由状态下呈水平面,其形态变化与有限元分析结果一致。

SPF2 飞艇飞行试验中不同高度下飞艇副气囊体积的变化如图 6-29 所示。50m 长的 SN-204 系留球(单个副气囊)在不同俯仰角和副气囊充气比例下副气囊体积中心变化的测试曲线,如图 6-30 所示。

显示在极端情况下,飞艇副气囊体心在纵轴方向变化了大约 20% 的距离,直观展示了副气囊形态变化在动力学建模中的重要性。

图 6-30 中数据表明,对于大副气囊的飞艇,其副气囊的形态变化在飞行控制中是较为重要的影响因素,在实施精确控制中必须加以考虑。另外,副气囊也为飞艇飞行时的配平提供了额外的手段(见上节):对于装备了多个副气囊的飞艇,在允许的情况下调节不同副气囊内空气的占比,可以有效控制飞艇的配平状态。这也是许多飞艇所采用的控制手段之一。

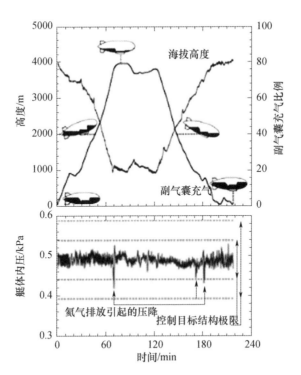

图 6-29 SPF2 飞艇飞行高度与副气囊变化

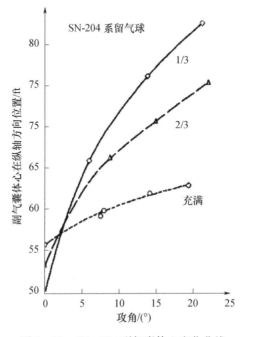

图 6-30 SN-204 副气囊体心变化曲线

副气囊内部的气体类似于密闭容器中的液体。当飞艇处于动态运动过程中时,空气也可能产生内部运动,这种运动称为晃动。日本学者在前述试验的基础上,对副气囊影响下的飞艇动力学模型进行了分析。将副气囊看作圆柱形容器,气体是在容器内的可晃动气体,从而利用充液容器动力学对副气囊晃动加以建模和分析。

利用该分析建立纵向线性化模型时,需要补充与一阶频率质量相关的微分方程,即

$$\ddot{y}_1 + 2\zeta_1\omega_1\dot{y}_1 + \omega_1^2 y_1 = -\dot{u} + (h_1 - l_{zb})\dot{q} - g\theta \quad (6-35)$$

式中:y_1 为 m_1 相对其平衡位置的移动距离;ζ_1 为阻尼比;ω_1 为无阻尼自然频率;h_1 为 m_1 相对副气囊质心的垂直位置;l_{zb} 为副气囊质心相对艇体体心的位置。该式描述了受艇体运动影响引起的飞艇副气囊晃动。

可以看出,利用充液动力学的成果对飞艇副气囊晃动加以分析是一个可行的思路。然而,"充液动力学"在飞艇副气囊晃动使用时会遇到一些特殊问题,即气体分界面并非如充液动力学中的假设(自由液面),而液体/气体和气体/气体之间的差别也可能远比想象中要大,因此其实际效果尚未可知。

针对副气囊及其晃动引发系留气球俯仰姿态变化情况,文献 42 给出了半经验模型方法,这种方法分别考虑主、副气囊内各气体的晃动,将二者等效为受到弹簧 - 阻尼系统作用的集中质量块,如图 6 - 31 所示。

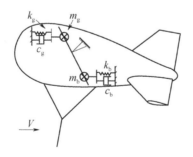

图 6 - 31 系留气球的副气囊晃动半经验模型

SN - 204 型系留气球的仿真结果表明,副气囊的运动对球体俯仰姿态影响很大。考虑了氦气的晃动,并且弹簧 - 阻尼 - 质点系统将内部气体晃动等效为二阶系统,虽然缺乏理论基础,却能够获得对系统运动现象较为准确的描述,尤其是利用试验数据对模型参数辨识后,即可获得工程可用的动力学模型。

大仰角上升的平流层飞艇爬升过程俯仰姿态受副气囊变化影响如图 6 - 32 所示。

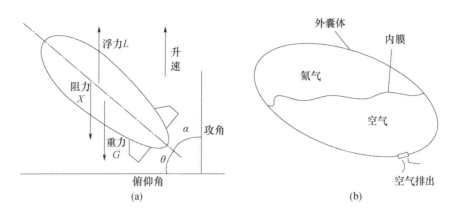

图 6-32 爬升过程的姿态和受力状态与升空过程的运动形态

平流层飞艇副气囊初始占比为 90% 甚至更高,因此副气囊形态变化对飞艇动力学特性影响更为显著:不同飞行高度下,飞艇副气囊体积会发生变化;不同俯仰角下,飞艇副气囊形态也会发生变化。平流层飞艇目前普遍采用无动力升空方式,在升空过程中氦气体积变化非常大。因此,浮升气体的质心位置,即净浮力的作用点,可能发生显著变化,进而导致升空俯仰姿态发生剧烈变化。无动力升空方式下,气动攻角和俯仰角大致呈 90°余角的关系(图 6-32),因此俯仰角的变化将直接导致升空阻力和升速的变化。预测和估计升空过程中俯仰姿态的演化规律,对平流层飞艇的总体设计、研制,以及飞行安全、任务规划和飞行控制具有重要的价值。

俯仰姿态演化规律的预测涉及艇体内部气体及副气囊与氦气囊间隔膜复杂的变化形态。当艇内部气囊结构比较复杂时,这种预测就更困难。由于飞艇内部氦气和空气的变化与飞艇姿态的变化深度耦合,随着氦气的膨胀/收缩以及副气囊内空气的排出/吸入,同时存在内部球膜运动、内部气体相对囊体运动以及飞艇作为一个整体的浮升运动。

6.4 飞艇操纵特性

6.4.1 常用操纵机构及布局

1. 基本特点

平流层飞艇属于尚在发展过程中的新事物,其构型和布局尚未成熟。但从近年陆续出现的平流层试验飞艇来看,其构型和布局具有以下特点。

(1) 艇体以软式充气结构为主,通过内压调节装置保持艇体外形。这主要出于减重的考虑以及避免大跨度轻量化硬结构潜在的失效问题。

(2) 艇型和气动布局接近传统的低空飞艇,但出于提高浮力利用效率的考虑,长细比较低空飞艇要小些,一般小于4。

(3) 通常采用充气尾翼,而非硬结构尾翼。这一点主要基于结构和减重方面的考虑。由于尺度巨大,若仍采用硬式尾翼,则结构上难以兼顾轻量化和刚度需求,重量方面付出的代价巨大。

(4) 采用无舵面布局,偏航控制依靠矢量推力或双桨差动。俯仰调节以改变质心位置方式为主。

(5) 倾向于采用"精简控制布局",即在满足飞行任务需求的基础上,尽量简化控制布局,以降低受控飞行所付出的重量和能源代价。

图6-33所示为美国洛克希德·马丁公司的HALE-D平流层演示飞艇,该艇为软式充气结构,艇体采用了常规的流线形外形,体积为14158m^3,长为73.1m,最大直径为21.3m,长细比为3.43,采用X形充气尾翼布局。从图6-33中可看出鲜明的"精简布局"特征,包括无控制舵面,仅使用两个电机-螺旋桨,螺旋桨负责推进和偏航控制。

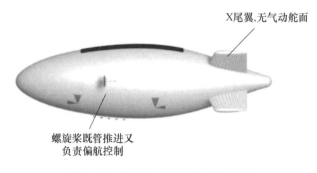

图6-33 HALE-D飞艇构型与布局

图6-34所示为飞艇B构型与布局,该艇为软式充气结构,艇体中间为圆柱段,整体也是流线形外形,体积为17513m^3,长为79m,最大直径为19.6m,长细比为4,采用倒Y形无舵面充气尾翼。控制布局为两个主推进螺旋桨+尾部偏航矢量尾桨。

图6-35所示为美国西南研究所的Hisentinel系列试验飞艇构型与布局,该艇仅在尾部安装了一个螺旋桨。该桨可在小范围内做俯仰方向和偏航方向的转动。

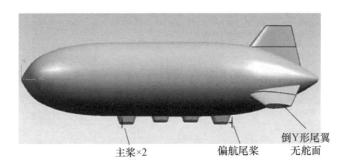

图 6-34　飞艇 B 构型与布局

图 6-35　Hisentinel 80 飞艇构型与布局

平流层飞艇构型和布局上的特点,使其飞行特性与低空飞艇存在差异。

2. 常用操纵机构及布局

平流层飞艇的 3 个基本的操纵分别是航速操纵、偏航姿态操纵和俯仰姿态操纵。平流层飞艇的滚动效应相对较小,故与相对于低空艇类似,滚转通道一般不控,靠质心重锤效应自稳。

要完成平流层飞艇的操纵,需要产生用于前进的推力以及俯仰和偏航通道的控制力矩。受尾翼尺寸、质量和结构方面的约束,舵面的效率很低。因此,平流层飞艇倾向于采用无舵面布局。当前主要依赖矢量布局的电机-螺旋桨以及变质心机构产生所需的控制力和力矩。

平流层飞艇的基本操纵机构有以下 3 种:偏转式电机-螺旋桨推力机构;多桨差动推力布局;局部质量转移装置(变质心机构)。以下分别加以介绍。

(1) 偏转式电机-螺旋桨推力机构。偏转式电机-螺旋桨推力机构有很多实例,图 6-36 所示为中国科学院空天信息创新研究院研制的飞艇 B 配置的推力矢量偏航推进器;图 6-37 所示为中国科学院空天信息创新研究院研制的平流层低空验证飞艇(以下简称飞艇 C)配置的双自由度矢量推进器,该推进器可执行偏航、俯仰两个自由度偏转。

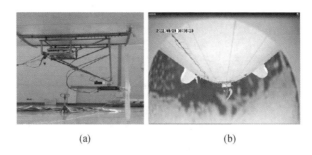

图 6-36　飞艇 B 配置的推力矢量偏航推进器

图 6-37　飞艇 C 配置的双自由度矢量推进器

（2）多桨差动推力布局。即螺旋桨固定不动，通过多个螺旋桨转速的差异产生控制力矩。

（3）局部质量转移装置(变质心机构)。主要用于俯仰静配平调节，其原理是利用飞艇内部质量的转移，改变飞艇质心位置，产生俯仰配平力矩。常用的变质心机构包括液态压舱、调姿态副气囊等。Hisentinel 系列飞艇、HALE-D 飞艇等采用了液态压舱装置，飞艇 B 采用了调姿副气囊。

平流层飞艇倾向于采用"精简控制布局"，即在满足飞行任务需求的基础上，尽量简化控制布局，以降低受控飞行所付出的质量和能源代价。常用的操纵布局有以下几种。

1）单桨偏转矢量布局

飞艇仅在尾部安装一个可作偏转矢量的螺旋桨，其操纵模式为螺旋桨转速控制航速、螺旋桨偏转控制偏航。美国西南研究所的 Hisentinel 系列试验飞艇是这种布局的典型代表。

单桨偏转矢量布局方式的优点：推进布局最简，仅需一个螺旋桨；螺旋桨距离飞艇体心较远,有利于提高偏航控制效率;推进布局对艇身干扰较小,有利于减小气动阻力。

单桨偏转矢量布局方式的缺点:矢量推力为活动机构,存在机构失效的风险,对其可靠性要求较高;控制无冗余;对充气结构来说,飞艇尾部为承力脆弱区,需要附加结构以强化结构安全,增加了额外的质量;发放时容易磕碰和受损。

2) 双桨差动布局

双桨差动布局的典型代表是洛克希德·马丁公司的 HALE-D 平流层演示飞艇。双桨安装在艇身两侧最大直径位置附近。其操纵模式为双桨同步调节转速以控制航速,双桨差动调速控制偏航。

双桨差动布局的优点:螺旋桨固定安装,没有矢量调节装置那样的活动部件,机械可靠性很高;仅需两个螺旋桨;桨的安装位置有利于发放。

双桨差动布局的缺点:偏航力臂较短,偏航控制效率较低;控制无冗余。

3) 三桨布局

三桨布局是上述两种布局的综合,包括主推进桨和偏航尾桨。其中主推进桨安装在艇体中间,主要用于推进;而偏航尾桨安装在尾部,主要用于偏航。其操纵模式为主桨控制航速,矢量尾桨控制偏航,当主桨采用两侧差动布局时,可提供冗余偏航控制。三桨布局的典型代表是飞艇 C,如图 6-38 所示。

图 6-38　飞艇 C 三桨布局

三桨布局虽然使用了 3 个螺旋桨,是一种兼顾"精简"和性能的布局方式,在结构和推进硬件方面付出了一定代价,但其具有以下优点:航速控制和偏航控制由不同的机构实施,减小了控制耦合,有利于提高精度;当主桨采用艇身两侧布局时,可提供冗余偏航控制。

4）多桨复合式布局

多桨复合式布局采用多个固定或矢量偏转桨实施飞行控制，目前较多出现在各种概念设计图中。Lockheed Martin 公司的 HAA 概念飞艇采用艇体两侧各安装两个推进器的方案，如图 6-39 所示。

图 6-39　Lockheed Martin 公司的 HAA 概念飞艇采用多桨复合布局

这种方案中 4 个螺旋桨均可用于推进，而通过分配 4 个螺旋桨的转速可实现偏航控制。

北京南江空天科技股份有限公司在 2015 年的飞行试验中验证了另一种推进布局，这种布局将主推进器置于尾部，而囊体两侧的推进器通过差动兼顾偏航操作，如图 6-40 所示。

图 6-40　"圆梦号"飞艇多桨复合式布局

飞艇两侧分别布置了两个可垂直倾转的推进器，可见除提供偏航操作外，还可通过倾转提供俯仰甚至直接力爬升的操纵模式。

多桨复合式布局的优点是提高了操纵控制的冗余度，有助于实现高性能的控制；缺点是推进电机-螺旋桨装置布局复杂，控制策略相对复杂，在能源、结构和重量方面的代价较其他几种布局大。

3. 质量转移控制

传统飞艇采用舵面进行姿态控制,即通过升降舵控制俯仰姿态、方向舵控制偏航角。不同构型的尾翼结构如十字形、倒 Y 形和 X 形,都可以通过控制量解耦的方式形成虚拟的升降舵和方向舵,从而完成飞艇的姿态控制。舵面控制对于具备较高航速或者空气密度较大的低空飞艇具有较高的效率,因此获得了广泛应用。对于平流层飞艇,由于大气稀薄、航速较低,若希望利用舵面产生足够的控制力,则需付出较大的质量、结构和配平代价。因此,对于平流层飞艇,使用副气囊、质量滑块等变质心控制方法进行俯仰姿态控制开始被学者关注。

当飞艇前后副气囊内空气进行交换、或者一部分固定质量在飞艇上进行移动时,飞艇将改变自身质量布局,从而产生姿态变化。这相当于飞艇受到单纯力偶作用。这种姿态变化会引起外部力矩(主要是气动力)的变化,进而实现对飞艇的姿态控制。这类控制可归类为变质量控制(Moving – Mass Control)。类似的控制方式在航天器、水下航行器等中得到了研究和应用,并在低空飞艇中得到了研究。

调姿副气囊、质量滑块等在其建模中具有一致性。在传统六自由度动力学建模的基础上,蔡自立等受到潜水器飞行力学建模方法启发,将副气囊视作可变质量的固定位置的质点,而压舱视作可移动质点,进而推导了耦合副气囊和压舱的动力学方程。此时飞艇的总质量、质心位置和转动惯量变为

$$m = \bar{m} + \sum_{k=1}^{N_b} \Delta m_{bk}, \boldsymbol{r}_G = \bar{\boldsymbol{r}}_G + \frac{1}{m}\sum_{k=1}^{N_b} \Delta m_{bk}\, \boldsymbol{r}_{bk}, \boldsymbol{J} = \bar{\boldsymbol{J}} - \sum_{k=1}^{N_b} \Delta m_{bk}\, \boldsymbol{r}_{bk}^{\times}\, \boldsymbol{r}_{bk}^{\times}$$

(6 – 36)

式中:N_b 为副气囊个数;r_{bk} 为副气囊体心位置;Δm_{bk} 为副气囊气体质量变化量;$\bar{m}$、$\bar{\boldsymbol{r}}_G$ 和 $\bar{\boldsymbol{J}}$ 分别为初始状态下的飞艇质量、质心位置和转动惯量。郭宗易、陈丽等利用动量矩定理也获得了类似结果。平流层飞艇平飞时,飞艇基本处于重浮平衡情况,动力学系统可解释为 Lie – Poisson 系统或者 Euler – Poincare 系统[7-8]。

飞艇在这种控制机构作用下的动力学特性研究至今尚未成熟。一方面,采用质量转移方法进行姿态控制的研究大多停留在理论研究方面,未能与试验验证加以对比;另一方面,当前的研究通常将质量转移方法理想化,忽略其伺服特性的影响以及质量转移方法对整艇配平、结构强度等的影响,在工程中尚未得到实践。

4. 与低空艇的对比

低空飞艇常见外形和布局如图6-41所示,尾翼安装在艇体后部,布局采用常规的"十"字形布局,这种布局方式相对于其他布局更便于操纵;吊舱布置在飞艇底部中间位置,吊舱两侧安装推进螺旋桨,吊舱内部安装艇载设备和动力倾转装置。

图6-41 低空飞艇的两桨布局示意图

在这种方案中,舵面控制俯仰和偏航,矢量推力控制速度,还可通过倾转提供俯仰甚至直接力爬升的操纵模式。对低空飞艇来说,其舵面效率很高,同时由于控制系统的参与,依靠舵面即可快速、高效地完成姿态的实时控制,因此质量转移控制姿态对低空飞艇作用很小。

6.4.2 操纵特性

操纵特性主要是研究飞艇对控制输入的响应。操纵响应分析可通过飞艇动力学非线性数字仿真或者线性化模型进行近似分析,或通过飞行试验测试。平流层飞艇操纵有以下问题:驱动控制能力弱;操纵响应慢;状态耦合严重。

1. 操纵特性指标参数

与稳定性和操纵性相关的参数主要有,即平飞配平俯仰角、最小定常盘旋半径、零速转向时间(0°~360°)、纵向钟摆振荡模态的阻尼比和自然频率、滚转振荡模态的阻尼比和自然频率、偏航操纵响应时间常数、俯仰操纵响应时间常数。

上述参数反映了平流层飞艇的稳定性和操纵性的基本性能,可给出配平控制、俯仰操纵、偏航操纵能力定量化的指标参数。三桨布局模型,采用矢量尾桨实施偏航控制,主桨仅实施航速调节;双桨差动布局模型,通过左右主桨的差动实施偏航控制。两艇的俯仰操纵均采用基于质量转移的变质心机构。

1) 平飞配平俯仰角

平飞配平俯仰角指在定常平飞状态下飞艇的稳态俯仰角。该指标影响飞行状态的确定,良好的配平可以使飞艇获得最佳的操纵性。

自驾飞行或遥控飞行时,观察主桨、尾桨转速固定且尾桨无倾转时的平飞稳定俯仰角,即平飞配平俯仰角。观察飞行状态参数时,需要判断系统是否稳定。简单来讲,在扰动或输入下飞行状态参数在一定时间后能达到稳态,即可认为系统是稳定的。

2) 最小定常盘旋半径

最小定常盘旋半径系指在设定的航速工况下,偏航力矩最大时所能实现的盘旋半径。该指标是反映偏航操纵能力的重要指标。

自驾飞行或遥控飞行时,观察给定较小的主桨转速、最大尾桨转速和最大尾桨偏航角时的飞行轨迹,提取其定常盘旋半径。

无风或风很小时,轨迹接近圆形,可容易看出其盘旋直径;在恒定风速下,盘旋轨线为摆线,摆线的高度对应零风速下的盘旋直径。

3) 零速转向时间(0°~360°)

零速转向时间定义为在零速或接近零速的低速下,偏航力矩最大时,偏航角从0°转至360°转一圈所需要的时间。该指标反映偏航操纵能力。

对于控制能力强的低空飞艇,通过协调各控制量,有可能实现真正的零速定点转向360°;而大多数情况下,一般的低空飞艇和绝大多数的平流层飞艇均很难实现真正的零速定点转向。实际操作很难达到零速,只能尽量降低速度,实现所谓的准零速转向。这种情况下,飞艇将在低速状态下绕圆盘旋实现转向。

飞艇 B 于 2012 年 8 月 29 日进行的飞行试验中开展了零速转向试验。从飞行数据中可以提取出适合评估零速转向的时间。飞艇 B 飞行试验中人工驾驶段(系统时间 13730~14871s),飞行轨迹与偏航角对比曲线、飞行试验中偏航角变化曲线如图 6-42 和图 6-43 所示。

图 6-34 中数据显示,在系统时间 13818~14124s 内,飞艇平飞高度为 19300m 左右,飞艇沿一段弧线逐渐转向,306s 内转向角度为 194.26°,部分验证了零速转向指标。若按照该数据,认为转向基本是定常匀速的,则折算出转向360°的时间约为 567s。

4) 纵向钟摆振荡模态的阻尼比和自然频率

纵向钟摆振荡模态表现为俯仰角和俯仰角速度的阻尼二阶摆动,其阻尼比和自然频率按照二阶阻尼环节的定义给出[80]。

求取纵向钟摆振荡模态的阻尼比和自然频率的意义有以下几点。

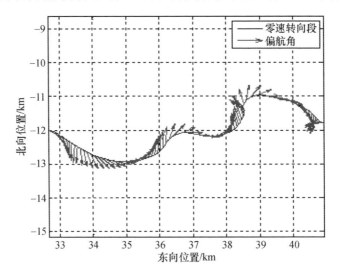

图 6-42　飞艇 B 飞行轨迹与偏航角对比曲线（人工驾驶段）

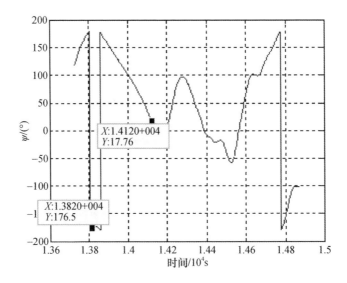

图 6-43　飞艇 B 飞行试验中偏航角变化曲线（人工驾驶段）

由于飞艇飞行时稳态俯仰角关系到飞艇的配平效果,因此需要关心俯仰角的过渡过程,判断飞艇多久能到达稳态。而过渡过程主要由纵向钟摆振荡模态确定。

无动力飘飞时的辨识数据可用于修正气动力估算方程零速时的数据。

零速转向时间的求取可用类似的方法。因为俯仰通道和偏航通道是对称的。

根据模态分析,一般情况下,随着空速的增加,纵向钟摆振荡模态的阻尼比增加,自然频率略微减小,阻尼频率减小,周期变长。参考文献[1]中给出了纵向钟摆振荡模态数值解对应的自然频率和阻尼比。当空速从 3.9m/s 增加到 13.56m/s 时,自然频率从 0.21rad/s 降低到 0.15rad/s 左右,阻尼比从 0.25 增加至 0.92 左右。因此,试验采取无动力飘飞的数据辨识得到的参数,可以认为是空速接近零时的结果,作为阻尼比的下限、自然频率的上限。

自驾飞行或遥控飞行时,稳态飞行状态下,给主桨转速脉冲扰动,其他控制量不变,观察俯仰角响应。根据系统辨识理论辨识得到周期、阻尼比和自然频率。

5)滚转振荡模态的阻尼比和自然频率

滚转振荡模态表现为滚转角和滚转角速度的阻尼二阶摆动,其阻尼比和自然频率按照二阶阻尼环节的定义给出。

辨识滚转振荡模态的意义在于,滚转振荡是飞艇所有运动模态中频率最高的,确定敏感器件的采样频率时,可以此为参考。

根据模态分析,一般情况下,随着空速的增加,横向振荡模态的阻尼比略有增加,自然频率变化很小,因此认为阻尼频率、周期接近常值。由此试验辨识得到的参数可以作为阻尼比、自然频率的估计值。

自驾飞行或遥控飞行时,稳态飞行状态下,给主桨转速脉冲扰动,其他控制量不变,观察滚转角响应,辨识得到周期、阻尼比和自然频率。

6)偏航操纵响应时间常数

偏航操纵响应时间常数定义为偏航角速度到达稳态的时间,考虑到本章分析时将偏航通道传递函数简化为一阶惯性滞后环节,用偏航角速度过渡过程的上升时间来表征,该指标反映飞艇偏航操纵能力。

试验设计:自驾飞行或遥控飞行时,当主桨和尾桨固定转速、尾桨偏航为零且飞艇处于平衡态时,给定尾桨转速阶跃输入和尾桨偏航倾转角输入,观察偏航角速度响应。

试验估计方法:根据偏航角速度时域响应曲线,找出偏航操纵响应时间常数。

7)俯仰操纵响应时间常数

俯仰操纵响应时间常数定义为俯仰角第一次到达稳态的时间,考虑到本章分析时将俯仰通道传递函数简化为有零点的二阶环节,可以用俯仰角过渡过程的上升时间来表征,该指标反映飞艇的俯仰操纵能力。

考虑到该平流层飞艇的推控布局,把质量块转移作为控制俯仰的操纵量,评估这种操纵作用下的俯仰操纵响应时间常数。

试验设计:自驾飞行或遥控飞行,当主桨和尾桨固定转速时,尾桨偏航为零,且飞艇处于平衡态时,给定质量块转移,观察俯仰角响应。

试验估计方法:根据俯仰角的时域响应曲线,找出俯仰操纵响应时间常数。

2. 机构伺服特性对操纵的影响

电机-螺旋桨机构是平流层飞艇产生推力和偏航操纵机构的核心装置。为了提高螺旋桨的效率,桨的尺度和惯量很大,而推进电机功率相对有限,造成桨的提速特性较差,无法快速跟踪转速指令。

机构的伺服特性会导致控制机构作动效果存在一定的迟滞,进而影响操控性能。平流层飞艇螺旋桨占主导地位的伺服特性是加速度限幅特性,故可用带加速度限幅的一阶惯性环节加上随机干扰近似。

以飞艇 B 为例,主桨最大转速为 450r/min,最大角加速度为 $450r/s^2$,从零到最大转速需 60s;尾桨最大转速为 1200r/min,螺旋桨最大角加速度为 $2400r/s^2$,从零到最大转速需 30s。飞艇 B 飞行时主桨转速响应特性如图 6-44 所示。

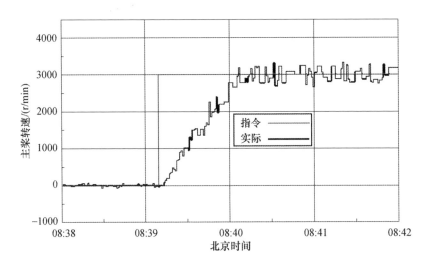

图 6-44 飞艇 B 主桨对转速指令的响应特性

3. 操纵耦合问题

受飞行环境和操控机构的制约,平流层飞艇的操控效率较低,再加上平流层飞艇自身的欠驱动特性(如俯仰精细调节困难),在操控调节过程中,飞行状态参数之间容易产生耦合,诱发不希望出现的效应,并可能导致安全风险,这是平流层飞艇和其他飞行器包括低空飞艇的又一个显著差别。需要考虑以下几种操纵引起的耦合变化特性:俯仰姿态调节引发的速度、纵向高度和囊体内压变化,推力调节引起的俯仰姿态、高度和内压耦合,偏航操纵诱发的滚转姿态振荡,偏航引起的侧向轨迹特性。

第 7 章
平流层飞艇测控系统设计

本章介绍平流层飞艇的典型测控系统的一般功能和组成,给出系统参数分析模型,介绍基于中继卫星和天通卫星的天基测控系统设计以及地面测试技术。

7.1 测控系统总体设计

7.1.1 一般功能和组成

测控分系统预期目标为保障飞艇在成形上升、平飞、下降全过程受控,保证飞艇具有可靠的艇上自主定位与地面跟踪相结合的全过程跟踪手段,确保目标不丢失。具有自主、可靠的天基艇地测控链路,与地基遥测、遥控和安控手段相结合,确保在各种飞行状态下对飞艇的可靠测量和安全控制[86]。

测控分系统的主要功能包括飞行过程中的遥测遥控、艇体着陆时的定位信息传输、关键机构视频监控等。

遥测遥控即为飞艇和地面通信提供无线电信道链路,将艇上设备的信息下传到地面,包括设备的状态、各种监测参数、视频数据等信息;接收从地面发送的各种控制和操作指令,将这些指令送到艇载飞行控制与管理计算机中。地面测控设备接收艇上下传的信息,将这些信息记录或送到地面监视和控制计算机中,根据飞行控制及设备管理的要求将各种指令发送到飞艇上。平流层飞艇遥测遥控信道以视距通信为主,此外,还应包括卫星中继测控手段作为备用链路。

在下降段和落地后,视距通信和超视距通信均可能失效的情况下,及时获取飞艇的准确落点对飞艇快速回收、降低复飞风险至关重要,一般应采用基于卫星/无线电/GPRS 短报文通信的自动定位信标装置。

在飞行过程中,地面操作人员通过对一些关键机构动作的实时视频监控画面进行判别,帮助其进行关键决策。所以,需要在一些关键部位安装视频监控摄像机,由于数传速率限制,使用在线视频处理机进行选通切换。

7.1.2 系统参数分析

由于平流层飞艇遥测、遥控链路作用距离远,信号在自由空间传播过程中链路电平衰减很大,有时需要在发射端和接收端提供足够的天线增益和发射机功率,以满足地面数据终端的接收灵敏度要求。

数据链在自由空间损耗的公式为

$$L_{bf} = 32.5 + 20\lg F + 20\lg D \qquad (7-1)$$

式中:L_{bf} 为自由空间损耗(dB);D 为距离(km);F 为频率(MHz)。

1. 上行遥控信道电平估算

以上行频率 2.300GHz 为例,500km 距离的自由空间损耗为 154dB,上行遥控信道传输码速率按 3.2kb/s 计算,电平估算结果如表 7-1 所列。

表 7-1 上行遥控信道电平计算

参数	数值	参数	数值
传输码速率/(kb/s)	3.2	自由空间损耗/dB	-154
传输误码率	≤10⁻⁷	接收天线增益/dB	0
距离/km	500	收端总损耗/dB	-3
中心频率/MHz	2300	接收信号电平/dBm	-89
发射机功率/dBm	40(10 W)	接收机灵敏度/dBm	-115
发端总损耗/dB	-3	衰落储备/dB	26
发射天线增益/dB	31		

表 7-1 数据显示,当作用距离 500km,球载设备采用全向天线接收,地面站采用 31dB 定向天线发射,功率 10 W 时,链路衰落储备为 26dB。链路储备电平达到 10dB 以上,可以满足平流层飞艇视距范围内上行遥控通信使用要求。

2. 下行遥测信道电平估算

下行遥测信道传输码速率按 4.8kb/s 计算,电平估算结果如表 7-2 所列。

表7-2 下行遥测信道电平计算

参数	数值	参数	数值
传输码速率/(kb/s)	4.8	自由空间损耗/dB	-153
传输误码率	≤10^{-6}	接收天线增益/dB	31
距离/km	500	收端总损耗/dB	-3
中心频率/MHz	2200	接收信号电平/dBm	-98
发射机功率/dBm	30(1W)	接收机灵敏度/dBm	-112
发端总损耗/dB	-3	衰落储备/dB	14
发射天线增益/dB	0		

表7-2数据显示,当作用距离500km,球载设备采用全向天线发射,功率1W,地面设备采用31dB定向天线接收时,链路衰落储备为14dB。链路储备电平达到10dB以上,可以满足平流层飞艇视距内下行遥测通信使用要求。

3. 下行数传信道电平估算

下行数传信道传输码速率按照4096kb/s计算,电平估算结果如表7-3所列。

表7-3 下行数传信道电平计算

参数	数值	参数	数值
传输码速率/(kb/s)	4096	自由空间损耗/dB	-134
传输误码率	≤10^{-6}	接收天线增益/dB	31
距离/km	50	收端总损耗/dB	-3
中心频率/MHz	2100	接收信号电平/dBm	-79
发射机功率/dBm	30(1W)	接收机灵敏度/dBm	-94
发端总损耗/dB	-3	衰落储备/dB	15
发射天线增益/dB	0		

表7-3数据显示,当作用距离50km,球载设备采用全向天线发射,功率1W,地面站采用31dB定向天线接收时,链路衰落储备为15dB。链路储备电平达到10dB以上,可以满足气球无线通信使用要求。

7.2 天基测控设计

平流层飞艇主要特点是驻空时间长,工作过程中飞行距离远,有时超过

500km,超出了地基单站无线电视距所能作用的范围。

将地球看作球体,凸起的地表面会阻挡视线。视线所能达到的最远距离称为视线距离,简称视距,以 d_v 表示。视距传播示意图如图7-1所示。

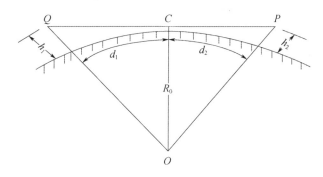

图7-1 视距传播示意图

地球半径为 R_0,收发天线高度分别为 h_1 和 h_2, $d_v = d_1 + d_2$,视距表达公式为[87]

$$d_v = 3.57(\sqrt{h_1} + \sqrt{h_2}) \quad \text{km} \qquad (7-2)$$

为解决平流层飞艇的测控通信问题,一般采用陆基单站视距通信与天基测控相结合的方式,或者地基(或海基)多站视距接力通信的方式。但是由于地面站投资巨大,随着我国天基测控通信技术的飞速发展,采用第一种方案的优势愈加突出[88]。天基测控的一个主要缺点是,战时较易受到敌方干扰。而地基多站接力测控布站灵活,可采取频分、时分、空分等多种措施,具有较强的抗干扰能力[89]。地基接力测控可以沿弹道轨迹布设多个高机动地面站,地面站可快速展开、快速撤离,随时调整部署。地面站之间数据传输可借助卫星和地面无线电,甚至光纤、电话、网络来完成。地基接力测控在靶场测控和抗干扰测控中作用较大,当然其布站多、代价大、组织实施复杂也是其弱点[90]。

飞行高度飞行器受地球曲率限制的最大测控距离对比,如图7-2所示。

考虑到平流层飞艇驻空时间长、飞行距离远,有可能出现超出视距范围的情况,这种情况必须使用天基测控手段[91]。简单说就是以通信卫星对测控数据进行转发,实现天地通信。通信卫星系统有很多种,这里主要介绍中继卫星系统和天通移动通信卫星测控系统。

中继卫星系统是把地面测控站搬到天上,利用站得更高看得更远的原理,让中继卫星在距地面36000km的地球同步轨道上运行,从而对大部分中低轨航天器进行通信覆盖[92]。

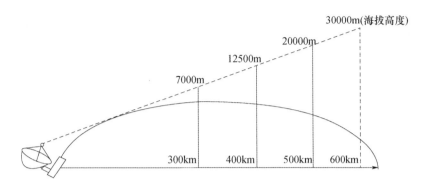

图 7-2 不同飞行高度的飞行器受地球曲率限制最大测控距离对比

中继卫星系统由位于地球同步轨道的中继卫星、地面系统和用户终端三部分组成。"中继"的概念就是传递地面应用系统和用户终端之间的信号,类似于"用手机转发短信"。中继卫星将地面系统发射的遥控指令等数据转发给用户终端(中低轨卫星),用户终端接收、解调遥控指令,并按照指令规定内容做出响应,同时反向传输其自身数据,中继卫星接收到这些信号后,再反馈给地面系统,整个数据传输示意图如图 7-3 所示。

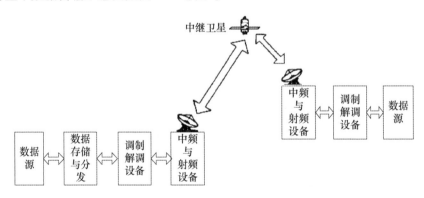

图 7-3 数据传输示意图

中继卫星系统由空间段、用户航天器和地面段构成。空间段即配置于静止轨道上的中继卫星,实现数据转发功能。地面段为地面测控终端站,起到遥测、跟踪信号、建立卫星与中继卫星星间链路、接收中继卫星转发信号的作用[93]。系统链路:前向通信链路(FL)—地面站—中继卫星—用户星,反向通信链路(RL)—用户星—中继卫星—地面站,轨道间链路(IOL)—用户星—中继卫星。中继卫星与地面传输用 Ka 波段,而用户星与中继卫星一般使用 Ka 波段进行高速数传、S 波段进行测控。

就调制方式来说,目前主流的中继卫星采用的是 BPSK 或 QPSK,信道编码采用 RS 编码或卷积码,LDPC 码还处于试验阶段。与不同通信卫星不同,中继卫星主要捕获跟踪在轨运行的高速动态目标,能使卫星获取的数据实时下传,因此星间动态捕获跟踪技术、高速数传技术、自动控制技术等技术成为中继卫星的主要技术难点[94]。

由于中继数传速率很高(如美国第一代、第二代中继卫星在无编码的情况下,速率达 300Mb/s),转发器的带宽极宽,如美国为 225MHz,其第二代中继卫星还有将两个 225MHz 的转发器重组形为一个 650HMz 的 Ka 频段转发器的能力,以获得更高的数传速率。Ka 频段的普通星载转发器本已是目前研制难度最大的了,再要求如此宽的频宽,无疑会对频率计划的设置、转发器带内杂波、幅频特性和通带之间的隔离等性能带来新的困难[95]。此外,高的数据率还要求高的 EIRP 和品质因数 G/T。这要求中继卫星的单址天线有高增益,而高的增益需要极高的电尺寸 D/λ,这样的电尺寸是所有卫星天线中最大的。

7.2.1 基于中继卫星的测控通信链路设计

中继卫星的信息传输能力最高可以达到几百兆,大大高于 Ku 通信卫星的传输能力,完全可以满足今后实时传输高分辨、数码相机影像、高清晰度数字电视、红外摄像机以及 SAR 等图像信息传输的需求,具有高分辨率图像信息的实时传输能力。

根据不同无人飞行器规模和传输带宽需求,对中继卫星组网的接入方式有两种:采用 Ka/S 频段机载用户终端设备进行中继卫星接入;采用 Ka 频段地面用户终端设备进行中继卫星接入。其中,Ka 频段机载用户终端设备一般应用于大中型无人飞行器,S 频段机载用户终端设备、Ka 频段地面用户终端设备一般应用于中小型无人飞行器。

无人飞行器 S、Ka 频段机载用户终端安装在飞机上,可通过视距链路机载设备传送来的控制指令或当前应用的中继平台上行链路接收的控制指令实现链路状态的设置。由无人飞行器地面控制接收站发出遥控指令,无人飞行器 Ka 用户终端收到指令后,进行相应的指令转换,进入天线指向的程序控制,使其指向系统选择的中继卫星,无人飞行器通过中继卫星建立与中继卫星管理中心之间的高速 Ka 或者低速 S 的中继卫星传输链路,无人飞行器将遥测、图像数据通过 Ka、S 链路将数据传输到中继卫星管理中心,中继卫星管理中心通过地面光纤网送至无人飞行器遥感网运行管理中心。

无人飞行器 Ka 频段地面便携用户终端布置在无人飞行器控制站附近,通过网络与无人飞行器任务控制站进行连接,无人飞行器外场的任务控制站将接收的无人飞行器的遥测、图像数据通过网络发送给无人飞行器 Ka 频段地面便携用户终端;无人飞行器 Ka 频段地面便携用户终端通过中继卫星系统将数据传输到无人飞行器遥感网运行管理中心。

卫星中继链路信号流程如图 7-4 所示[96],系统工作模式如图 7-5 所示。

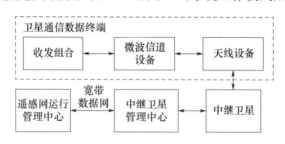

图 7-4 卫星中继链路信号流程框图

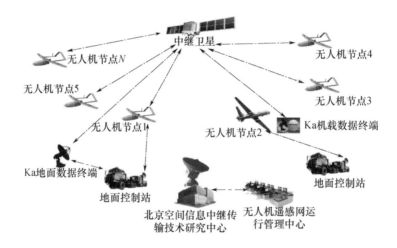

图 7-5 卫星中继系统工作模式

7.2.2 基于"天通"卫星的测控通信链路设计

"天通"一号卫星移动通信系统,是中国自主研制建设的卫星移动通信系统,也是中国空间信息基础设施的重要组成部分。系统由空间段、地面段和用户终端组成,空间段计划由多颗地球同步轨道移动通信卫星组成[97]。

1. 天通超视距测控通信链路设计

天通超视距测控通信系统主要包括飞艇艇载站和地面车载站,两种站型和信关站之间通过以通信卫星为核心的空间链路进行数据交换。卫星星上采用透明转发方式,所以系统内用户间的所有连接都是通过地面信关站转接完成,即用户间的通信链路是双跳连接。系统的通信架构如图7-6所示。

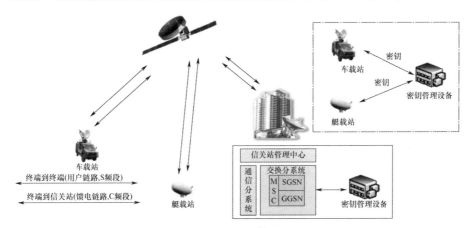

图7-6 天通超视距测控通信系统总体架构

2. 艇载终端设计

艇载卫星终端是系统中用户使用的物理设备,其主要包括基带处理器芯片、天线、功放、射频收发芯片、音频处理、电源管理、存储器、电源适配器和接口单元等,终端模块组成框图如图7-7所示。

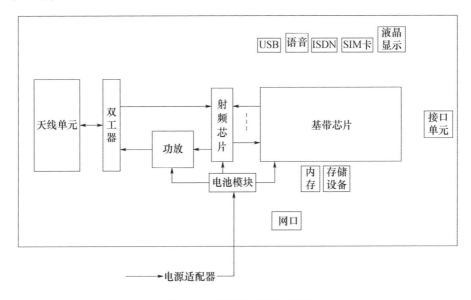

图7-7 艇载终端结构框图

卫星终端采用保密卡加密方式,内含保密卡(TF 卡),用于用户的保密通信。其中保密卡接口采用 SDIO 2.0 标准,方便拆卸。此外,终端还提供注密接口,用于为终端保密机加注密钥,Micro USB 接口形式,可与数据接口共用,通过切换开关分时使用,也可提供单独接口。

艇载终端可使用现有的卫星移动通信模块进行设计。该模块集成了卫星移动通信系统的基带芯片、射频芯片及相应的配套芯片,支持"天通一号"常规和应急通信方式,集成了"北斗"B1 频点信号接收和处理功能,对应用处理采用标准 mini PCI – E 接口,"北斗"和 S 射频采用 IPEX 射频接口。其实物如图 7 – 8 所示。

图 7 – 8　卫星移动通信模块

3. 车载终端设计

车载终端从整体结构上考虑,可分为天线单元、主机单元和应用处理单元三大部分。其中天线单元包括 S 移动天线、BD/GPS 天线以及功放、LNA 等,主机单元主要包括射频处理单元、基带处理单元、电源管理单元和接口单元等,应用处理单元包括应用处理器、显示屏、喇叭、麦克风等,图 7 – 9 所示为车载终端模块组成示意图。

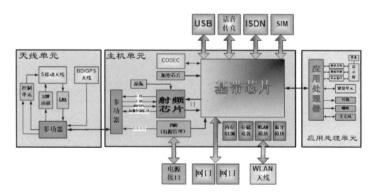

图 7 – 9　车载终端模块组成(见彩图)

第7章 平流层飞艇测控系统设计

车载终端可使用现有的车载卫星终端设备,其实物如图7-10所示。

(a)　　　　　　　　(b)

图7-10　车载终端及天线

车载终端采用10W功放和平板天线,业务速率为1.2～384kb/s,支持话音、短信、视频、数据、传真等多种业务,兼具北斗和GPS定位、WiFi、蓝牙和FM功能,具备耳机、USB、存储、加密等接口。整机设计考虑恶劣环境下使用,并具有更长的续航能力。

7.3 地面测试技术

为了保证任务顺利进行,在任务执行之前,需要对无线链路中各个组成部分进行测试,并且对测试覆盖性、测量准确性要求非常高。

测控综合测试仪把地面测控设备的遥测、遥控、测距、测速等多项功能有机地综合在一起,能够在没有实际地面测控设备的情况下模拟地面测控设备与应答机构成测控系统,完成应答机的遥测、遥控、测距及业务数据通信等各项功能和性能指标测试,可以满足应答机在信号体制验证、设备研制、分系统测试、集成装配、外场检验等各阶段测试需求。

高速数传测试仪支持多种调制方式、支持多种编译码、支持用户自定义数据格式,既能够模拟星上数传发射机完成组帧、编码和调制等功能,生成数传信号,也能够作为地面接收设备接收下行的数传信号,完成解调、译码和数据处理功能。在没有实际卫星的情况下,能够模拟卫星发射数传信号,完成地面数传接收设备各项功能和性能指标的测试。在不需要实际地面接收站的情况下,能够在实验室内对卫星数传发射机的功能和性能指标进行覆盖性测试,可以满足数传分系统在信号体制验证、设备研制、分系统测试、集成装配、外场检验等各阶段测试需求[94]。

宽带信道模拟器能够仿真各种物理信道的特征参数,如频率、衰落、动态时延、衰减、噪声、干扰等,同时能够模拟接收机和发射机相对运动导致的信号变化特性,为卫星测控和数传分系统从研制到应用整个生命周期提供接近真实的信道仿真测试环境。

宽带信号采集记录仪可以对宽带信号进行高速、连续实时采集记录,能够完成复杂电磁环境信号的高速采集、记录和存储,可以长时间实时记录和存储测控信号和高速数传信号,便于用户事后对信号进行分析处理,提高试验、测试的可追溯性和可信度,同时降低试验、测试成本。

除了用于航天器无线链路各个组成部分的测试外,使用上述专业设备还可以搭建半实物闭环仿真系统,如由测控应答机模拟器、测控综合测试仪和宽带信道模拟器可以组成飞行器测控半实物闭环仿真系统,由高速数传测试仪和宽带信道模拟器可以组成飞行器数传半实物闭环仿真系统[98]。半实物闭环仿真系统可以用于系统功能和性能的仿真,也可以用于新型信号体制验证,能够帮助客户快速完成信号传输过程中的仿真、开发和验证,为大系统对接提供数据和技术参考。

第 8 章 平流层飞艇安控系统设计

本章主要介绍平流层飞艇安控系统的一般功能和组成以及安控计算机、安控执行机构的设计。

8.1 安控系统总体设计

8.1.1 一般功能和组成

安控系统的主要功能是通过测控等无线链路实现飞行状态参数的回传,并可通过人工方式或自主方式启动艇上的应急安全控制装置,实现飞行试验的安全控制。

安控分系统分为艇载设备和地面系统。艇载设备由安控计算机、北斗短信终端、视距终端、排气阀、撕裂装置、切割索、定时钟控制单元和地面安控处理计算机构成。为增强可靠性,安控计算机一般采用双冗余架构,与中继终端、北斗终端、GPS 接收机以及测控主备机均通过总线进行通信,接收北斗短信指令、中继终端指令或测控系统上传指令,操作执行机构。

安控地面系统由安控数据交互计算机、网络交换机等组成。其主要功能是通过网络接收指挥控制中心的数据,然后通过地面终端发送给艇载终端。

8.1.2 安控实施方案

安控分系统出现异常后,实施情况依照发生异常事件的严重性执行。发生异常事件的严重性不同,所采取的措施也不同。在此将异常事件分为五类,并根据不同的异常事件采取不同的措施。

第Ⅰ类——灾难性的,如安控计算机异常、视距无线链路和定时钟同时异常,此类异常将导致试验失败或出境。当出现Ⅰ类事件时,则需通过飞控计算机控制安控执行机构。

第Ⅱ类——严重的,如安控计算机异常和所有无线链路同时异常,此类异常只能等到定时钟时间到以后再操作执行机构。

第Ⅲ类——一般程度的,如果视距链路异常,则由地面设备通过其他的未异常无线链路,向安控计算机发送安控指令,并操作执行机构。

第Ⅳ类——轻度的,如果视距链路正常,其他无线链路异常,则由地面设备通过其他的未异常无线链路,向安控计算机发送安控指令,并操作执行机构。

第Ⅴ类——轻微的,在执行机构中,若仅仅是一个切割索故障,可以通过操作其他的执行机构完成安全措施。此类异常不影响任务的完成。

8.2 安控计算机设计

安控计算机是安控分系统的核心部件,具备与安控执行机构的接口和与链路的通信接口,提供程序运行功能和在线调试功能。为了提高可靠性,安控计算机采用双冗余结构设计。两个相同的处理单元通过接插件与切换板相连。电源通过一个接插件引入到计算机箱内部,通过分线分别提供给主机、备机和切换板。安控计算机一般需要具备以下功能。

① 具备与北斗短信终端进行通信的功能。
② 具备与测控 A 进行通信的功能。
③ 具备与测控 B 进行通信的功能。
④ 具备与飞控计算机进行通信的功能。
⑤ 具备开启执行机构的功能。

安控计算机中内置嵌入式安控软件,其主要功能是通过与测控分系统的设备进行信息交互,一方面接收上行指令,进行解算,实现对艇载安控执行机构的操控;另一方面将采集到的数据进行打包,并传输给测控分系统。

8.3 安控执行机构设计

安控执行机构可以组合采用应急排气阀、撕裂幅、切割索等多种形式。

应急排气阀与主气囊氦气排气阀结构一样,其功能是在飞艇降落时或可能出现意外情况时,快速排出氦气,以减小飞艇浮力,控制飞艇尽快降落,从而避免因失控而飞出安全区域。

撕裂幅采用电机驱动,通过电机带动相关结构对一定区域的球皮进行撕裂,使得球皮在预先设定的面积内开口。该机构需与艇体设计一并开展。

切割索的功能是通过起爆在预先设定的区域内将飞艇囊体开口。对切割索的要求一般包括以下方面。

① 起爆器输入性能。在直流电供电条件下,能可靠起爆。
② 起爆器输出性能。输出延时小,并能可靠起爆切割器。
③ 排气窗口。形状和直径可根据需要定制。
④ 产品在低气压环境下,能可靠作用。
⑤ 产品安全性满足 GJB 5118、GJB 3653.7、GJB 3653.10 中有关火工品安全性要求。

图 8-1 所示为某型切割索。

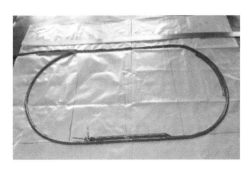

图 8-1　某型切割索

第 9 章
平流层飞艇发放回收技术

平流层飞艇亟待突破的技术挑战和难点有三点,即如何"上得去、停得住、下得来",其中,平流层飞艇的发放和回收技术就是要研究和解决平流层飞艇如何"上得去、下得来"的问题。

9.1 发放技术

迄今为止,国外已有十余艘飞艇到达平流层高度,主要是美国和日本的试验飞行,这些飞艇的部分参数及发放形式如下。

(1) 1969 年,美国渡鸦公司(Raven)的小型飞艇载重 2.25kg,采用非成形发放方式升空,平台达到了 20.7km 高空,利用太阳能电池飞行了 2h[99]。

(2) 1997 年,日本发放了体积 504m³ 的 Stratospheric Shuttle 飞艇,该飞艇采用了成形发放方式,最后到达了 17km 高度。

(3) 2002 年,日本先后进行了 4 次代号分别为 GPS – 1、GPS – 2、GPS – 3、GPS – 4 的平流层飞艇的发放和飞行试验,4 艘飞艇都采用成形发放方式,其中代号为 GPS – 1 和 GPS – 3 的飞艇最终分别到达 18km 和 18.8km 高度[100]。

(4) 2003 年 8 月,日本 JAXA FHI 研制的 SPF – 1 无动力飞艇,采用成形发放方式,最终到达海拔 16.4km 高空[101]。

(5) 2003 年 11 月,美国 JP AEROSPACE 公司研制的 V 形"攀登者"(Ascender)临近空间机动飞行器,未携带任何设备被释放到 30km 的高空,进行了初期验证试验。

(6) 2004 年 9 月,日本 Balloon Robot 的 Balloon Robot – Ⅱ 飞艇体积 709m³,采用成形发放方式,最终到达海拔 17km 高空。

(7) 2005年11月,美国SwRi与Aerostate(Raven)公司研制的Hisentinel 20飞艇,采用非成形发放方式,携带27.2kg的吊舱和螺旋桨推进系统,最终到达海拔22.6km高空,平飞了5h,其中带动力飞行时间约53min[102]。

(8) 2008年6月,美国Hisentinel 50飞艇,采用非成形发放方式,最终到达海拔20km高空,携带22.7kg有效载荷飞行了3min[103]。

(9) 2010年11月,美国Hisentinel 80飞艇,采用非成形发放方式,最终到达海拔20.2km高空,携带36.3kg有效载荷飞行了8h[104]。

达过平流层高度的飞艇的离地方式,也称为发放方式,可以归结为两类,即成形发放和非成形发放。这也是到目前为止,世界范围内公认的使飞艇顺利到达平流层高度的可行途径。

日本在2004年3—11月,为了顺利完成平流层飞艇的飞行,设计了共计9次、分3个阶段的低空试验,分别如下。

第一阶段共2次试验,在尾部系留绳索牵引情况下,测试飞艇的发放和降落。

第二阶段共4次试验,飞艇低空飞行高度在600m以下,研究飞艇飞行特性。

第三阶段共3次试验,飞艇飞行最大高度不超过4km,用以演示空中定点,其中包括自动驾驶和人工驾驶两种方式[105]。

日本通过近10年以来系列平流层缩比飞艇的研制,已积累了一定的经验,初步掌握了平流层飞艇成形发放的相关技术。

2003年9月,美国导弹防御局选择洛克希德·马丁公司作为平流层飞艇(HAA)的承包商,先期投入4000万美元。根据该公司的设计方案,HAA飞艇长约150m,最大直径约50m,容积150000m^3。艇体采用柔韧的多层纤维复合材料,艇内充氦气,两侧各有两台电动螺旋桨发动机作为主动力源。飞艇表面安装的薄膜太阳能电池除了提供推动飞艇前进的部分动力外,还可另外提供大约10kW的输出功率,用以保证艇上设备的正常工作。飞艇采用成形发放方式升空。

2011年7月,洛克希德·马丁公司的HAA项目演示验证艇HALE-D完成了其首次升空试验,在外场成功发放升空后,由于气囊与太阳能电池覆盖膜之间的破损而不得不终止飞行试验。虽然它没有完成整个演示验证使命,但采用成形发放方式顺利完成了飞艇发放升空[106]。

HiSentinel飞艇是美军空间和导弹防御司令部部署的平流层飞艇示范项

目,目的是验证在 18km 以上高空,以太阳能为能源的无人飞艇的工程可行性及军事潜力,重点开发用于战术通信、情报侦察和监视上的低成本、小载重(44～440kg)、长航时(30 天)的太阳能平流层飞艇。美国西南研究所(SWRI)是该项目负责单位,负责飞艇的设计并提供配备遥测、动力和推进系统的飞行控制器。Aerostar 公司提供详细设计和工程服务、制造飞艇的外壳并参与飞行操作。美国空军研究实验室(AFRL)制定发射程序、提供测试设施并为飞艇升空提供后勤服务。在美国陆军空间和导弹防御司令部(ASMDC)的支持下,SWRI 与 Aerostar 公司和 AFRL 一起,已分别于 2005 年、2008 年和 2011 年完成了 Hisentinel 20、Hisentinel 50、Hisentinel 80 的飞行试验,这几艘飞艇都采用立式非成形发放方式,最终都顺利到达了平流层高度[107-108]。

9.1.1 发放形式

按起飞前艇体的形态,平流层飞艇的发放形式可分为成形、非成形及其他新型发放形式。

在成形发放中,飞艇内部充满气体以保持飞艇外形,其中氦气囊充入氦气、空气囊充入空气,升空过程中,当空气囊逐渐排出空气,体积减小时,氦气囊体积逐渐膨胀。

在非成形发放中,飞艇内部只充入氦气,飞艇表面只在充有氦气的区域展开,其他区域处于松弛状态,当飞艇起飞后,随着高度的攀升,内部氦气膨胀,飞艇表面逐渐展开成形。

新型的发放方式主要见于一些专利和论文的研究,已成功到达平流层高度的飞艇主要以成形和非成形的形式发放。

1. 成形发放

平流层飞艇的成形主要依赖于艇体内部气体的超压,当内部气体的压差大于外部大气压后,艇体材料因表面张力作用而具有"壳"特性,在一般计算中,当作刚体处理,即能保证计算精度满足工程需要。采用成形发放的飞艇,发放前艇体内不仅有氦气,也有空气,艇体外观处于成形状态。成形发放最大的好处是飞艇在地面已展开成形并处于正压状态下,在上升过程中,太阳能电池一直处于展开状态,避免展开过程中对柔性太阳能电池造成的揉搓。采用成形发放的飞艇是平流层飞艇的主流发放方式,日本 SPF-1 飞艇和美国的 HALE-D 飞艇均采用成形发放方式。图 9-1 所示为采用成形发放的日本 SPF-1 飞艇[106]。

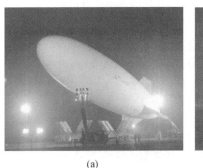

(a)   (b)

图 9-1 采用成形发放的日本 SPF-1 飞艇

图 9-2 所示为采用成形发放的美国 HALE-D 飞艇[106]。

图 9-2 采用成形发放的美国 HALE-D 飞艇

2. 非成形发放

"非成形"顾名思义是指飞艇在发放时非成形,艇体内外压差基本为零。在实际工程中,飞艇在发放前艇体内仅有氦气,整个艇体仅有头部的氦气有一定的非定常外形,艇体其余部分处于非成形状态。这种发放方式的最大好处在于飞艇上升过程中,因艇囊内没有空气,减小了因排气和压控造成的风险。因为上升过程中飞艇的排气与压控是成形发放方式的一个重要难点和风险,HALE-D 飞艇就是在上升过程中因排气阀故障而导致试验终止[106]。随着高度的增加,艇囊内氦气膨胀使艇体逐渐成形,当飞艇到达预定高度后,艇体超压成形。采用这种发放方式的平流层飞艇的典型代表是美国的 HiSentinel 系列飞艇,中国科学院和北京航空航天大学也以这种发放方式分别于 2012 年和 2015 年完成了平流层飞艇试验[109]。

图 9-3 所示为采用非成形发放的美国 HiSentinel 系列飞艇。

图9-3 采用非成形发放的美国HiSentinel系列飞艇

(a) HiSentinel 50；(b) HiSentinel 80。

3. 其他发放方式

不同于上述两种发放方式,美国Hillsdon在发明专利中提出了一种能兼顾立式非成形发放和成形发放优点的平流层飞艇发放方法,该方法兼顾了非成形发放的氦气自然膨胀的优点,又避免了太阳能电池展开过程中的折损,发放方式如图9-4所示。

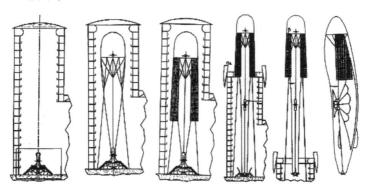

图9-4 Hillsdon提出的立式发放方式

平流层飞艇采用立式非成形发放,在飞艇发放前,太阳能电池膜自由裹持在飞艇头部浮升气体气囊周边。在发放过程中,打开飞艇约束,飞艇垂直上升,随着高度的增加,飞艇逐渐成形,太阳能电池膜随之逐渐覆盖到飞艇顶部。当飞艇到达预定高度后,艇身呈水平巡航,覆盖在飞艇顶部的太阳能电池膜开始工作。这种措施有效地利用了立式发放不需要设计大空气囊的优点,并恰当地处理了太阳能电池膜的覆盖问题。

结合成形和非成形的优点,美国 Frank 提出了一种飞艇在地面外形成形、内部氦气非成形的发放形式[110]。飞艇外轮廓由骨架和艇体支撑保持成形,飞艇顶上铺设太阳能电池,飞艇内部由很多各自独立的氦气囊组成,如图 9-5 所示。

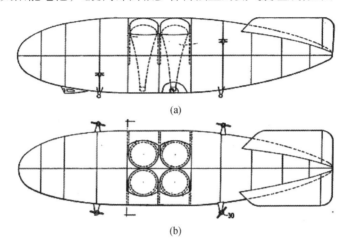

图 9-5　Frank 提出的氦气囊非成形结构形式

在地面时,飞艇外轮廓保持气动外形,内部氦气囊不成形,随着飞艇高度的增加,氦气囊逐渐成形,氦气囊与飞艇外轮廓之间保持气路畅通,在飞艇上升过程中,不需要排出多余的空气。

这些设计新颖的平流层飞艇发放方式,大多还处于理论可行阶段,鲜见于飞行试验。

9.1.2　发放流程

平流层飞艇的发放流程,按照时间顺序可分为 4 个阶段,即出库转运、姿态调整、约束解除和发放升空。

1. 出库转运

平流层飞艇地面转运方式大致可分为锚泊塔牵引、转运平台载运以及其他转运方式。

1) 锚泊塔牵引

对于大型成形发放的飞艇而言,由艇头的锚泊塔进行约束和牵引是传统飞艇最常使用的转运方式。在地面转运过程中,飞艇由锚泊塔牵引,可以在一定范围内摆动,这种转运方式的好处是减小了飞艇在野外受到的地面风阻力,可以利用锚泊塔平衡气动阻力,增加了飞艇地面转运过程中的安全性。

这种转运方式比较典型的应用是 Goodyear ZPG – 3W 飞艇,该艇长 122.8m,最大直径 25.9m,体积 42475m^3。该飞艇由可移动锚泊塔牵引,吊舱下部有起落架,可支撑和行走,艇头有辅助拉绳,艇腹和艇侧无其他拉绳,出入库转运过程中飞艇可在一定范围内摆动,如图 9 – 6 所示。

图 9 – 6　Goodyear ZPG – 3W 由锚泊塔牵引

2) 转运平台转运

依托整体转运平台,将飞艇固定在转运平台上进行地面转运。这种转运方式的优点在于将飞艇约束在转运平台上,类似运载火箭的转运,到达发放地点,快速解除约束,飞艇脱离转运平台升空。

比较典型的应用是日本 SPF – 1 飞艇,该飞艇长 46.4m,体积 3566m^3。于 2003 年 8 月 4 日完成了飞行试验,该飞艇采用 V 形转运平台将飞艇从艇库牵引至发放地点,随后依次解除前后约束,完成飞艇的发放,如图 9 – 7 所示。

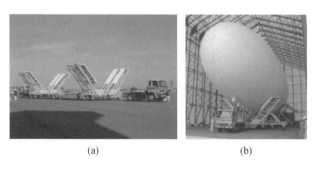

图 9 – 7　日本 SPF – 1 飞艇由 V 形平台转运

3) 其他转运方式

有些飞艇在转运过程中既没有锚泊塔牵引,也没有大型转运平台,主要依托地面辅助设备或人员,将飞艇两侧或腹部约束在一定范围内,对飞艇实施地面转运。这类转运方式所需设备较为简单,但对飞艇约束较弱,适用于发放场离艇库较近且地面气象条件较好的场地。

比较典型的有 2011 年试飞的美国高空长航时演示验证飞艇 HALE – D,该飞艇采用成形发放方式,在地面转运中依托位于飞艇腹部的支撑车和位于飞艇两侧的辅助约束车辆完成,HALE – D 飞艇转运如图 9 – 8 所示。

图 9 – 8 美国 HALE – D 飞艇地面转运

较之依靠锚泊塔牵引飞艇的传统方式,HALE – D 飞艇采用两侧约束的方式大大缩短了出库后的发放操作时间,为平流层飞艇移动过程的约束及发放方式提供了极具参考价值的经验。但这种约束方式也存在缺陷,它使飞艇不具有风标效应,当有地面风尤其存在侧向分量的地面风时,只能依赖两侧车辆约束飞艇,以抵抗地面风阻作用。

采用非成形发放方式的平流层飞艇一般在发放场实施系统集成,充气后即可实施发放操作,也可以在艇库内实施集成,充气后转运至发放场进行发放。

日本于 2012 年进行的超压气球发放试验,该试验由零压气球(ZPB)和超压气球(SPB)串联,利用零压气球净浮力将超压气球带到 26.5km 的高度进行相关科学试验,系统在艇库内集成、测试、充气后,由吊篮发放车及高空气球发放车等合力将整个系统由飞艇库转运至发放场,最终成功实施了发放[111],如图 9 – 9 所示。

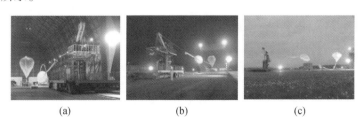

(a)　　　　　　　　(b)　　　　　　　　(c)

图 9 – 9 日本超压气球在飞艇库内充气后转运至发放场发放

2. 姿态调整

到达发放场后,为便于顺利实施发放,根据发放场气象条件和飞艇状态,一般需对其进行姿态调整,主要包括航向、仰角和高度调整。

1) 航向调整

飞艇转运过程中,如果存在侧风,将会增大转运设施对飞艇的约束难度。在前进过程中可根据转运道路限制适当调整飞艇航向,当飞艇到达发放场后,适当调整飞艇航向,使飞艇艇头迎风,以尽可能减小侧向风阻[105]。

一种典型的飞艇转运路线如图9-10所示。

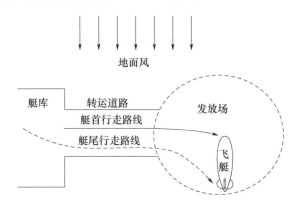

图9-10 一种典型的飞艇转运行走路线示意图

艇库外地面风与飞艇前进方向垂直,如果转运设施可横向调整和原地旋转,则其主要操作包括:在出库前应调整转运设施,使其偏离中间,靠向库外地面风上风向位置;在飞艇转运过程中,可实时调整飞艇航向,使尾部靠近地面风下风向;当艇头到达发放点时,旋转转运设施,使飞艇航向与风向平行,艇首迎风。如果转运设施无法调整位置且无法原地旋转,应充分评估转运设施及飞艇在艇库外抗侧风能力[111],或严格限制转运时的侧风要求。

2) 仰角调整

因平流层飞艇在地面时艇囊内氦气占比很小,如果对氦气囊没有纵向约束,氦气在飞艇纵向处于自由状态,会因飞艇仰角变化而前后窜动,这种窜动会造成飞艇浮心急剧前/后移,且不可逆,这对升空中的飞艇会造成灾难性后果。为避免这种情况出现,在发放前,需对飞艇进行仰角调整,使艇囊内氦气前窜,进而浮心前移,确保发放后飞艇艇头向上。

日本SPF-1飞艇在转运到发放场后,首先实施了飞艇仰角调整,如图9-11所示。

图 9 – 11　日本 SPF – 1 飞艇发放前仰角调整

3）高度调整

飞艇解除约束后,为避免在仰角剧烈变化中尾部扫掠地面设施,需利用发放设施调整飞艇高度,将飞艇升高至安全高度,再实施发放操作。

一种平流层飞艇的高度调整方法如图 9 – 12 所示,若质心距离艇尾长度为 L,则其尾部最低点高度应有 $H \geqslant L(1 - \sin\theta)$。

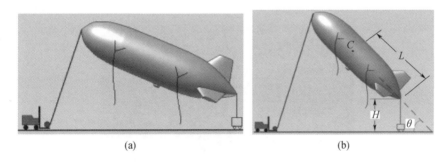

图 9 – 12　平流层飞艇发放前高度调整示意

3. 约束解除

确认飞艇具备升空条件后,进行约束解除。飞艇在转运过程中,为了保证转运设施安全、可靠地约束飞艇,往往采取多点、多种形式的约束,一旦进行发放操作,多点约束解除的同步性、成功率都将影响甚至决定飞艇能否顺利实施发放。因此,约束解除一般包括两个阶段,即辅助约束的解除和发放约束的解除。辅助约束的解除可在飞艇到达发放场后,与姿态调整同步进行,也可根据发放场地面风情况,在转运过程中有序解除。辅助约束解除后,应保留尽可能少的发放约束,或发放约束的解除分步进行,尽量避免多点同时释放,否则很容易造成释放不同步或某个点无法释放的问题。飞艇最后一个约束的解除,最好仅是单点约束解除。

日本 SPF-1 飞艇在实施发放过程中,先解除后面一对约束拉绳,再解除前面一对拉绳的约束,最后解除尾部吊车对飞艇的约束。

图 9-13 所示为飞艇接触约束示意图,图 9-14 所示为飞艇约束解除过程。

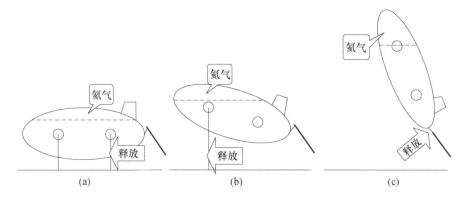

图 9-13　日本 SPF-1 飞艇约束解除过程示意

图 9-14　日本 SPF-1 飞艇约束解除过程

4. 发放升空

解除所有约束后,发放操作完成,飞艇在浮力的作用下离地升空。当外部约束力解除后,艇囊内浮升气体流动可能引起浮心变化,加上气动力的作用,使得飞艇姿态可能会发生较大幅度变化。经过一段时间的复杂变化后,如果外部环境不发生变化,最终会以较稳定的状态上升。

9.1.3 制约条件及影响因素

因平流层环境及其高度的特殊性,平流层飞艇与对流层飞艇有很大差异,如表9-1所列,这些差异使得平流层飞艇的发放方式不同于对流层飞艇。

表9-1 平流层飞艇与对流层飞艇的差异

序号	名称	对流层飞艇	平流层飞艇
1	起飞时浮重平衡	净重	净轻
2	升力来源	浮力+空气动力	浮力
3	升空姿态	小仰角	大仰角/小仰角
4	空气囊最大占比	≤50%	≥90%
5	起落架	有	无
6	柔性太阳能电池	无	有

1. 系统惯量与转运速度

平流层飞艇在地面时,艇囊内90%以上是空气,艇囊内氦气的浮力使系统处于净轻状态。飞艇体积一般为数万至数十万立方米,以体积为10万 m^3 的平流层飞艇为例,其设计驻空高度在19km位置,某平流层飞艇在地面时的体积和质量分配如表9-2所列。

表9-2 某平流层飞艇在地面时的体积和质量分配表

类别	名称	数值	比例/%
体积/m^3	驻空氦气	8000	8
	升空氦气	800	0.8
	空气	91200	91.2
	总体积	100000	100
质量/kg	结构质量	8400	6.9
	氦气质量	1490	1.2
	空气质量	111720	91.9
	系统总质量	121610	100

表9-2的数据显示,飞艇在地面时,包括空气在内的系统总质量约121.6t,系统净轻,净浮力约890kgf。对于该体量的系统而言,转运牵引设备只能缓慢前行,尤其在启动和制动时,更应该缓慢滑行。如果飞艇采用艇头牵引的方式,在进行制动时,转运设施的制动力通过飞艇头锥作用到飞艇上,不当的

制动力与艇体压差会使头锥陷入艇头,制动时头锥嵌入艇头示意如图9-15所示。

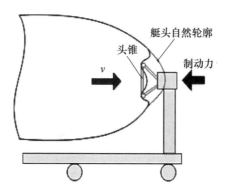

图9-15 制动时头锥嵌入艇头示意图

设飞艇系统总质量为m,飞艇压差Δp是指艇体内气体与艇体外大气压力差值,头锥直径为d,飞艇前进速度为v,制动距离为L,不考虑气动阻力,利用压差面的近似承力[21],则

$$\begin{cases} F = \Delta p \cdot S = \Delta p \cdot \pi \dfrac{d^2}{4} = ma \\ 2aL = v^2 \end{cases} \quad (9-1)$$

由式(9-1)得制动距离为

$$L = \frac{2mv^2}{\pi \Delta p d^2} \quad (9-2)$$

以表9-2所列的平流层飞艇为例,假设转运速度为1m/s,不同艇体压差下的临界制动距离如图9-16所示。

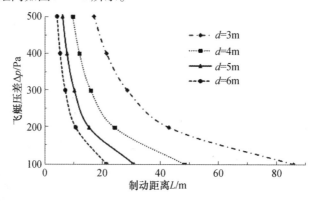

图9-16 飞艇不同压差下的临界制动距离

如果压差对应的制动距离在临界线下面,就会出现艇首凹陷及严重变形,如果压差对应的制动距离在临界线上方,艇首就不会出现凹陷,能够正常制动。

飞艇压控中间值为300Pa左右,假设飞艇压差值为300Pa,不同转运速度下的临界制动距离如图9-17所示。

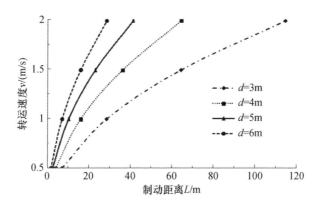

图9-17　飞艇不同转运速度下的临界制动距离

图9-16和图9-17的数据显示,飞艇转运速度越快,所需制动距离越长,增大飞艇基准压差、增大头锥直径都能有效缩短制动距离。如果飞艇头锥直径为4m,则保持300Pa压差,以1m/s速度转运,制动距离约为16.1m,如果发放点在艇库外800m处,则将飞艇从飞艇库转运至发放点需要14min。

2. 艇体气动阻力

平流层飞艇体积巨大,为减小在平流层高度长期驻空时的能耗,减小艇体气动阻力是重要的设计目标[112]。采用流线形艇型,将极大地减小迎风来流气动阻力,若艇身与来流有一定夹角,其气动阻力将会发生一定变化,如图9-18所示[113]。

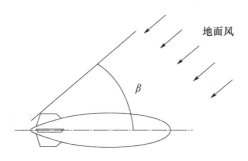

图9-18　地面风与飞艇夹角侧滑角β

飞艇在转运发放过程中,因艇库外风向的改变或飞艇运动的变化,都会使飞艇与来流存在侧滑角。通过对某飞艇在不同侧滑角下的气动力系数进行了有限元仿真,得到了飞艇不同侧滑角下的阻力系数,如图9-19所示。

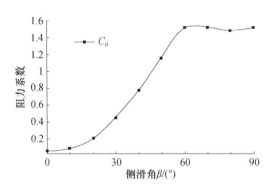

图9-19　飞艇不同侧滑角下的阻力系数

仿真计算数据表明,随着侧滑角的增大,飞艇气动阻力系数急剧增大,当来流与艇身垂直时,气动阻力系数增大了50倍,这将极大地增加地面约束设施的约束难度。

3. 地面风况

飞艇从艇库转运到发放场的过程中,飞艇暴露在露天环境中。提高飞艇抗风能力、降低对地面风的要求限制、扩大发放窗口的选择是确保飞艇成功实施发放的重要条件,也是制约平流层飞艇具备全天候、全年发放与飞行试验的关键因素。但就目前的技术现状而言,平流层飞艇尚处于技术探索阶段,选择最佳的发放气象条件,减小发放过程中对飞艇的影响,确保飞艇顺利发放升空,是后续飞行试验的基础。

飞艇出库发放对气象条件的要求,除了雨、雪、雾、云等因素外,地面风的准确预报一直是飞艇出库发放时刻的首选条件。地面风速风向的变化,将会极大地影响飞艇的发放作业。随着天气预报技术的发展,目前人类对于降雨的预报已比较准确,尤其短期内,或未来数小时内的降水概率的预报已非常准确。对于大范围内的气流运动规律,现有的预报和探测手段已能够准确地预报和跟踪,但对于局部地点的短时气流变化,受当地地理地形、日照等多种因素的叠加影响,准确预报还十分困难。而且,风速越小,其风向变化越快,气流越处于不稳定状态。

以某次平流层飞艇飞行试验为例,根据高空风场和日照数据,选择飞艇的发放时间在凌晨3:00—8:00,飞艇从艇库转运到发放场需要15min,转运道路东西向,发放操作需要 5min。综合起来,对发放场地面风要求是:风速不大于 4m/s,南北风分量不大于 3m/s,持续 30min。

分析气象站实时记录发放场该区间地面风数据,选取某日满足飞艇发放的气象条件,其地面风速风向变化如图 9-20 所示。

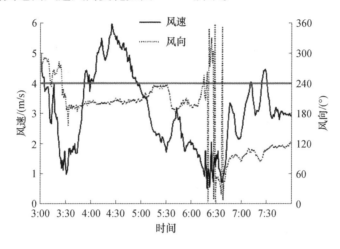

图 9-20 发放场满足转运发放条件的地面风实测值

图 9-20 的数据显示,如果进行飞艇转运与发放操作,满足发放条件的最佳气象窗口是 6:10—7:00。

这一案例反映了发放场地面风的典型特点如下。

(1) 风速越小时,风向变化越剧烈,即微风时风向乱。

(2) 地面风变化剧烈,应尽可能减小飞艇转运、发放时间,缩短窗口风要求区间。

(3) 增大飞艇抗风能力,有利于扩大飞艇转运、发放窗口。

4. 艇体气囊结构

为了升空后高效快捷地穿过对流层到达平流层,飞艇内氦气浮力应该大于飞艇结构总重,系统以净轻状态升空。平流层飞艇一般采用大仰角上升以减小升空过程中的气动阻力,飞艇在发放前一般呈水平或小仰角状态。飞艇在地面时,空气囊体积占比约 9/10,氦气囊体积占比约 1/10。

氦气囊与空气囊之间隔层的设计,不仅决定了飞艇上升过程中的姿态,也决定了飞艇保形、保压及排气方式。因氦气作为飞艇升空动力源,在地面时体积占比小,它沿飞艇艇身前后的流动决定了飞艇浮心的变化,氦气囊一般有单氦气囊或多氦气囊结构。

1）单氦气囊结构

飞艇内的氦气全部在一个气囊中，在纵向方向自由流动，氦气与空气之间有空气囊隔层，其典型设计形式如图 9 – 21 所示。

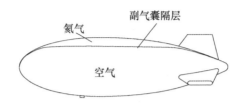

图 9 – 21　单氦气囊结构示意图

这种单氦气囊结构的飞艇，艇囊内氦气随飞艇仰角变化可以沿飞艇轴向自由流动。飞艇在发放升空前，氦气在艇囊顶部；发放后升空过程中，氦气逐渐膨胀，进而排出空气囊中的空气。因氦气纵向无约束，发放时，一般先调整飞艇仰角，使氦气前移，在飞艇升空过程中，将以大仰角升空，空气全部集中在艇体后部。随着高度的增加，只需在飞艇尾部设计足够多排气阀，即可确保飞艇在上升过程中气路畅通。为确保发放过程安全，一般给飞艇尾部设置柔性气垫等保护艇体，确保飞艇离地前的安全可靠。

采用单氦气囊结构的飞艇，实施发放后飞艇将快速转为大仰角上升，空气从空气囊下部集中排出，是一种比较理想的发放升空方式。这种发放方式的典型代表是日本 JAXA FHI 研制的 SPF – 1 飞艇，飞艇尾部采用吊车吊臂约束，避免了发放过程中飞艇尾部的急剧下顿，该飞艇于 2003 年 8 月成功实施了飞行试验[113]。它的成功实施为平流层飞艇的发放提供了有价值的参考。

2）多氦气囊结构

区别于单氦气囊结构形式，多氦气囊结构在飞艇纵向对氦气进行了约束，设置了多个隔层，以确保飞艇浮心一直可控，氦气只能在一定范围内流动，如图 9 – 22 所示。

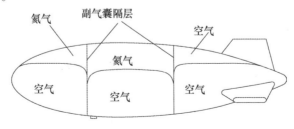

图 9 – 22　多氦气囊结构示意图

这种结构形式约束了艇囊内的氦气流动,使得飞艇发放后姿态稳定,在飞艇上升过程中,也可以实时调整飞艇仰角。在飞艇上升过程中,需同时对每个隔层内的氦气和空气压差进行监控,确保单个隔层内气体不会超压。随着飞艇高度的增加,艇囊内氦气逐渐膨胀,可通过将空气囊连通或单独排气的方式排出空气。根据发放升空过程中的飞艇姿态运动特征初步判断,美国研制的HALE-D飞艇是一种典型的多氦气囊结构,飞艇发放后,以小仰角状态升空,整个发放过程稳妥可靠。但正是因升空过程中的排气问题,最终导致了飞艇无法到达设计高度,相关飞行试验也都被迫取消。

5. 约束拉袢

平流层飞艇在转运发放过程中,地面设施对飞艇的约束,主要传递或约束以下几类载荷。

(1) 净浮力,指浮升气体的浮力与结构重量差,最终传递到地面设施上。

(2) 前进/制动,为飞艇提供前进动力、制动阻力。

(3) 气动力,地面风对飞艇的气动力最终传递到地面设施上。

(4) 飞艇局部作用力,因飞艇姿态变化引起浮心窜动造成的飞艇尾部下顿。

地面设施对飞艇的约束最终通过艇上拉袢传递,对于拉袢的使用形式,一般都有严格的限定,除了承力不能超过许用拉力外,对作用力的角度范围也有严格的限制。具体而言,拉袢承力方向应沿切线或靠近艇体一侧,拉袢连接点法向方向的作用力将极大地减小拉袢可承力极限,会因拉袢根部连接点的撕裂造成艇体漏气,甚至将整个拉袢从艇体上剥离。

拉袢在艇身上的设置及承力示意图如图9-23所示。

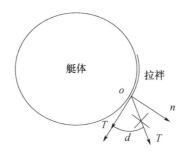

图9-23 拉袢承力角度示意图

选取一种拉袢材料,分别进行5组单向拉伸和焊接剥离试验,试验结果如图9-24、图9-25和表9-3所示。

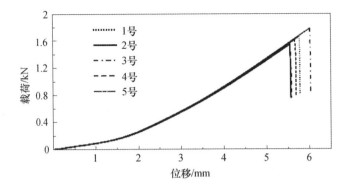

图 9-24　某种拉袢材料单向拉伸试验曲线

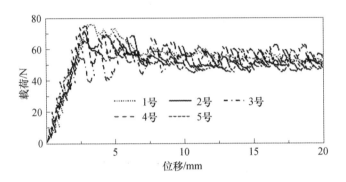

图 9-25　某种拉袢材料剥离试验曲线

表 9-3　某高强复合材料拉伸与剥离强度

标号	拉伸强度/N	剥离强度/N
1 号	1648.3	75.6
2 号	1563.0	71.2
3 号	1774.4	54.5
4 号	1533.1	74.8
5 号	1607.6	65.4
平均值	1625.3	68.3

图 9-24、图 9-25 和表 9-3 的试验数据表明,对于同宽度的拉袢材料而言,其剥离强度仅为单向拉伸强度的 1/23.8。拉袢通过焊接与缝纫结合的工艺优化,可实现单个拉袢切向承力 1t 以上,通过多个拉袢组合的方式可实现数吨的承载能力。以扇形分布弦长为 0.5m 的拉袢为例,其切向承载能力可达 1t。在许用拉力与夹角的变化关系如图 9-26 所示。

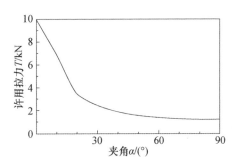

图 9-26　许用拉力与夹角 α 的变化关系

通过上述分析可知,拉袢只有在正确的工况下使用才能发挥最大作用。同时也意味着对飞艇的约束,除了约束力不能超过其许用拉力外,约束方式和拉袢的承力角度也极大地决定了转运过程是否安全可靠。也说明了在转运过程中,对飞艇安全性的评估应结合地面风对飞艇姿态的影响综合分析。

9.2　回收技术

9.2.1　降落与回收方法

平流层飞艇在完成飞行任务后,从平流层高度降落到近地面的过程中,通过控制氦气排气阀开闭和空气进气风机,在确保艇体压差值在合理范围的情况下,控制飞艇降落速度,使飞艇尽可能避开村庄、城市、高压线等不适宜降落的区域,令飞艇尽可能降落在视野开阔、地势平坦且远离人烟的区域。

按照时间顺序,回收过程主要包括降落前准备和落地后回收两个阶段。

1. 降落前准备

降落时主要应减小或避免降落过程中的振动和冲击,对艇体、艇上设备的损伤,以及避免飞艇降落对地面设施和人员的潜在危险。

降落方案的选择,与飞艇最终到达的区域以及飞艇最后状态的可操作性有极大关系。如果飞艇降落至预定高度后,其位置和状态良好,可将飞艇控制飞行至预定降落地点或区域。为减小落地冲击,可给吊舱包装或安装减振设备,以减小着陆冲击带来的破坏;也可安装缓冲起落架,将降落过程中飞艇的动能储存或耗散于起落架缓冲系统中;还可以给艇体或吊舱下部加充气垫,在艇体着陆前完成充气,在飞艇落地时减小冲击载荷。

2. 落地后回收

平流层飞艇降落后的处理方案，主要取决于飞艇降落地点和当时气象条件。按照降落地点，可分为以下几种情况。

1）降落于发放场

这种工况是最理想工况，原因是发放场是机场跑道，为水泥路面，适合地面重载设备行驶和工作，同时，可提前做好飞艇降落准备。

具体来说，在飞艇降落前，可在发放场上预铺设苫布和减振垫，以供飞艇降落。当飞艇降落到地面后，即与地面临时锚泊设备相连接，这种临时锚泊设备包括牵引部分和位于艇下部用于支撑艇净重的相关车辆或设备。

如果当时气象条件许可，即利用牵引设备将飞艇牵引回艇库。

2）降落于发放场附近

如果预测飞艇无法回到发放场内，则利用位于飞艇尾端的螺旋桨，使飞艇降落于远离居民、沼泽、城市和河流的区域，尽可能选择视野开阔、地势平坦、地面坚硬的地点降落。此时，可在预定地点铺设苫布或减振充气垫等减小飞艇降落时的冲击。如果条件许可，可将临时锚泊设备牵引至预测降落区域，以便当飞艇落地后对飞艇提供约束，确保其处于可操控状态。

当飞艇降落到地面后，根据现场气象条件和地理条件，做下一步处理。

如果系统状态良好，则可在气象条件许可的情况下，通过更换电池或充电将飞艇重新遥控飞行至发放场，并最终牵引至艇库。如果当时气象条件恶劣，或存在飞艇二次升空的风险，则尽可能将艇囊内氦气排出，并回收相关设备，完成飞艇回收。

3）降落点远离发放场

当飞艇在降落过程中无法受控飞行至发放场附近时，可能会随风飘到距离发放场较远的区域，导致回收队伍无法实时跟踪并做好飞艇降落准备，这便极大增加了飞艇降落过程中的风险。当飞艇降落至远离发放场的区域时，无论是飞艇系统状态还是降落点地理和气象条件，都有极大的不确定性。即使飞艇安全降落于远离发放场的适宜降落的地点，因为回收队伍无法在第一时间到达现场进行应急处理，也可能会因气象等原因造成飞艇二次毁坏。

飞艇降落过程中，必须实时、准确跟踪飞艇位置，并根据飞艇降落位置，利用气象预报数据，实时预测飞艇可能落点，回收队伍尽可能快地向可能落点位置前进。回收队伍到达现场后，首先应安装临时锚泊设施，将飞艇锚泊住，确保飞艇处于可控状态。根据飞艇状态，结合当时当地地理及气象条件，对飞艇能否完全恢复作出判断。

如果飞艇状态理想,通过检修和补充氦气后,择机重新飞至平流层执行任务,或飞回发放场,乃至艇库待命。

如果飞艇系统部分短期内可修复或替换的设备损坏,则在确保飞艇处于可控状态下,进行局部修复或替换,最终使飞艇重新飞至平流层执行任务或飞回发放场待命。

如果出现艇囊破裂,吊舱或设备损坏等短期不可修复的故障,应首先考虑排出艇囊内氦气,确保飞艇不二次升空,并使整个系统受风影响最小,处于可控状态;其次进行设备或系统的回收。

9.2.2 重复使用评估

平流层飞艇的远景目标是在平流层高度连续定点驻空6个月,甚至更长时间。在可预见的未来,艇囊材料因不可避免的氦气渗透等原因,在执行完一个周期的空中任务后,飞艇需降落至地面进行氦气补充,同时进行必要的设备检修等工作。

由于飞艇系统的设计寿命远大于飞艇在平流层高度的一个驻空周期,因而平流层飞艇系统研制中,能够多次重复使用是它必须具备的性能之一。在飞艇从平流层高度降落地面的过程中,要相继穿过高空大风带、对流层,经受住近地面复杂多变气象条件的考验,最终到达地面。在这个过程中,不确定因素和风险并存,这都关系到平流层飞艇可重复使用的可能性,以及为实现重复使用需要进行相应的回收或恢复工作。

1. 可重复使用定义

可重复使用指一个物品使用一次以上,包括两种方式:以同样的功能使用同一个物品,或是重复使用其新的功能,赋予物品新生命;与它相对的概念是"回收",即将物品分解成原料,用在制造新的物品上。

根据平流层飞艇的特点,飞艇系统可重复使用是指飞艇执行完一次飞行任务后,全系统完全或局部经过维修和更换,仍然能够安全、可靠地执行飞行任务。为使飞艇能够重复使用,必须同时满足以下3个条件。

(1) 恢复后的飞艇系统各项指标满足任务要求。

(2) 回收或恢复费用小于新研制一艘飞艇系统的费用。

(3) 回收或恢复所需时间能够满足相关任务的需要。

按照平流层飞艇的研制目标,实现装备后的飞艇执行一次飞行任务,需要在平流层高度驻留 6 个月,甚至更长时间。飞艇长时间驻留在平流层环境中,部分设备在完成一次飞行后,可能需要维修或更换。在飞艇由平流层驻留状态返回地面时,需穿过对流层,降落至地面,并最终回到艇库内待命。受地势、低空气象条件突变等因素的影响,降落过程也存在一定的风险,这种风险主要表现在对飞艇结构和系统的不确定损坏,有些破坏甚至是致命和不可恢复的,如果飞艇系统能够重复使用,恢复后的飞艇系统必须满足各项指标的要求。

如果这种恢复费用超过新研制一艘飞艇系统的费用,就失去重复使用的意义。

2. 可重复使用评估

在可以预见的将来,大量部署平流层飞艇后,不仅用于和平时期的观测、侦察等,也可能用于突发情况的对地观测和侦察等,在这种情况下,飞艇的持续工作显得十分必要和必不可少。飞艇降落后,对其进行回收和恢复可能需要一定的时间,如果这个时间超过任务持续所能允许的最长时间,就使得重复使用失去意义。

针对平流层飞艇能够实现重复使用必须具备的 3 个必要条件,结合在回收或恢复过程中的难度,可将飞艇系统回收和恢复过程中的时间和费用折合成系统恢复成本,分为一、二、三、四共 4 个级别,其中一级对应飞艇系统低成本恢复,为最佳重复使用状态,是平流层飞艇研制的终极目标,二至四级的系统恢复成本依次增加,其中四级时,原则上已基本失去重复使用的价值,但需结合具体情况作出判断。针对系统回收和恢复过程中可能出现的情况,可重复使用级别如表 9-4 所列。

表 9-4 飞艇系统可重复使用级别分类表

恢复的内容	所需周期			
	短	中	长	超长
补充氦气,例行检修,低费用	一级	一级或二级	二级	不可能
部分维修或更换,中等费用	一级或二级	二级	三级	三级或四级
大面积维修或更换,高额费用	二级	三级	四级	失去重复使用价值
绝大多数设备或系统毁坏	不可能	四级	失去重复使用价值	

1) 一级:飞艇系统低成本恢复

飞艇能够安全、可靠地降落在发放场,或者发放场附近区域,并短时间内安全地将飞艇系统牵引至艇库内进行氦气补充和例行检修,这是最理想的情况,也是平流层飞艇研制过程中所追求的目标。在这个过程中所进行的主要操作，是补充因艇囊材料不可避免的渗漏掉的氦气以及对一些关键设备和部件的例行检修。这一过程可能只需要数小时，即能使飞艇系统恢复至能够重新使用的状态。

2）二级：飞艇系统中成本恢复

所谓中成本，是指系统恢复费用和时间成本适中，有3种可能，即低费用长时间、费用和时间适中、高费用短时间。

当飞艇安全降落，并安全回到艇库后，需对全系统进行全面的检查，勘查甄别一些小故障的生成原因，并进行恢复解决。在检修的过程中，甚至需要将艇囊内的氦气回收储存后进行气囊检测，等系统检修完成后再行充气恢复。如果飞艇因对落点预测出现偏差造成低空动力不足，使得飞艇降落于飞艇能够安全回收的区域之外，则飞艇落地后需进行能源补充，使其重新飞回发放场，或通过牵引设备将其牵引至艇库内。飞艇回收过程中出现以上这几种情况时，所需要的回收费用可能并不高，但需要较长时间才能将飞艇系统完全恢复。

如果飞艇部分设备或系统在驻空或降落过程中出现故障或损坏，则需要对相关设备进行修复或更换，这就不但需要一定的时间进行修复或更换，也需要一定的费用，但这种时间和费用适中。

如果飞艇在降落过程中，造成了设备或系统的不可修复的损坏，则若想恢复飞艇系统，需对损坏的设备或系统进行备用替换。在艇库内进行设备或系统的更换，可以在较短时间内完成，但会大大增加系统恢复费用。

3）三级：飞艇系统高成本恢复

所谓飞艇系统高成本恢复，是指为恢复系统，不但需要较长时间，也需要较高的费用。但系统恢复过程所需要的时间和费用，必须满足飞艇可重复使用的基本条件。

飞艇在降落过程中，如果造成了吊舱、艇囊等关键系统的损坏或毁坏，这就极大增加了回收难度和恢复费用。如果飞艇降落地点远离发放场，降落过程对飞艇系统可能造成毁坏，并且回收队伍无法在第一时间到达降落地点进行必要的处理，则落地后可能会造成二次损坏。当回收队伍到达现场，经过检查分析后，做出排氦气回收处理，则需要对全系统首先进行回收，并将设备运至飞艇库，检修后根据任务需要再进行系统集成。如果出现这种情况，飞艇系统要想恢复至能够满足任务需要的状态，无论恢复费用还是恢复周期，都将耗费巨大，甚至可能超过重新研制一艘飞艇系统的成本，从而使之失去重复使用的可能。

4) 四级:绝大多数设备或系统毁坏

如果飞艇在降落过程中遇到极端恶劣天气或其他不可预见的因素,使得飞艇在降落至地面后,绝大多数设备或系统毁坏,则已基本失去重复使用的价值。当飞艇系统的关键系统或组成并没有造成致命的毁坏,且在较短时间内能够修复时,如果当时任务部署能够接受系统恢复,则有必要对飞艇系统进行恢复。然而出现这种情况,飞艇系统恢复费用和周期不可避免的较前几种情况都高。

比如,飞艇在降落时,囊体破裂,氦气泄漏殆尽,吊舱结构毁坏严重,但舱内主要设备完好。要想对系统进行恢复,需要对艇囊进行修复,并重新加工吊舱,还要进行全系统联调和集成,经过一定周期的故障归零,系统仍能满足任务需要,并可执行新的任务。

9.3 发放回收配套设备

平流层飞艇在出库、发放和回收过程中,需要地面辅助设施约束和控制飞艇,以确保飞艇出库受到地面风作用时一直处于安全可控状态。

飞艇出库转运时是否成形、副气囊结构形式等方面的差异,使得转运发放所需要的配套设备也不尽相同,按照操作时间顺序,主要包括出库转运设备、发放设备和回收设备三部分。

9.3.1 出库转运设备

与对流层飞艇不同,平流层飞艇在地面系统净轻,使得飞艇在出库转运过程中需要有配套设备约束,使其能够抵抗出库后的地面风阻和飞艇净浮力。

美国 HALE – D 飞艇和日本 SPF 飞艇是两类平流层飞艇出库转运的典型代表,其转运设备如图 9 – 27 所示。

(a)美国HALE-D飞艇

(b)日本SPF飞艇

图 9 – 27　美国和日本飞艇转运设备

1. 转运平台

转运平台是飞艇发放时出库转运的关键设备,转运平台上一般布置有约束飞艇的拉绳、飞艇腹部的起落护垫和控制飞艇升降的绞盘。飞艇发放用转运平台车类似于火箭发射时所用的转运平台车,在发放大型飞艇时可以代替大量人力,转运平台车在到达指定发放地点后,可以快速解除约束,飞艇脱离转运平台升空。

转运平台车在国内外飞艇发放中已有应用实例,如在上文中提到的日本SPF-1飞艇[13],该飞艇利用V形转运平台车进行飞艇的出库转运、姿态调整和发放操作。该V形转运平台由前后两个V形平台车构成,二者之间由万向节组成的连接轴串联在一起,其自身不带驱动,需要匹配专门的牵引车辆用以带动飞艇和转运平台车进行出库转运。V形平台上铺设有缓冲软垫,用以保护艇体。平台两侧布置有发放绞盘,绞盘通过绳索与艇体拉袢相连,用以控制飞艇升降。平台末端布置有牵引塔,牵引塔通过平面法兰辐射拉绳与艇尾相连。

在实际发放中,先逐步释放前端V形平台绞盘拉绳,使飞艇达到设定的仰角;再依次解除前后两端V形平台上的绞盘约束;最后解除尾端牵引塔约束,完成发放。这种转运平台车的V形设计,可以抵消飞艇出库过程中遭遇部分侧风的影响,适用于飞艇的成形发放。

2. 转运牵引车辆

飞艇发放用的牵引车辆主要是提供飞艇出库转运过程中的驱动动力,牵引车辆主要部件包括艇上绑扎架、释放装置、转盘框架、绞盘和卡车五部分。其中,艇上绑扎架绑扎于艇体腹部,飞艇发放后,随艇体升空,其他部件在飞艇发放后留在地面。

一般牵引车辆位于飞艇的前腹部,通过框架与飞艇前腹部的拉袢绑扎在一起,绑扎架通过拉绳与固定在转盘上的绞盘相连,拉绳上布置有释放装置。转盘、绞盘和绑扎架均固定在卡车的货箱中。下面分别介绍牵引车上各部分的结构和功能。

(1) 转盘:主要由固定在车辆底盘上的回转轴承和车上平台构成,主要作用是使飞艇在受到侧向风的影响下,能随风转动。

(2) 绞盘:主要由容缆卷筒和驱动部分组成,主要作用是通过卷筒收放拉绳,使飞艇能够升高和降低,使其达到合适的发放角度。

(3) 绑扎架:一般由金属圆杆焊接而成,使用时与飞艇上的拉袢绑扎在一起,作用是提供飞艇的刚性连接结构。

3. 牵引塔

对于大型飞艇进行成形发放时,通过艇头的牵引塔进行约束和牵引是最为安全、可靠的转运和放飞方式。飞艇牵引塔的作用与飞机的牵引车类似,飞机牵引车是一种用于在机场地面牵引飞机移动的保障设备,飞机牵引车可以辅助飞机停在廊桥或停机位,也可以牵引飞机"倒车";有时为了减小飞机运行成本而关闭其发动机,也需要飞机牵引车来进行牵引,如图 9 – 28 所示。

图 9 – 28　飞机牵引车

飞艇的牵引塔功能与飞机牵引车的作用稍有不同,牵引塔的作用主要有两个:一是牵引转场,二是作为飞艇锚泊的约束点。当飞艇处于锚泊状态时,它可以使飞艇围绕锚泊约束点随风转动,以保持风阻最小状态,也就是艇头迎风。

利用牵引塔来牵引和约束飞艇的技术,在国外起步较早。例如,20 世纪 20 年代,德国制造的"兴登堡"号艇(D – LZ129 Hindenburg),该飞艇长 245m,最大直径为 41.18m,体积为 200000m^3,艇头有巨大的可移动锚泊塔,牵引飞艇移动,如图 9 – 29 所示,这与大型平流层飞艇成形出库转运过程中所需要的设施类似。

9.3.2　发放设备

发放设备主要用于飞艇约束解除,根据飞艇的结构形式,有单点约束解除和多点同时解除。约束解除后,飞艇离地,完成发放。图 9 – 30 所示为日本 SPF 飞艇尾部约束和发放机构。

飞艇发放用绞盘多配合转运平台或者牵引车辆使用,一般储缆量较大(50m^3),所以多配置有排缆机构、张力显示装置和绳长显示装置,同时在收放过程中,载荷实时、大幅度变化,最大值达初始载荷的 2 倍以上,最小值可能为零,所以要求绞盘具有恒转矩负载特性,且绞盘转速不随负载变化而发生变化。最后,为应对绞盘电机故障情况,一般还配备有手摇机构。

图 9-29 "兴登堡"号飞艇牵引塔

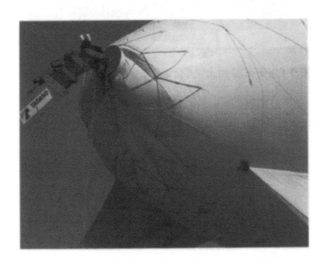

图 9-30 日本 SPF 飞艇尾部约束和发放机构

9.3.3 回收设备

平流层飞艇如果具备返回发放场的能力,就不需要特殊的回收设备,就目前的技术而言,还不具备返回发放场的能力。平流层飞艇完成试验降落到地面后,一般需要对飞艇及艇上结构进行现场处理和拆装回收。

飞艇在降落过程中可以控制大致落点,但最终落地的具体位置却由于气象条件、地形等众多因素而难以控制,而且为了防止造成人员财产损失,降落地点往往选择人烟稀少的偏僻地区,很有可能落到远离道路、地形复杂的地区,如山坡、沟壑甚至丛林地区。此时就需要回收人员利用回收设备对飞艇进行回收,主要包括越野车,或者具有一定吊装能力的越野车以及装载运输车等。图9-31所示为NASA高空气球吊舱回收车。

图9-31　NASA高空气球吊舱回收车

第 10 章

平流层飞艇仿真分析

10.1 气动分析

平流层飞艇涉及的气动问题主要有飞行器传统气动问题和平流层飞艇特有气动问题。飞行器传统气动问题主要有：①飞艇的阻力与减阻问题；②厚艇身带来的流动分离问题；③非薄平组件的非线性干扰问题；④附加惯性问题；⑤流固耦合问题；⑥低速飞艇的环境敏感性问题。平流层飞艇特有气动问题主要包括：①热、浮力与气动的强耦合问题；②发射/回收过程中的突风响应问题；③昼夜外形变化问题；④风切变干扰问题；⑤氦气流失/泄漏问题；⑥副气囊与主流干扰问题；⑦地面及大气边界层的影响[30]。

针对常规布局的平流层飞艇的气动问题，从研究方法上可分为理论分析、工程估算及计算流体动力学(CFD)仿真技术。目前对于飞艇传统气动问题的研究，已经形成了比较完整的理论及工程估算方法体系，即应用势流理论和边界层积分，加入适当的转捩模型的计算方法和根据试验数据或理论推导得到的工程快速估算方法，但在细节上仍有待提高，如阻力、转捩与流动分离的精确预测，组件之间气动干扰机理及其精确预测，流固耦合精确预测方法等。对于平流层飞艇新的气动问题，目前尚缺乏比较完整的体系，仅有相对少量的研究工作，主要通过数值与试验方法进行研究，即应用三维不可压雷诺平均模拟(RANS)方程，加入适当的湍流模型的计算方法及试验等，这种方法虽然计算量较大、计算时间较长，但能够比较精确地模拟绕流场，得到比较细致的流场信息，是流动机理研究和平流层飞艇气功特性计算的主要手段，主要应用于流热耦合、外形变化、风切变干扰问题等。

10.1.1 工程估算方法

以平流层飞艇最关心的问题之一即阻力系数最小化为例,飞艇的阻力对能源消耗具有很大的影响,精确预测阻力系数在飞艇设计过程中具有重要的意义。常用的预测方法包括快速工程估算、势流+附面层修正、计算流体力学、风洞试验。

工程估算方法具有速度和精度的合理折中,因此,在快速分析、动力学仿真等领域,普遍使用工程估算方法获得飞艇气动力。在飞艇气动力工程估算中,通常将飞艇分为艇身和尾翼两部分进行计算。针对细长体艇身,M. M. Mmuk 利用势流理论得到了在小迎角时飞艇势流气动力的计算方法,为飞艇气动分析奠定了基础[114]。然后,H. J. Allen 和 E. W. Perkins 考虑空气黏性作用,对势流理论进行了修正[115];尾翼按照 A. B. Wdadlraw 的方法,可以得到飞艇尾翼部分所受到的气动力[116]。Jones 和 Delaurier 考虑了当飞艇动态运动时的气动力计算方法,给出了有迎角飞行时三自由度(轴向力、法向力与俯仰力矩)的气动力估算[117]。为了描述飞艇在全状态下的气动力,Mueller 等将重心与惯性中心不重合的刚性飞艇的气动力计算公式拓展为六自由度的气动力估算,并添加了吊舱对气动力的影响,考虑了附加质量与惯性的影响[118]。国内的苗景刚等对其中若干处进行了修正[119]。王晓亮、单雪雄分别考虑艇身和尾翼所受的气动力,二者又分别计算无黏性流产生的线性气动力和有黏性流引起的非线性气动力,采用有限元与工程估算相结合的方法计算,并通过算例证明此方法的适用性[120]。在工程估算模块中,只需给定飞艇的几何外形参数、飞行高度、飞行速度等必备条件,就可快速求得飞艇所受气动力和气动力矩,实现整艇气动力的快速估算。

基于 Mueller 等六自由度气动力估算模型,苗景刚修正后的半经验模型如图 10-1 所示。其中坐标系、攻角、侧滑角以及舵机摆动角的定义遵从国标《飞行力学概念量和符号坐标轴系和运动状态变量》(GB/T 144101—1993),体坐标系 $OXYZ$ 定义为原点在飞艇的体心 C_B 而非质心,飞艇气动力和气动力矩在体坐标系内分量分别为 X、Y、Z 和 L、M、N。

其中

$$X = -Q_\infty \left[C_{X1} \cos^2\alpha \cos^2\beta + C_{X2} \sin(2\alpha) \sin\left(\frac{\alpha}{2}\right) \right] \quad (10-1)$$

$$Y = -Q_\infty \left[C_{Y1} \cos\left(\frac{\beta}{2}\right) \sin(2\beta) + C_{Y2} \sin(2\beta) + C_{Y3} \sin\beta \sin(|\beta|) - C_{Y4}(\delta_{RUDT} + \delta_{RUDB}) \right]$$
$$(10-2)$$

$$Z = -Q_\infty \left[C_{Z1}\cos\left(\frac{\alpha}{2}\right)\sin(2\alpha) + C_{Z2}\sin(2\alpha) + C_{Z3}\sin\alpha\sin(|\alpha|) + C_{Z4}(\delta_{\text{ELVL}} + \delta_{\text{ELVR}}) \right]$$
(10-3)

$$L = Q_\infty \left[C_{L1}(\delta_{\text{ELVL}} - \delta_{\text{ELVR}} + \delta_{\text{RUDT}} - \delta_{\text{RUDB}}) + C_{L2}\sin\beta\sin(|\beta|) \right] \quad (10-4)$$

$$M = -Q_\infty \left[C_{M1}\cos\left(\frac{\alpha}{2}\right)\sin(2\alpha) + C_{M2}\sin(2\alpha) + C_{M3}\sin\alpha\sin(|\alpha|) + C_{M4}(\delta_{\text{ELVL}} + \delta_{\text{ELVR}}) \right]$$
(10-5)

$$N = Q_\infty \left[C_{N1}\cos\left(\frac{\beta}{2}\right)\sin(2\beta) + C_{N2}\sin(2\beta) + C_{N3}\sin\beta\sin(|\beta|) - C_{N4}(\delta_{\text{RUDB}} + \delta_{\text{RUDT}}) \right]$$
(10-6)

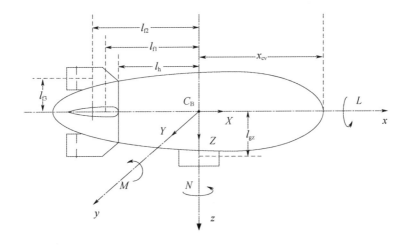

图 10-1　飞艇外形及气动力示意图

其他系数计算方法为

$$C_{X1} = C_{\text{Dh0}}S_\text{h} + C_{\text{Df0}}S_\text{f} + C_{\text{Dg0}}S_\text{g} \quad (10-7)$$

$$C_{X2} = (k_2 - k_1)\eta_k I_1 S_\text{h} \quad (10-8)$$

$$C_{Y1} = C_{X2} \quad (10-9)$$

$$C_{Y2} = \frac{1}{2}\left(\frac{\partial C_L}{\partial \alpha}\right)_\text{f} S_\text{f}\eta_\text{f} \quad (10-10)$$

$$C_{Y3} = C_{\text{Dch}}J_1 S_\text{h} + C_{\text{Dcf}}S_\text{f} + C_{\text{Dcg}}S_\text{g} \quad (10-11)$$

$$C_{Y4} = \frac{1}{2}\left(\frac{\partial C_L}{\partial \delta}\right)_\text{f} S_\text{f}\eta_\text{f} \quad (10-12)$$

$$C_{Z1} = C_{X2} \quad (10-13)$$

$$C_{Z2} = C_{Y2} \quad (10-14)$$

$$C_{Z3} = C_{\text{Dch}} J_1 S_h + C_{\text{Dcf}} S_f \quad (10-15)$$

$$C_{Z4} = C_{Y4} \quad (10-16)$$

$$C_{L1} = \left(\frac{\partial C_L}{\partial \delta}\right)_f S_f \eta_f l_{f3} \quad (10-17)$$

$$C_{L2} = C_{\text{Dcg}} S_g l_{gz} \quad (10-18)$$

$$C_{M1} = (k_2 - k_1) \eta_k I_3 S_h L \quad (10-19)$$

$$C_{M2} = \frac{1}{2}\left(\frac{\partial C_L}{\partial \alpha}\right)_f S_f \eta_f l_{f1} \quad (10-20)$$

$$C_{M3} = C_{\text{Dch}} J_2 S_h L + C_{\text{Dcf}} S_f l_{f2} \quad (10-21)$$

$$C_{M4} = \frac{1}{2}\left(\frac{\partial C_L}{\partial \delta}\right)_f S_f \eta_f l_{f1} \quad (10-22)$$

$$C_{Ni} = C_{Mi} \quad (10-23)$$

$$I_1 = \frac{1}{S_h} \int_{-a_1}^{l_h - a_1} \frac{\mathrm{d}A(x)}{\mathrm{d}x} \mathrm{d}x = \frac{\pi b^2}{S_h}(1 - f^2) \quad (10-24)$$

$$J_1 = \frac{1}{S_h} \int_{-a_1}^{l_h - a_1} 2r(x)\mathrm{d}x = \frac{b}{S_h}\left[\frac{\pi}{2}a_1 + a_2 f\sqrt{1-f^2} + a_2\arcsin f\right] \quad (10-25)$$

$$I_2 = \frac{1}{S_h L} \int_{-a_1}^{l_h - a_1} (x - x_{\text{cv}})\frac{\mathrm{d}A(x)}{\mathrm{d}x}\mathrm{d}x = -\frac{2\pi b^2}{3 S_h L}(a_1 + a_2 f^3) - x_{\text{cx}}\frac{I_1}{L} \quad (10-26)$$

$$J_2 = \frac{1}{S_h L} \int_{-a_1}^{l_h - a_1} 2r(x)(x - x_{\text{cv}})\mathrm{d}x = \frac{2b}{3 S_h L}[a_2^2 - a_1^2 - a_2^2(1-f^2)^{3/2}] - \frac{x_{\text{cv}}}{L}J_1$$

$$(10-27)$$

式中:$Q = \frac{1}{2}\rho v^2$;$x_{\text{cv}} = \frac{3}{8}(a_2 - a_1)$;$l_h$ 为鼻锥到尾翼前缘的距离。

式中各参数定义如表 10-1 所列。

表 10-1 参数定义

气动参数	含义	外形参数	含义
α	迎角	D	最大直径
β	侧滑角	L	总长度
δ_{EL}	左升降舵偏转角	L/D	长细比
δ_{ER}	右升降舵偏转角	∇	体积
δ_{RU}	方向舵偏转角	x_{cv}	体心至鼻锥轴向距离
$C_{Xi}(i=1,2)$	阻力气动系数	S_h	壳体气动力参考面积

续表

气动参数	含义	外形参数	含义
$C_{Yi}(i=1,2,3,4)$	侧力气动系数	S_f	尾翼参考面积
$C_{Zi}(i=1,2,3,4)$	升力气动系数	l_h	体心至尾翼前沿的 x 向距离
$C_{Li}(i=1,2)$	滚转气动系数	l_{f1}	体心至翼气动中心 x 向距离
$C_{Mi}(i=1,2)$	俯仰气动系数	l_{f2}	体心至翼几何中心 x 向距离
$C_{Ni}(i=1,2)$	偏航气动系数	l_{f3}	体心至翼气动中心 y、z 向距离
C_{Dh0}	艇体零阻力系数	k_1	纵向附加质量系数
C_{Df0}	尾翼零阻力系数	k_2	横向附加质量系数
C_{Dch}	艇体横流阻力系数	k_3	附加惯量系数
C_{Dcf}	尾翼横流阻力系数	I_1	$\frac{1}{S_h}\int_0^L \frac{\mathrm{d}A(x)}{\mathrm{d}x}\mathrm{d}x$，$A$ 为 x 处截面积，$L\equiv l_h$
$[\partial C_L/\partial\alpha]_f$	尾翼升力系数梯度	I_3	$\frac{1}{S_h\cdot L}\int_0^{l_h}(x-x_{cv})\frac{\mathrm{d}A(x)}{\mathrm{d}x}\mathrm{d}x$，$A$ 为 x 处截面积，$L\equiv l_h$
$[\partial C_L/\partial\delta]_f$	舵控制力系数梯度	J_1	r 为母线至轴线距离，$L\equiv l_h$
η_f	尾翼效率系数（受艇身影响）	J_2	$\frac{1}{S_h L}\int_0^{l_h}2(x-x_{cv})r(x)\mathrm{d}x$，$r$ 为母线至轴线距离，$L\equiv l_h$
η_k	艇身效率系数（受尾翼影响）		

飞艇的阻力包括艇身阻力、尾翼、吊舱等部件阻力及其相互干扰形成的阻力。各部件对飞艇的阻力均有贡献，其中艇身阻力占整艇阻力的 1/2～2/3。艇身的阻力主要来源于压差阻力和摩擦阻力两部分。传统飞艇的艇身常设计成阻力较低的细长椭球回转体外形。长细比 λ 是影响艇身阻力特性的重要几何参数，长细比越大，压差阻力越小；但是，长细比越大，在体积相同的条件下表面积越大，摩擦阻力就越大。

S. F. Hoerner 经过理论推导，得到了长细比与艇身阻力系数的关系式为[121]

$$\frac{C_{DV}}{C_F}=4\lambda^{1/3}+6\lambda^{-7/6}+24\lambda^{-8/3} \quad (10-28)$$

式中：C_{DV} 为阻力系数（基于艇身体积的 2/3 次方）；C_F 为基于艇身表面积的摩擦力系数。在湍流条件下，通过试验数据拟合得到其表达式为

$$C_F \approx 0.045 Re_L^{-1/6} \qquad (10-29)$$

式中:Re_L 为基于艇身长度的雷诺数。

当长细比取 4.65 时,艇身具有最小的阻力系数。因此在早期飞艇设计中,为使飞艇受到较小的阻力,长细比常取 4~6,阻力系数为 0.02~0.03。以上公式只适用于长细比以及艇身最大直径的位置在一定范围内的飞艇。

最佳艇身外形应以飞艇气动阻力最小为设计目标来确定,文献[122]表明,飞艇艇身厚度率 d/l 对其体积阻力系数 C_{DV} 有很大影响。

体积阻力系数可由下式定义,即

$$C_{DV} = \frac{0.172(l/d)^3 + 0.252(d/l)^{1.2} + 1.032(l/d)^{2.7}}{Re^{1/6}} \qquad (10-30)$$

$$C_D = \frac{C_{DV} S_{ref}}{S} \qquad (10-31)$$

式中:l 为飞艇艇身长度;d 为艇身横截面最大直径;Re 为长度雷诺数;$S_{ref} = V^{2/3}$ 为参考面积;S 为艇身总面积。

上述公式表明,艇身厚度率等于 0.22 时体积阻力系数最小。因此,飞艇艇身厚度率应选在 0.20~0.24。在相同体积和厚度率的情况下,艇身外形子午线形状会影响阻力。

10.1.2 计算流体力学方法

1. 流体基本方程

流体在运动时受质量守恒定律、动量守恒定律及能量守恒定律 3 个守恒定律的约束。

1) 质量守恒方程

连续方程的物理意义:在单位时间内,流体微元中质量的增加等于该时间间隔内流入流体微元的质量。质量守恒方程可表达为

$$\frac{\partial}{\partial t}\iiint_V \rho dV + \iint_s \rho \boldsymbol{V} \cdot d\boldsymbol{S} = 0 \qquad (10-32)$$

式中:标量 V 为流体微元体积;矢量 $\boldsymbol{V}$ 是流体微元流动速度。

应用矢量分析中的散度理论,方程式(10-32)可以简化为

$$\frac{\partial \rho}{\partial t} + \nabla \cdot (\rho \boldsymbol{V}) = 0 \qquad (10-33)$$

式(10-32)在笛卡儿坐标系下可表示为

$$\frac{\partial \rho}{\partial t} + \frac{\partial(\rho u)}{\partial x} + \frac{\partial(\rho v)}{\partial y} + \frac{\partial(\rho w)}{\partial z} = 0 \qquad (10-34)$$

2）动量守恒方程

动量守恒定律的物理意义:外界作用于该微元体上的外力总和即是流体微元中的流体动量随时间的变化率。其表达式为

$$\begin{cases} \dfrac{\partial(\rho u)}{\partial t} + \mathrm{div}(\rho u \boldsymbol{V}) = -\dfrac{\partial p}{\partial x} + \dfrac{\partial \tau_{xx}}{\partial x} + \dfrac{\partial \tau_{xy}}{\partial y} + \dfrac{\partial \tau_{zx}}{\partial z} + \rho f_x \\ \dfrac{\partial(\rho v)}{\partial t} + \mathrm{div}(\rho v \boldsymbol{V}) = -\dfrac{\partial p}{\partial y} + \dfrac{\partial \tau_{xy}}{\partial x} + \dfrac{\partial \tau_{yy}}{\partial y} + \dfrac{\partial \tau_{zy}}{\partial z} + \rho f_y \\ \dfrac{\partial(\rho w)}{\partial t} + \mathrm{div}(\rho w \boldsymbol{V}) = -\dfrac{\partial p}{\partial z} + \dfrac{\partial \tau_{xz}}{\partial x} + \dfrac{\partial \tau_{yz}}{\partial y} + \dfrac{\partial \tau_{zz}}{\partial z} + \rho f_z \end{cases} \qquad (10-35)$$

式中:ρf_x、ρf_y、ρf_z 表征外界作用于流体微元上的体力;τ_{xx}、τ_{xy}、τ_{zx} 等表征由于分子黏性作用而产生的、作用于流体微元表面上的黏性应力 τ 的分量;p 为流体微元体所受到的压力。基于动量守恒定律建立的动量守恒方程,对于任何类型的流体均成立。

针对牛顿流体黏性应力 τ 与流体应变率成比例的特点,表达式为

$$\tau_{xx} = 2\mu \frac{\partial u}{\partial x} + \lambda \mathrm{div}(\boldsymbol{V}) \qquad (10-36)$$

$$\tau_{yy} = 2\mu \frac{\partial v}{\partial y} + \lambda \mathrm{div}(\boldsymbol{V}) \qquad (10-37)$$

$$\tau_{zz} = 2\mu \frac{\partial w}{\partial z} + \lambda \mathrm{div}(\boldsymbol{V}) \qquad (10-38)$$

$$\tau_{xy} = \tau_{yx} = \mu \left(\frac{\partial u}{\partial y} + \frac{\partial v}{\partial x} \right) \qquad (10-39)$$

$$\tau_{xz} = \tau_{zx} = \mu \left(\frac{\partial u}{\partial z} + \frac{\partial w}{\partial x} \right) \qquad (10-40)$$

$$\tau_{yz} = \tau_{zy} = \mu \left(\frac{\partial v}{\partial z} + \frac{\partial w}{\partial y} \right) \qquad (10-41)$$

式中:μ 为动力黏度;λ 为第二黏度,通常可取 $\lambda = -2/3\mu$,则动量方程可表述为

$$\begin{cases} \dfrac{\partial(\rho u)}{\partial t} + \mathrm{div}(\rho u \boldsymbol{V}) = \mathrm{div}(\mu \cdot \mathrm{grad} u) - \dfrac{\partial p}{\partial x} + S_u \\ \dfrac{\partial(\rho v)}{\partial t} + \mathrm{div}(\rho v \boldsymbol{V}) = \mathrm{div}(\mu \cdot \mathrm{grad} v) - \dfrac{\partial p}{\partial y} + S_v \\ \dfrac{\partial(\rho w)}{\partial t} + \mathrm{div}(\rho w \boldsymbol{V}) = \mathrm{div}(\mu \cdot \mathrm{grad} w) - \dfrac{\partial p}{\partial z} + S_w \end{cases} \qquad (10-42)$$

式中:S_u、S_v、S_w 为动量守恒方程的广义源项。

3) 能量守恒方程

能量守恒定律的物理意义:流体微元中能量的增加率与进入该流体微元体的净热量和体力与面力对流体微元所做的功之和相等,即在一个封闭或者孤立的系统中,其总能量保持不变。在守恒定律的物理描述中,总能量是包括静止能量、动能、势能三者在内的能量总值。

流体的总能量指的是整个流场的机械能、热能及除热能以外的任何形式的内能的总和,对总能量 E 建立以下的能量守恒方程,即

$$\rho \frac{dE}{dt} = \rho \dot{q} + \rho f \cdot u + \frac{\partial}{\partial x}(\sigma_x u + \tau_{xy} v + \tau_{xz} w) + \frac{\partial}{\partial y}(\tau_{xy} u + \sigma_y v + \tau_{yz} w) \\ + \frac{\partial}{\partial z}(\tau_{zx} u + \tau_{zy} v + \sigma_z w) + \nabla \cdot (k \nabla T) \tag{10-43}$$

式中:$\rho \frac{dE}{dt}$ 为流体微元的总能量变化;$\rho \dot{q}$ 为其他方式的能量输入;$\rho f \cdot u$ 为质量力对流体微元做的功;$\frac{\partial}{\partial x}(\sigma_x u + \tau_{xy} v + \tau_{xz} w) + \frac{\partial}{\partial y}(\tau_{xy} u + \sigma_y v + \tau_{yz} w) + \frac{\partial}{\partial z}(\tau_{zx} u + \tau_{zy} v + \sigma_z w)$ 为外界作用于流体微元的面力对流体微元做的功;$\nabla \cdot (k \nabla T)$ 表征在热传导作用下,外界对流体微元输入的能量。

2. 湍流的计算方法

自然界的气体流动存在两大基本形态,分别是层流和湍流。平流层飞艇平飞时雷诺数通常大于 10^6,飞艇艇体绕流将出现层流向湍流转捩,对湍流的数值模拟是飞艇绕流计算的一个关键问题。

常用的计算湍流的方法有直接数值模拟方法(DNS)、大涡模拟法(LES)和雷诺时均纳维 – 斯托克斯方程法(RANS),其中对于平流层飞艇常规的气动问题一般采用雷诺时均纳维 – 斯托克斯方程法。

目前,对平流层飞艇外部绕流的数值模拟多采用求解三维不可压雷诺时均纳维 – 斯托克斯方程。这种方法能够比较精确地模拟绕流场,得到比较全面的流场信息,是研究流动机理和平流层飞艇气动特性计算的主要手段。

3. 计算流体动力学软件与分析流程

计算流体动力学方法的基本理论和数值算法已较为成熟,已经形成了一套较为规范的数值分析流程,开发了较为成熟的商业计算流体力学软件[123]。

一款成熟的计算流体动力学分析软件通常可以提供计算分析流程中主要的三大要素,即前处理、求解器及后处理。

计算流体动力学分析软件分析流程如图10-2所示。

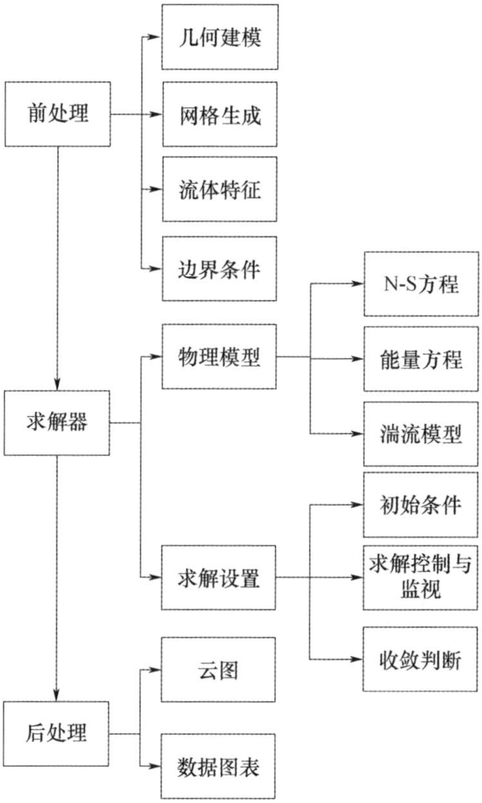

图 10-2 计算流体动力学分析软件分析流程

1)前处理

计算流体动力学的前处理,主要分为几何建模、网格划分、流体特性选择以及设定边界条件4个步骤。

在实施分析计算前,首选需要定义和构建流动区域(计算流体动力学计算域)。创建几何模型是进行计算流体模拟分析的基础,建立良好的几何模型既可以准确地反映所研究的物理对象,又能方便地进行下一步网格划分工作。流动区域几何建模通常可采用UG、CAD(含Inventor)、CATIA等三维建模软件。

在完成计算区域几何建模后,第二步就是要生成计算网格。计算流体动力学的核心思想就是将连续的物理方程模型,在空间和时间上进行离散化,通过数值迭代计算得到满足精度要求的"近似解"。网格划分能力的高低是决定工作效率的主要因素之一,特别是对于复杂的计算流体动力学问题,网格生成极为耗时,且极易出错,网格质量直接影响计算流体动力学的精度和速度,因此有必要对网格生成方式给予足够的关注。

ANSYS 旗下的 ICEM/CFD 软件是一种专业的 CAE 前处理软件,拥有强大的几何模型修复编辑能力,其特有的网格设计技术、网格编辑技术还可支持不同类型求解器。ICEM/CFD 的前处理器主要涵盖 4 个工作模块,即几何建模处理(编辑和修复)、网格生成、网格改善优化及网格输出。不同的工作模块根据不同功能需要又划分了几个独立区域,相互之间可进行密切联合,以便于用户使用。此外,同类型的还有 PointWise、TGrid 等。

在建立数学模型中非常关键的一步便是正确设定所研究物质的物性参数。需要设定的物质参数一般包括密度和(或)分子量、黏度、比热容、热传导系数等。很多计算流体动力学软件中都提供了丰富的物性参数,可以直接调用,但是对于特殊情况,需要修改材料的物性参数以获得更为准确的仿真结果。

边界条件就是流场变量在计算边界上应该满足的数学物理条件。边界条件与初始条件一起并称为定解条件,只有在边界条件和初始条件确定后,流场的解才存在,并且是唯一的。边界条件大致分为下列几类:流体进出口条件,包括压强入口、速度入口、质量入口、吸气风扇、入口通风、压强出口、压强远场、出口流动、出口通风和排气风扇等条件;壁面条件,包括固壁条件、对称轴(面)条件和周期性边界条件;内部单元分区,包括流体分区和固体分区;内面边界条件,包括风扇、散热器、多孔介质阶跃和其他内部壁面边界条件。内面边界条件在单元边界面上设定,因而这些面没有厚度,只是对风扇、多孔介质膜等内部边界上流场变量发生阶跃的模型化处理。

2) 求解方程

在计算流体动力学建模过程中,需要根据计算问题选择适当的物理模型,物理模型包括湍流模型、多相流模型、辐射模型、组分输运和反应模型、噪声模型等,主要介绍与飞艇气动相关的模型湍流和多相流模型,其他暂不赘述。

在开始计算之前,必须为流场设定一个初始值。设定初始值的过程称为"初始化"。如果把每步迭代得到的流场解按次序排列成一个数列,则初始值就是这个数列中的第一个数,而达到收敛条件的解则是最后一个数。显然,如果初始值比较靠近最后的收敛解,则会加快计算过程;反之则会增加迭代步数,使计算过程加长,更严重的是,如果初始值设置不好,有可能得不到收敛解。

在完成网格、物理型、材料和边界条件的设定后,原则上就可以开始计算求解了,但为了更好地控制计算过程,提高计算精度,需要在求解器中进行相应的设置。设置的内容主要包括选择离散格式、设置松弛因子等。

在进行仿真时监测求解过程,以确定是否得到了收敛的解,该解是一个迭代收敛解。在计算过程中可以动态监视残差、统计数据、受力值、面积分和体积分等与计算相关的信息。在每个迭代步结束时,都会对计算守恒变量的残差进行计算,计算结果可以显示在窗口中,并保存在数据文件中,以便随时观察计算的收敛史。从理论上讲,在收敛过程中残差应该无限减小,其极限为0,但在实际计算中,单精度计算的残差最大可以减小6个量级,而双精度的残差最大可以减小12个量级。

3)后处理

后处理是从流场中提取出想获得的流场特性(如推力、升力、阻力等),将求解得到的流场特性与理论分析、计算或者试验研究得到的结果进行比较,验证计算结果的可靠性。后处理可以生成点、点样本、直线、平面、体、等值面等位置,显示云图、矢量图,也可使用动画功能制作动画短片等。常用的后处理软件如Fluent、CFX等可以直接输出,也可使用Tecplot等软件。

10.1.3 工程案例

飞艇的阻力对能源消耗具有很大的影响,精确预测阻力系数在飞艇设计过程中具有重要的意义。本节以某型平流层飞艇不同尾翼布局的气动性能为例[124],介绍平流层飞艇常规气动分析方法及过程。

1. 物理模型与网格

该型飞艇采用Skyship飞艇的外形,艇体接近双椭球,长细比为3.88,尾翼布局分别为倒Y形、十字形及X形。不同尾翼布局的构型如图10-3至图10-5所示。

其中坐标系$Oxyz$为与飞艇固连的坐标系,点O在艇首顶点,Ox轴为飞艇的纵轴,指向飞艇的尾部,Oy轴在飞艇的纵对称面内,垂直向上,$Oxyz$轴构成右手笛卡儿坐标系。

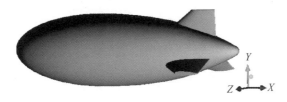

图10-3 倒Y形尾翼构型(见彩图)

图 10-4　十字形尾翼构型(见彩图)

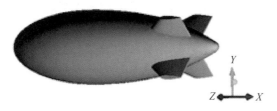

图 10-5　X 形尾翼构型(见彩图)

使用 ICEM 软件划分网格,计算域四周边界距飞艇表面前、上下及两侧的距离均为 10 倍的艇长,后方为 15 倍艇长。为了更好地模拟边界层流动,在近壁区采用贴体 O 形结构网格,边界层上布置 15~20 层网格,壁面第一层网格满足 $y+ =0.2$~1.5,网格总数为 200 万左右,3 种尾翼布局的飞艇的网格分别如图 10-6 至图 10-8 所示。

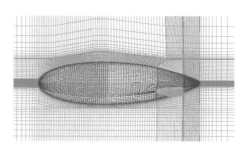

图 10-6　倒 Y 形尾翼飞艇周围网格(见彩图)

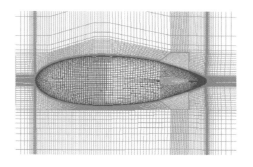

图 10-7　十字形尾翼飞艇周围网格(见彩图)

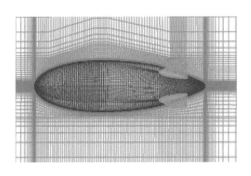

图 10-8 X 形尾翼飞艇周围网格(见彩图)

飞艇绕流属于低速不可压流动,选择 Fluent 软件求解不可压缩流动的雷诺平均纳维-斯托克斯方程和 SST K-W 湍流模型,由于网格纵横比较大,使用双精度求解器,方程的离散采用有限体积法,所有求解方程的对流项采用 2 阶迎风格式离散,扩散项采用中心差分格式离散,压力和速度耦合采用 Simple 算法。飞艇表面满足无滑移边界条件,来流上游、两侧和上下方远离壁面表面的区域设为速度入口条件,气流下游区域表面设为压力出口条件。

2. 数值验证

为验证数值方法的正确性,选用 Lotte 十字形尾翼艇计算结果与其在中速风洞试验结果进行比较。Lotte 飞艇长 16m,体积为 109m³,长细比为 4∶1;试验模型为 1∶20 的缩比模型,试验风速 $v = 24m/s$,参考长度为艇体体积的 1/3,基于参考长度的试验雷诺数 $Re = 3.9 \times 10^5$。

Lotte 艇体构型和艇体数值计算网格分布如图 10-9 和图 10-10 所示,采用结构网格,总数为 200 万。

Lotte 艇体升阻力系数、对体心的俯仰力矩系数与试验数据的对比,如图 10-11 至图 10-13 所示,其中 cal 为数值计算结果,exp 为试验数据结果,低头力矩为正。

图 10-13 中数据表明,数值计算与试验的气动力系数吻合良好,通过此数值验证和数据对比,证明采用的计算方法适用于带尾翼飞艇的气动计算。

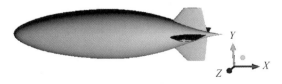

图 10-9 Lotte 艇带尾翼计算模型(见彩图)

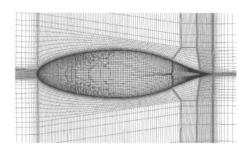

图 10-10　Lotte 艇体与尾翼周围及对称面网格（见彩图）

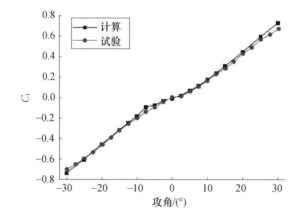

图 10-11　Lotte 十字形尾翼艇计算与试验升力系数（见彩图）

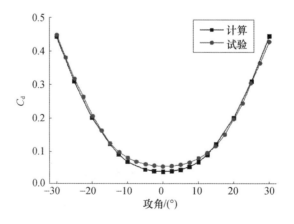

图 10-12　Lotte 十字形尾翼艇计算与试验阻力系数（见彩图）

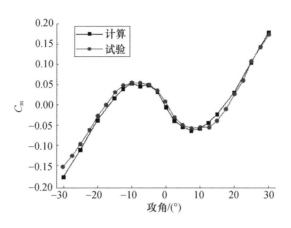

图 10-13　Lotte 十字形尾翼艇计算与试验俯仰力矩系数(见彩图)

3. 结果与讨论

采用经过验证的数值方法对 3 种尾翼布局的飞艇进行数值模拟,飞行高度为 20km,来流速度为 15m/s,参考长度为体积 1/3,基于参考长度的雷诺数为 2.43×10^6。

3 种尾翼布局的纵向气动力系数分别如图 10-14 至图 10-17 所示[124]。

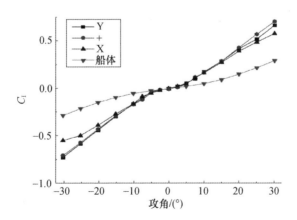

图 10-14　3 种尾翼飞艇与裸艇体的升力系数(见彩图)

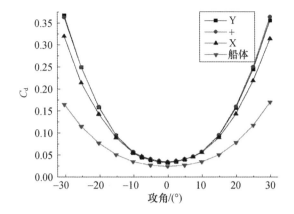

图 10-15　3 种尾翼飞艇与裸艇体的阻力系数(见彩图)

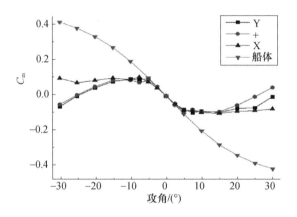

图 10-16　3 种尾翼飞艇与裸艇体的俯仰力矩系数(见彩图)

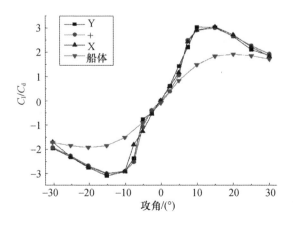

图 10-17　3 种尾翼飞艇与裸艇体的升阻比(见彩图)

尾翼和艇体产生对升阻力及俯仰力矩的贡献分别如图 10-18 至图 10-20 所示。

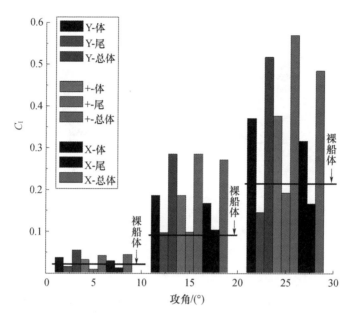

图 10-18 不同尾翼布局中部件对升力系数的影响(见彩图)

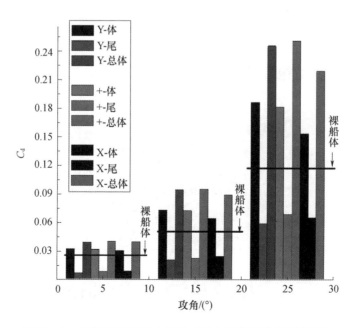

图 10-19 不同尾翼布局中部件对阻力系数的影响(见彩图)

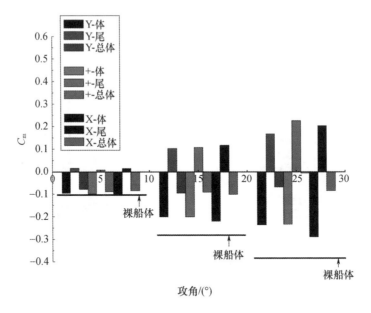

图 10-20　不同尾翼布局中部件对俯仰力矩系数影响(见彩图)

3 种尾翼布局飞艇在迎角 15°时表面极限流线分布的俯视图如图 10-21 至图 10-23 所示。

数据显示,倒 Y 形、X 形的侧尾翼及十字形的水平尾翼的吸力面都有明显的三维流动,极限流线部分朝着与自由流线交叉的方向,在翼尖部分发生侧缘分离,倒 Y 形的交叉流面积较小,主要集中在翼根靠近后缘的部分,而十字形和 X 形从翼根中段即出现交叉流动。

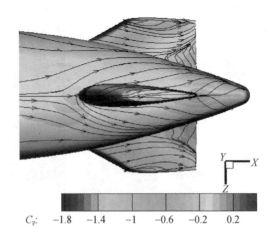

图 10-21　倒 Y 形尾翼飞艇表面极限流线($\alpha = 15°$)(见彩图)

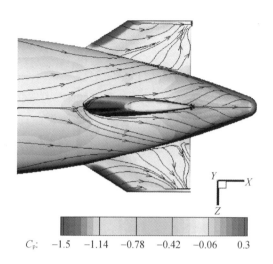

图 10-22　十字形尾翼艇表面极限流线（$\alpha = 15°$）（见彩图）

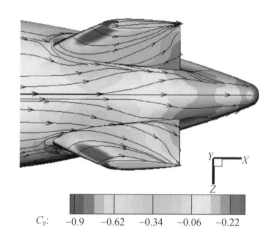

图 10-23　X 形尾翼艇表面极限流线（$\alpha = 15°$）（见彩图）

10.2　热特性分析

平流层飞艇依靠内部填充浮升气体（通常为氦气或者氢气）获得浮升力，以实现升空和驻留飞行，其热特性对飞行性能和飞行安全有重要影响。飞艇内部浮升气体受热膨胀将改变飞艇浮升力，影响飞艇飞行性能。浮升气体受热膨胀将导致内部压力增大，飞艇囊体温度分布不均将导致局部热应力集中，威胁飞艇囊体结构安全。因此，在飞艇设计过程中，必须分析研究飞艇的热特性。

10.2.1 平流层热环境

平流层飞艇的热特性受热环境的直接影响,飞艇的热环境主要包括辐射热环境和对流热环境。辐射热环境包括太阳直接辐射、大气散射太阳直接辐射、地球表面反射太阳直接辐射、大气红外辐射以及地球表面红外辐射。对流换热环境包括飞艇囊体与外部大气的混合对流换热,飞艇囊体与内部氦气的自然对流换热[125],如图10-24所示。

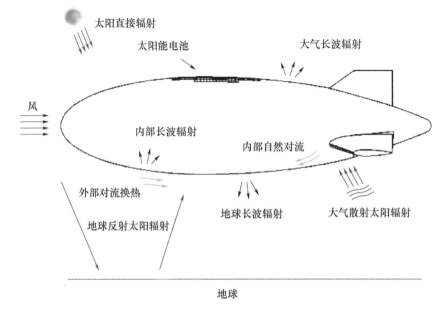

图 10-24 平流层飞艇热环境(见彩图)

1. 辐射热环境

太阳直接辐射在飞艇高度处的强度 q_D 是太阳辐射在大气层上界强度 I_0 与大气穿透系数 τ_{Atm} 的乘积,其中 I_0 和 τ_{Atm} 的计算参考文献[125]。

$$q_D = I_0 \tau_{Atm} \tag{10-44}$$

大气散射太阳直接辐射在飞艇高度处的强度 q_{Atm} 计算公式为

$$q_{Atm} = k \cdot q_D \tag{10-45}$$

地球表面反射太阳直接辐射在飞艇高度处的强度 q_{Albedo} 由地球表面反射系数 r_{Albedo}、地表长波辐射衰减系数 τ_{IR_g}、太阳直接辐射抵达地面的强度 I_{ground} 决定,即

$$q_{\text{Albedo}} = r_{\text{Albedo}} \tau_{\text{IR\_g}} I_{\text{ground}} \qquad (10-46)$$

大气长波辐射在飞艇高度处的强度 $q_{\text{IR\_Atm}}$ 由斯忒藩-波尔兹曼常数 σ 和大气温度 T_{Atm} 决定,即

$$q_{\text{IR\_Atm}} = \sigma T_{\text{Atm}}^4 \qquad (10-47)$$

地球表面长波辐射在飞艇高度处的强度 $q_{\text{IR\_Ear}}$ 计算公式为

$$q_{\text{IR\_Ear}} = \tau_{\text{IR\_g}} \varepsilon_{\text{ground}} \sigma T_{\text{ground}}^4 \qquad (10-48)$$

2. 对流热环境

飞艇囊体与外部大气对流换热,如果空速不为零,将是强迫对流换热;如果空速为零,将是自然对流换热。飞艇囊体与内部氦气对流换热是自然对流换热[126]。

1) 外部对流换热

外部混合对流换热系数计算公式为

$$h_{\text{Em}} = \frac{\lambda_{\text{Atm}}}{L} \cdot Nu_{\text{Em}} \qquad (10-49)$$

式中: Nu_{Em} 为外部混合对流换热鲁塞尔数,即

$$Nu_{\text{Em}} = \begin{cases} Nu_{\text{Ef}}, \dfrac{Gr}{Re^2} \leq 0.1 \\ (Nu_{\text{Ef}}^3 + Nu_{\text{En}}^3)^{1/3}, 0.1 \leq \dfrac{Gr}{Re^2} \leq 10 \\ Nu_{\text{En}}, \dfrac{Gr}{Re^2} \geq 10 \end{cases} \qquad (10-50)$$

其中,外部强迫对流换热鲁塞尔数 Nu_{Ef} 计算公式为

$$Nu_{\text{Ef}} = \begin{cases} 0.664 Re^{0.5} \cdot Pr_{\text{Atm}}^{1/3}, Re \leq 5 \times 10^5 \\ (0.037 Re^{0.8} - 871) \cdot Pr_{\text{Atm}}^{1/3}, 5 \times 10^5 \leq Re \leq 10^7 \\ (1.963 Re \cdot (\ln Re)^{-2.584} - 871) \cdot Pr_{\text{Atm}}^{1/3}, Re \geq 10^7 \end{cases} \qquad (10-51)$$

其中,雷诺数 Re 计算公式为

$$Re = \frac{u \rho_{\text{Atm}} L}{\mu_{\text{Atm}}} \qquad (10-52)$$

外部自然对流换热鲁塞尔数 Nu_{En} 计算公式为

$$Nu_{\text{En}} = \left(0.6 + 0.387 \left(\frac{Ra}{\left(1 + \left(\frac{0.559}{Pr_{\text{Atm}}}\right)^{9/16}\right)^{16/9}}\right)^{1/6}\right)^2, \quad 10^5 \leq Ra \leq 10^{12} \qquad (10-53)$$

其中,外部自然对流换热雷利数 Ra 计算公式为

$$Ra = Gr \cdot Pr = \frac{g \cdot \beta_{Atm} \cdot |T_{Atm} - T_{En}| \cdot L^3}{\nu_{Atm}^2} \cdot Pr_{Atm} \qquad (10-54)$$

2) 内部对流换热

内部自然对流换热系数计算公式为

$$h_{In} = \frac{\lambda_{He}}{L} Nu_{In} \qquad (10-55)$$

式中：Nu_{In} 为内部自然对流换热鲁塞尔数，即

$$Nu_{In} = \begin{cases} 2.5 \cdot (2 + 0.6 Ra^{0.25}), & Ra \leq 1.5 \times 10^8 \\ 0.325 \cdot Ra^{0.33}, & Ra \geq 1.5 \times 10^8 \end{cases} \qquad (10-56)$$

其中，内部自然对流换热雷利数（Ra）计算公式为

$$Ra = Gr \cdot Pr_{He} = \frac{g \cdot \beta_{He} \cdot |T_{He} - T_{En}| \cdot L^3}{\nu_{He}^2} \cdot Pr_{He} \qquad (10-57)$$

10.2.2 艇体热特性分析

平流层飞艇热特性分析，涉及传热学、工程热物理、计算流体力学等多种学科。根据平流层飞艇与热环境的换热过程，建立平流层飞艇与热环境换热的分析模型，通常有计算流体力学方法和集总参数法，计算流体力学方法参照气动分析技术一节，本小节重点介绍集总参数法。

1. 集总参数法

当物体内部导热热阻远小于其表面换热热阻时，任何时刻物体内部温度都趋于一致，以至可以认为整个物体在同一瞬间均处于同一温度下。这时需求解的温度仅仅是时间的一元函数，而与空间坐标无关，就像该物体原来连续分布的质量和热容量汇总到一点上，而只有一个温度值那样。这种忽略物体内部导热热阻，将物体质量和热容量汇总到一点的简化分析方法，称为集总参数法（Lumped Parameter Method）[126]。

以带太阳能电池平流层飞艇为例，利用集总参数法分析飞艇热特性。根据飞艇各部分材料特性及换热特性，将飞艇划分为太阳能电池、上部分囊体、下部分囊体、氦气等节点，节点之间的换热关系如图 10-25 所示[125]。

建立飞艇太阳能电池热特性分析模型，其温度变化率可由热力学第一定律导出，即

$$m_{PV} \cdot c_{PV} \cdot \frac{dT_{PV}}{dt} = Q_{PV} \qquad (10-58)$$

式中：T_{PV} 为太阳能电池温度；m_{PV} 为太阳能电池质量；c_{PV} 为太阳能电池比热容；Q_{PV} 为太阳能电池换热总量。其详细计算可参见文献[125]。

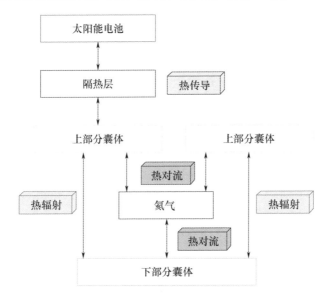

图 10 – 25　平流层飞艇各节点换热关系（见彩图）

对飞艇囊体建立热特性分析模型，其温度变化率可由热力学第一定律导出，即

$$m_{En} \cdot c_{En} \cdot \frac{dT_{En}}{dt} = Q_{En} \qquad (10-59)$$

式中：T_{En} 为飞艇囊体温度；m_{En} 为飞艇囊体质量；c_{En} 为飞艇囊体比热容；Q_{En} 为飞艇囊体换热总量。其详细计算可参见文献[13]。

飞艇在平飞状态下内部充满氦气，考虑在紧急状态下排氦气影响，内部氦气温度变化率可由热力学第一定律导出，即

$$m_{He} \cdot c_{p,He} \frac{dT_{He}}{dt} = Q_{He} + \frac{R \cdot T_{He}}{m_{He}} \frac{dm_{He}}{dt} - p_{He} \frac{dp_{He}}{dt} + c_{v,He} T_{He} \frac{dm_{He}}{dt} \qquad (10-60)$$

式中：T_{He} 为氦气温度；m_{He} 为氦气质量；$c_{p,He}$ 为氦气比热容；p_{He} 为氦气压力。其详细计算可参见文献[126]。

集总参数法的优点在于能够快速地计算飞艇的温度特性数据。

利用集总参数法实施平流层飞艇艇体热特性仿真，主要步骤包括偏微分项的方程离散、编制程序和实施仿真计算。

将其热特性方程写成以下矢量形式，即

$$y' = f(t, y) \tag{10-61}$$

式中：$y = (T_{PV}\ T_{En}\ T_{He}\ P_{He})^T$；$f = (f_{PV}\ f_{En}\ f_{He}\ f_{He})^T$。

如果函数 y 具有连续的 $n+1$ 阶导数，则函数 y 的泰勒级数展开式为

$$y_{i+1} = y_i + \Delta t \left(\frac{\mathrm{d}y}{\mathrm{d}t}\right)_i + \cdots + \frac{\Delta t^n}{n!}\left(\frac{\mathrm{d}^n y}{\mathrm{d}t^n}\right)_i + o(\Delta t^{n+1}) \tag{10-62}$$

式中：Δt 为时间步长；下标 i 表示当前时间节点；下标 $i+1$ 表示下一个时间节点。将方程式(10-62)转换成以下形式，即

$$\begin{aligned} y_{i+1} &= y_i + \Delta t\left(\sum_{j=1}^n \frac{1}{j!}\Delta t^{j-1}\frac{\mathrm{d}^{j-1}}{\mathrm{d}t^{j-1}}\right)f(t_i, y_i) + o(\Delta t^{n+1}) \\ &= y_i + \Delta t \varphi(t_i, y_i, \Delta t) + o(\Delta t^{n+1}) \end{aligned} \tag{10-63}$$

采用标准 4 阶龙格-库塔方法离散方程式(10-63)，可得

$$\begin{cases} y_{i+1} = y_i + \dfrac{\Delta t}{6}(k_1 + 2k_2 + 2k_3 + k_4) \\ k_1 = f(t_i, y_i) \\ k_2 = f\left(t_i + \dfrac{\Delta t}{2}, y_i + \dfrac{\Delta t}{2}k_1\right) \\ k_3 = f\left(t_i + \dfrac{\Delta t}{2}, y_i + \dfrac{\Delta t}{2}k_2\right) \\ k_4 = f(t_i + \Delta t, y_i + \Delta t\, k_3) \end{cases} \tag{10-64}$$

基于以上离散方程，编写仿真计算程序，计算某型平流层飞艇飞行过程的热特性。

平流层飞艇上部分中间区域铺设有太阳能电池，在太阳能电池与囊体之间安装了隔热层。平流层飞艇设计参数如表 10-2 所列。

表 10-2 飞艇设计参数

参数	数值
体积/m³	7000
长度/m	60
最大直径/m	14
表面积/m²	2400
太阳能电池表面积/m²	120
驻留高度/km	20
飞行经纬度	40°N、116°E
飞行日期	2014 年 6 月 21 日

飞艇材料热特性参数如表10-3所列。

表10-3 飞艇材料热特性参数

参数	数值
太阳能电池吸收率	0.9
太阳能电池发射率	0.9
太阳能电池比热容/(J/(kg·K))	687
太阳能电池面密度/(kg/m^2)	0.46
隔热层热导率/(W/(m·K))	0.02
隔热层厚度/m	0.002
飞艇囊体吸收率	0.20
飞艇囊体发射率	0.88
飞艇囊体比热容/(J/(kg·K))	2000
飞艇囊体面密度/(kg/m^2)	0.13

计算飞艇空速为0时,飞艇各部分温度24h变化曲线如图10-26所示。

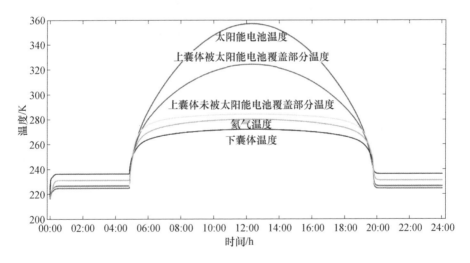

图10-26 平流层飞艇各节点平均温度数据(见彩图)

在夜间时间段,飞艇5个部分温度较低且保持恒定,温度在224.7~236.7K,由于飞艇上部分向空间辐射热量,而下部分接受地球表面温度,因此,飞艇下部分的温度比上部分的温度高。

在白天时间段,飞艇温度在日出时迅速上升并于12:15到达顶峰,之后逐渐减小及至夜间达到恒定该状态。在12:15时刻,太阳能电池平均温度达到

356.9 K,上部分囊体被太阳能电池覆盖部分温度达到 324.3 K,由于隔热层的作用,两者之间温差为 32.6 K。上部分囊体未被太阳能电池覆盖部分温度达到 284.3 K,下部分囊体平均温度为 284.3 K,氦气平均温度为 280.2 K。

2. 计算流体力学方法

利用计算流体力学方法实施飞艇艇体热特性仿真[127]。首先,建立反映平流层飞艇飞行过程中传热 – 传质过程的数学模型,包括建立偏微分方程,确定热边界条件、流动边界条件;其次,根据飞艇几何构型建立飞艇热特性计算三维模型,使用网格划分软件划分结构化网格,为了更好地模拟飞艇内部近壁面对流换热,在近壁面区域加密网格,将计算网格导入计算力学软件,设置求解器,加载初始条件,利用自定义函数加载热边界条件;最后,实施仿真计算和显示计算结果。

以某型飞艇热特性分析作为示例[128],该飞艇设计参数如表 10 – 4 所列,飞艇材料热物性参数如表 10 – 5 所列。

表 10 – 4 某型飞艇设计参数

参数	数值
长度/m	180
体积/m³	189000
最大直径/m	42
表面积/m²	21600
太阳能电池面积/m²	1080
太阳能电池效率/%	10
巡航高度/km	20
飞行经纬度	40°N、116°E
飞行时间	6 月 21 日

表 10 – 5 飞艇材料热特性参数

参数	数值
太阳能电池吸收率	0.90
太阳能电池发射率	0.90
囊体材料吸收率	0.20
囊体材料发射率	0.80
隔热材料热导率/(W/(m·K))	0.02

划分飞艇热特性计算网格如图 10-27 所示。

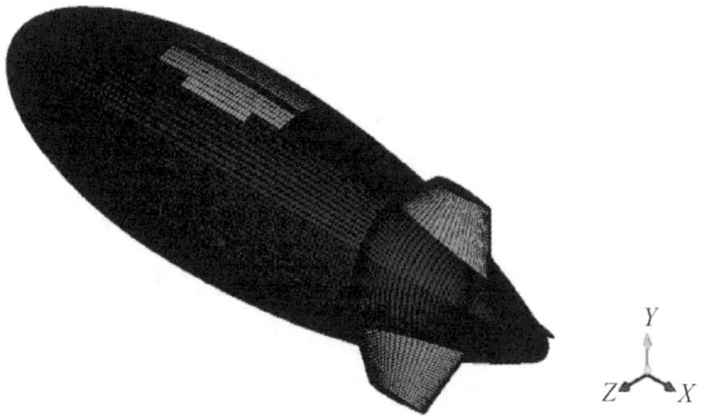

图 10-27 平流层飞艇热特性计算网格(见彩图)

计算该飞艇在 12:00 时刻表面温度分布,如图 10-28 所示。

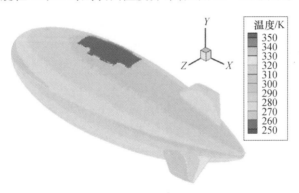

图 10-28 平流层飞艇表面温度分布(见彩图)

计算该飞艇在 12:00 时刻内部纵截面温度场和流场分布,如图 10-29 所示。

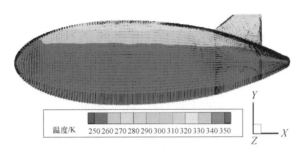

图 10-29 平流层飞艇内部纵截面温度场和流场分布(见彩图)

10.2.3 吊舱热特性分析

能源、测控、飞行控制等电子设备均集成于吊舱内。在电子设备的工作过程中,热可靠性是至关重要的,环境温度过高或过低都会导致设备运行不畅,对其寿命和可靠性都有着不可忽视的影响,甚至可能产生故障或损坏。舱内的设备一般都有着重量和体积的严格研究,一般而言,都是体积较小、功率较大,这就导致发热量增大。有研究表明,温度对电子设备的工作情况有着很大的影响,其温度每急剧上升10℃,可靠性可能会只有散热良好环境下的一半。电子设备工作时的输入功率大部分都转成了热量,而随着电子技术的发展和新材料的出现,电子设备也在不断朝着高性能、小型化的方向发展,对自身容量较小的吊舱更是如此。因此,对舱温的控制也逐渐提高。

吊舱是挂载在飞艇外部的,一般在底部位置,因此其热载荷主要包括两个方面:一是飞行过程中通过对流和辐射的方式与外界大气进行热交换的热量;二是内部电子设备自身的热量通过辐射、对流及热传导的方式产生热量。对吊舱进行详细的热分析,并据此给出合理的热控方案在飞艇吊舱的发展和研制过程中是必不可少的。

吊舱的热分析一般基于 Ansys Fluent 或者 Ansys Icepak 软件,在划分网格之前,需要建立适合计算的几何模型,由于舱内的流场-温度场分布是主要的研究内容,而舱内一些结构比较复杂,不利于仿真模拟,因此可以将不必要的结构如一些细小的螺钉、螺母和接线柱、按钮等去掉,将几何模型简化。

在仿真中应用的几何模型可以通过 Ansys 软件自带的建模模块来建立,也可以直接导入 CATIA,Pro – E 等三维建模软件中建立的几何模型。导入模型后,生成网格是对流动与传热计算的第一步,也是很重要的一步,生成的网格和采取的算法很大程度上决定着最终结果的精度和计算过程的效率,目前的生成网格软件主要有 ICEM、ICEPAK 等。

设备舱随浮空器飞行过程中将经历复杂多变的热环境,设备舱与外界环境存在着复杂的换热过程。随着飞行高度的变化,太阳直接辐射、大气散射辐射、地球反射辐射、地球和大气长波辐射不断变化,导致浮空器辐射换热变化;浮空器的飞行速度、大气温度和密度的变化将导致浮空器对流换热不断变化。准确地计算不同条件下设备舱的热特性,研究其流场和温度场分布,有助于指导设备舱热控制设计,保证在各种飞行条件下,设备舱能满足电子设备正常工作的环境需求。

某平流层飞艇吊舱设计参数如表 10 – 6 所列,吊舱内设备发热功率如表 10 – 7 所列。

表10-6 飞艇吊舱设计参数

参数	数值
环境温度/℃	-60
环境压力/Pa	5000
大气密度/(kg/m³)	0.089
保温板厚度/cm	5
保温板热导率/(W/(m·K))	0.02
保温板密度/(kg/m³)	35
吊舱尺寸(m×m×m)	0.9×0.9×0.5

表10-7 飞艇吊舱设备发热功率

序号	设备名称	发热功率/W
1	设备1	20
2	设备2	40
3	设备3	4
4	设备4	5
5	设备5	0.5
6	设备6	5
7	设备7	2
8	设备8	40
9	设备9	25
10	设备10	25

在无散热通孔且密封条件下,计算结果如图10-30和图10-31所示。

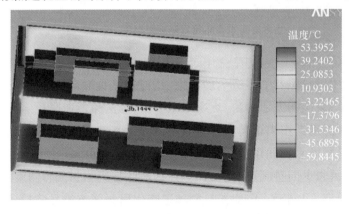

图10-30 内部设备热分布情况(见彩图)

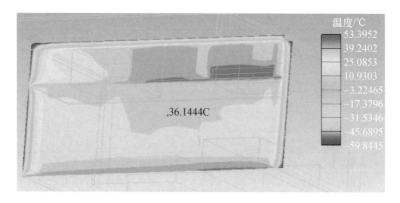

图 10-31　内部温度切面示意图(见彩图)

10.3　结构分析

平流层飞艇结构分析研究的对象主要是柔性结构和刚性结构,分析的主要目的是保障艇体结构安全。平流层飞艇柔性结构的分析,重点关注飞艇主气囊、尾翼和隔层在内压作用下的膜片张力和焊缝等位置的应力分布情况,避免飞艇囊体材料出现拉断破坏和应力集中现象;平流层飞艇刚性结构的分析,重点关注飞艇表面刚性结构的强度和刚度,对于吊舱过渡架,防止其因为集中力的作用出现结构破坏或变形,对于推进器支架,还应进行模态振型的分析,防止其在飞行中出现共振现象。本节重点关注平流层飞艇柔性结构和刚性结构的分析方法。

10.3.1　柔性结构分析

1. 解析分析方法

常规布局平流层飞艇通常采用回转体构型,对其柔性结构进行分析时可采用解析的方法,以弹性力学中的薄膜理论为基础,其薄膜内力可通过微元平衡方程和区域平衡方程联立求得[58]。

飞艇囊体微元在内部压力 p 作用下的受力情况如图 10-32 所示。F_x、F_{-x} 和 F_z、F_{-z} 是沿 X、Z 方向作用于囊体切向上的张力;R_x 和 R_z 是囊体曲面在 X、Z 方向上的曲率半径;θ、β 是该矩形囊体在 X、Z 两个方向的张角。

根据微元平衡方程,可以推得飞艇囊体曲面上两个互相垂直方向上的应力、曲率半径和内压的关系为

$$\frac{P}{t} = \frac{\sigma_x}{R_x} + \frac{\sigma_z}{R_z} \tag{10-65}$$

式中:t 为材料厚度;σ_x 和 σ_z 分别为囊体经向应力和环向应力。

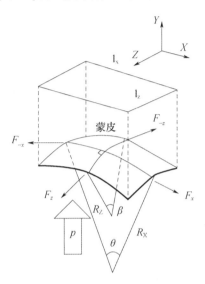

图 10-32 微元受力简图

式(10-65)即为柔性薄膜在内压作用下的拉普拉斯方程,是无条件成立的。对于回转薄壳,在仅受气体内压作用时,各处的压力相等,其区域受力如图 10-33 所示。

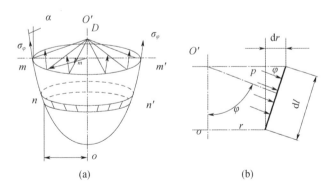

图 10-33 区域平衡简图

气体压力产生的轴向力为

$$V = 2\pi \int_0^{r_m} pr \mathrm{d}r \tag{10-66}$$

薄膜内力产生的轴向力可表示为

$$V' = 2\pi r_m \sigma_\varphi t \cos\alpha \quad (10-67)$$

由区域平衡方程 $V = V'$，可得

$$\sigma_z = \sigma_x \left(2 - \frac{R_z}{R_x}\right) \quad (10-68)$$

传统的飞艇结构设计和分析中通常将飞艇假设为一薄壁圆筒,认为其第一曲率半径 $R_x = \infty$,第二曲率半径 $R_z = R_{\text{local}}$,径向应力和环向应力分别为

$$\begin{cases} \sigma_x = \dfrac{pR_{\text{local}}}{2t} \\ \sigma_z = \dfrac{pR_{\text{local}}}{t} \end{cases} \quad (10-69)$$

对于回转体构型平流层飞艇,内压增大前后飞艇囊体均匀向外膨胀,囊体的局部曲率半径基本不变,使用上述解析法可以得到较为准确的应力分布规律。

2. 仿真分析方法

随着计算机技术的发展,采用有限元仿真技术对柔性结构进行分析,逐渐取代了传统的解析分析方法。有限元仿真方法具有操作简单省时、结果直观准确的优点,近年来已经成为平流层飞艇结构分析的主流方法,目前解析分析方法多用于对计算机仿真结果进行校验。

利用有限元软件开展平流层飞艇结构仿真分析工作,具有相对标准化的流程,在软件中进行有限元模型网格划分及网格属性设置、材料属性设置、载荷加载、约束条件设置、边界条件设置、解算和后处理。

在将平流层飞艇三维模型导入有限元软件后,首先对其进行网格划分。由于平流层飞艇尺寸通常较大,并且在非结构件安装位置应力过渡较为均匀,因此其网格尺寸无须设置过小,在结构件安装区域进行局部加密即可;否则将极大增加计算代价。另外,网格类型采用软件自动生成的非结构网格,单元类型采用四边形单元和三角形单元即可较好地完成平流层飞艇柔性结构的仿真计算。网格设置完毕后,按照被分析对象实际情况进行材料属性的设置,对于柔性膜结构,需要设置的主要参量包括弹性模量、泊松比及膜厚度,同时对于横向和纵向特性差别较大的材料,需要进行各向异性参数的设置。

平流层飞艇柔性结构分析涉及的载荷主要包括飞艇内压、结构件重力、推进器推力等,其中飞艇内压作用在主气囊内表面,采用分布压力模型进行模拟,

飞艇上的结构件通过绑定约束与艇体连接,结构件重力和推进器推力采用集中力模型进行模拟。对于静态分析,不需要进行边界条件的设置;对于动态分析,需要进行接触设置。

做好上述准备工作后,即可开始模型的解算。平流层飞艇柔性结构仿真分析属于非线性分析,在解算时要进行相关非线性设置,解算过程中如果出现不收敛情况,可以适当调整计算阻尼值。

解算完毕后,通过后处理模块对计算结果进行可视化展示与分析。在平流层飞艇柔性结构的分析中,应重点关注飞艇柔性结构的应力分布规律和位移分布规律,特别是在尾翼与艇体连接位置和结构件与艇体连接位置,应防止出现应力集中及刚度失稳现象,并以此指导平流层飞艇的设计工作。

平流层飞艇主气囊经向和纬向应力分布情况如图 10-34 所示。

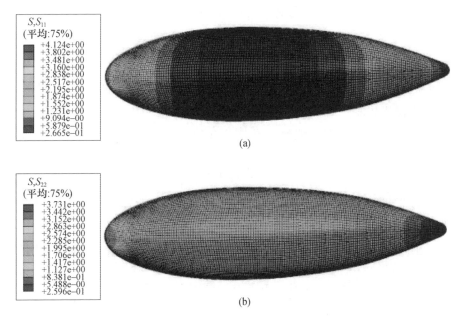

图 10-34 某平流层飞艇柔性结构应力分布(见彩图)
(a)纬向应力;(b)经向应力。

目前常用的计算机辅助工程技术方法主要包括有限元法、边界元法和有限差分法,其中,有限元法主要应用于结构力学、流体力学、电路学、电磁学、热力学、声学等。

按照计算过程中每一时刻是否需要求解线性方程组划分,可将有限元求解方法分为隐式方法和显式方法两类。

隐式方法需要求解非线性方程组，通过迭代方法求得近似解。任一时刻的位移、速度、加速度都相互关联，这就使得运动方程的求解变成一系列相互关联的非线性方程的求解，这个过程必须通过迭代和求解联立方程组才能实现。而显式方法采用动力学方程的差分格式，不需要求解线性方程组，不需要进行平衡迭代，可由当前时刻及前几个时刻的值直接外推下一时刻的值，实现了时间离散的解耦。隐式方法是无条件稳定的，是一种能量平衡的结果，但是由于需要求解刚度矩阵，会导致问题的不收敛，并占用大量内存空间。

显式方法不需要迭代，因此不会出现收敛问题，但显式方法是有条件稳定，其稳定性与时间积分步长有关。显式方法受条件稳定的限制，时间积分步长通常较小，但总体来说，对于一些自由度数较多的非线性问题，显式方法比隐式方法所需的计算量要小得多。显式分析与隐式分析并没有明确的使用范围，通常来说，显式分析适用于求解如冲击、碰撞、爆破以及复杂的非线性问题。对于平流层飞艇结构仿真分析，由于飞艇尺度大、网格单元数量多、材料属性非线性，较为适合使用显式分析方法，可以在提高计算速度、减少内存占用空间的同时，获得准确的计算结果。

当前市面上可用于柔性结构仿真分析并包含显式求解的软件主要包括 ABAQUS 和 ANSYS/LS – DYNA。

ABAQUS 是一套功能强大的工程模拟有限元软件，其解决问题的范围从相对简单的线性分析到许多复杂的非线性问题，除了能解决大量结构问题外，还可以模拟其他工程领域的许多问题，如热传导、质量扩散、热电耦合分析、声学分析、岩土力学分析及压电介质分析。ABAQUS 有两个主求解器模块 ABAQUS/Standard 和 ABAQUS/Explicit，为用户提供了两种互补的分析工具。ABAQUS/Standard 是一个通用分析模块，采用隐式算法，它能求解广泛领域的线性和非线性问题，包括静力、动力等，适用于模拟与振型的振动频率相比研究响应周期较长的问题；ABAQUS/Explicit 采用显式动力学方法，适用于模拟短暂、瞬时的动态事件，对于包含不连续的非线性问题，计算分析效率较高。在非线性分析中，ABAQUS 能自动选择相应载荷增量和收敛限度，不仅能够选择合适参数，而且能连续调节参数以保证在分析过程中有效地得到精确解，用户通过准确的定义参数就能很好地控制数值计算结果。

ANSYS/LS – DYNA 是知名的有限元显式求解程序，其前后处理器是 ANSYS/PRE – POST，求解器是 LS – DYNA。LS – DYNA 在 1976 年由美国劳伦斯·利沃莫尔国家实验室 J. O. Hallquist 博士主持开发,时间积分采用中心差分格式。从理论和算法而言,LS-DYNA 是目前所有的显式求解程序的鼻祖和理论基础。1996 年功能强大的 ANSYS 前后处理器与 LS-DYNA 合作,命名为 ANSYS/LS-DYNA,目前是功能最丰富、全球用户最多的有限元显式求解程序。ANSYS/LS-DYNA 能够模拟真实世界的各种复杂问题,特别适合求解各种二维、三维非线性结构的高速碰撞、爆炸和金属成型等非线性动力冲击问题,同时可以求解传热、流体及流固耦合问题。在工程应用领域被广泛认可为最佳的分析软件包,与试验的无数次对比证实了其计算的可靠性。ANSYS/LS-DYNA 的用户主要是发达国家的研究机构、大学和世界各地的工业部门。应用领域包括高速碰撞模拟、乘客的安全性分析、零件制造、罐状容器的设计、爆炸过程、高速弹丸对板靶的穿甲模拟、生物医学工程、机械部件的运动分析等。ANSYS/LS-DYNA 的强大功能建立在求解器的理论基础和丰富算法上。求解器 LS-DYNA 是功能齐全的几何非线性、材料非线性和接触非线性程序,它以拉格朗日算法为主,兼有 ALE 和 Euler 算法;以显式求解为主,兼有隐式求解功能;以结构分析为主,兼有热分析、流体-结构耦合功能;以非线性动力分析为主,兼有静力分析功能。

10.3.2 刚性结构仿真技术

平流层飞艇刚性结构的分析,重点关注飞艇表面刚性结构的强度和刚度。刚性结构在外力作用下抵抗永久变形和断裂的能力称为强度,按外力作用性质的不同,主要有屈服强度、抗拉强度、抗压强度和抗弯强度等。刚度是指刚性结构在外力作用下抵抗变形的能力,结构的刚度除取决于组成材料的弹性模量外,还与其几何形状、边界条件等因素以及外力的作用形式有关。本小节重点关注平流层飞艇刚性结构仿真分析方法。

平流层飞艇上的刚性结构主要包括吊舱过渡架、推进器过渡架等,通常为杆系结构,分析时通常采用梁单元进行模拟,需要设置梁单元的截面形状、材料密度、弹性模量和泊松比等参数。基础设置完毕后,需要建立刚性结构与平流层飞艇柔性结构的连接,由于实际应用时采用绳索将刚性结构固定在柔性结构表面,因此分析时采用绑扎连接约束,限制刚性结构相对柔性结构的所有自由度。作用在刚性结构上的外力,通常根据实际应用添加分布力和集中力。全部设置结束后,即可运行求解器进行求解,后处理时,根据应力应变云图,分析结构件自身的受力和变形情况及其对柔性结构的影响。

10.3.3 工程案例

本小节将以某型平流层飞艇为案例,采用有限元方法对其进行分析,望读者能从本案例中了解平流层飞艇结构分析方法及过程。

平流层飞艇艇体为大长细比设计,在艇体内部共设计 4 片隔层,保护飞艇结构安全及稳定性;在艇体尾部设计两片尾翼,每片尾翼内部包含 9 片隔层,艇体与尾翼各自独立、互不连通,如图 10 - 35 所示。

图 10 - 35　某平流层飞艇三维模型(见彩图)

平流层飞艇艇体表面刚性吊架结构分布如图 10 - 36 所示。在平流层飞艇底部设计有前吊架、中吊架和后吊架,分别用来安装飞艇的 3 个吊舱,在艇体左、右两侧设计有两个吊架,用于安装飞艇推进器,所有吊架均采用绳索绑扎的方式固连在艇体表面。

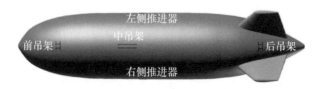

图 10 - 36　吊架结构分布(见彩图)

本次平流层飞艇结构仿真分析使用 Abaqus 6.11 版本,计算时采用 mm·T·s 单位制。平流层飞艇有限元模型如图 10 - 37 所示,飞艇艇体和尾翼采用 M3D4R 四节点四边形膜单元和 M3D3 线性三角形膜单元,吊架采用 B31 梁单元,梁单元横截面为半径 12.5mm 的圆形,各有限元模型详细情况如表 10 - 8 所列。

图 10 - 37　飞艇有限元网格图(见彩图)

表 10-8　各模型参数汇总

部件	单元类型	节点总数	单元总数
艇体和尾翼	M3D4R 和 M3D3	58538	56475
吊架	B31		750

1. 飞艇艇体承压仿真分析

平流层飞艇平飞时,艇体和尾翼内部为超压状态,依靠内部压力维持飞艇外形。平流层飞艇柔性结构材料特性参数如表 10-9 所列。

表 10-9　飞艇材料特性参数表

参数	数值
密度/(kg/m^3)	910
弹性模量/GPa	14
泊松比	0.3
膜厚/mm	0.2

在仿真分析软件中将材料密度、弹性模量、泊松比和膜厚度赋予艇体和尾翼。计算时,平流层飞艇艇体内部压力值设置为1500Pa,两片尾翼内部压力值设置为500Pa,加载方式采用均布内压,加载方向垂直于艇体表面指向飞艇外部,如图 10-38 所示。

图 10-38　飞艇内压加载(见彩图)

计算结束后,对结果进行后处理。本次计算中重点关注艇体表面的应力分布和应变分布情况、尾翼应力分布情况,寻找应力最大点位置,为结构强度优化设计提供数据支撑。计算结果如图 10-39 至图 10-41 所示,结果显示,尾翼最大应力出现在前缘与艇体连接区域;在隔层附近区域艇体的应力水平明显低于远离隔层的区域;尾翼在靠近艇尾端的应力值很小,可能会出现褶皱现象。

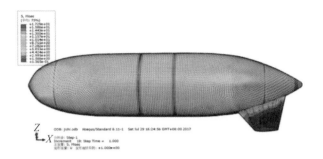

图 10-39　总体应力分布(见彩图)

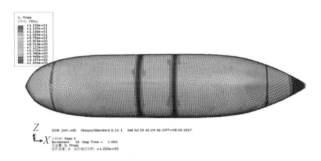

图 10-40　艇体应力分布(见彩图)

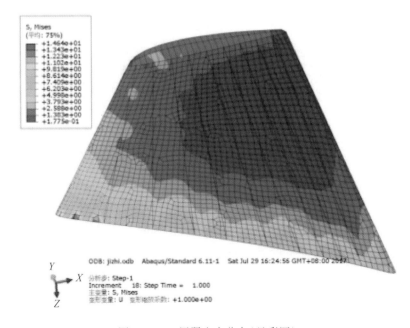

图 10-41　尾翼应力分布(见彩图)

2. 飞艇艇体结构仿真分析

平流层飞艇艇体结构仿真计算将飞艇上所有刚性部件及外力均施加在艇体上，观察飞艇结构承力情况，艇上吊架材料特性参数如表10-10所列。

表10-10 吊架材料特性参数表

参数	数值
密度/(kg/m³)	7900
弹性模量/GPa	200
泊松比	0.3

整体结构加载情况如表10-11所列。

表10-11 加载情况

计算种类	艇囊内压/Pa	尾翼内压/Pa	过渡架受力/kg		
			类别	自重	推力
加吊架	1500	500	前吊架	250	0
			中吊架	2900	0
			后吊架	250	0
			左推进	400	150
			右推进	400	150

对计算结果进行后处理，艇体应力分布如图10-42所示。

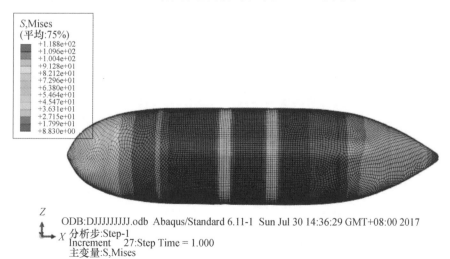

图10-42 艇体应力分布(见彩图)

计算结果显示，加装吊架情况下，飞艇最大应力出现在中部吊架位置，最大应力值为 118.8MPa，前后吊架位置应力约为 80MPa，两侧推进位置应力约为 100MPa。

10.4 飞行控制仿真分析

平流层飞艇控制仿真分析的目的在于仿真测试飞行控制系统执行结果是否与设计一致。按照不同的仿真类型分为数字仿真和半物理仿真。数字仿真侧重数学模型和控制逻辑，半物理仿真侧重软硬件性能。

10.4.1 数字仿真分析

根据飞艇动力学模型、受力与力矩模型、控制器模型和传感器模型等，建立平流层飞艇动力学和压力系统 Matlab/Simulink 全数字仿真模型，进行飞艇动力学运动学及环境仿真，模拟飞艇本体及环境的状态，进行纯数字仿真，验证模型有效性。本小节主要介绍基于 Matlab/Simulink 的全数字仿真平台，用于快速验证模型和算法。

该仿真平台的系统结构框图如图 10-43 所示，其具体算法可参见第 6 章。

飞艇动力学模型模块采用 S 函数建模，为方便微分方程计算，将压力系统中的充放气动力学模型也放入该模块中。该模块根据飞艇所受的外力（如气动力、重浮力、推力和调姿囊产生的控制力）以及风机阀门等产生的质量流量积分获得下一时刻的飞艇动力学参数。

飞艇速度和位置信息传递给环境模型，包括大气、风场、地理（计算当地重力加速度）模型，从而计算出当地环境参数。环境模型中包含空速合成模型，通过地速和风速来获得飞艇的实时空速。环境模型的计算结果作为公共变量传递给动力学和压力系统、受力模型。动力学和压力模型中产生的飞艇状态信息由测量模型加以测量，传递给导引和控制模块进行控制器设计。控制器指令则经由各伺服机构的模型产生实际的伺服量，进而获得推力及调姿囊的控制力，以及获得风机阀门等设备的质量流量。这些结果传递给动力学模型，从而完成动力学仿真模型的闭环控制。

Simulink 环境下的模型如图 10-44 所示。

以下简要介绍各仿真模块的构成和搭建方法。

第 10 章 平流层飞艇仿真分析

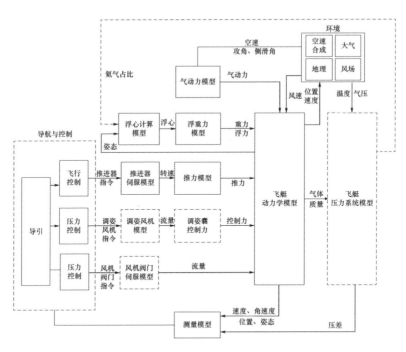

图 10-43 压力-动力系统耦合控制仿真框图

虚线—可选模型；实线—必选模型。

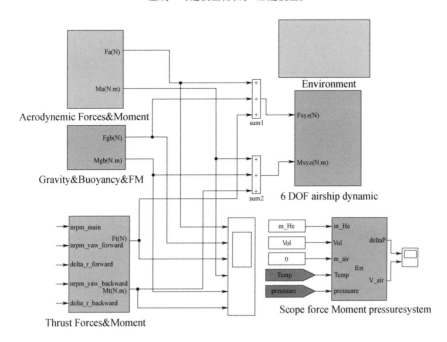

图 10-44 基于 Matlab/Simulink 的飞艇动力学数字仿真模型（见彩图）

1. 动力学积分模块

作为动力学仿真的核心，飞艇动力学模型模块采用 S 函数建模。该模块根据飞艇所受的外力（如气动力、重浮力、推力产生的控制力）获得下一时刻的飞艇动力学参数，如图 10-45 所示。

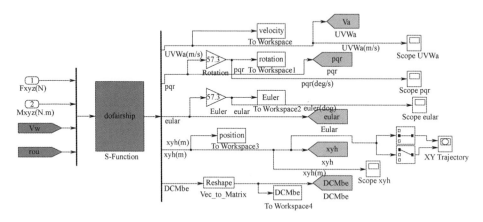

图 10-45　动力学积分模块（见彩图）

2. 压力系统模块

压力系统模块根据各囊体的气体质量参数、囊体变形率、气体特性参数等信息获得飞艇的压力和氦气占比、飞艇体积等信息，如图 10-46 所示。

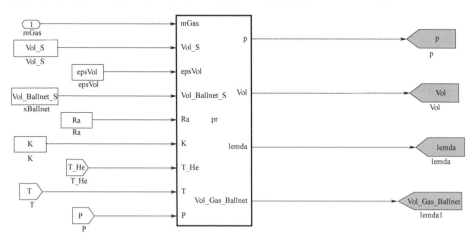

图 10-46　压力系统模块（见彩图）

3. 环境模型

仿真系统的环境模型包括大气、风场、地理（计算当地重力加速度）模型，根据动力学参数(高度、速度)产生当地的环境参数。环境模型中同时包含空速合成模型,通过低速和风速来获得飞艇的实时空速。环境模型的计算结果作为公共变量在动力学和压力系统、受力模型和控制器模块中采用,如图 10 – 47 所示。

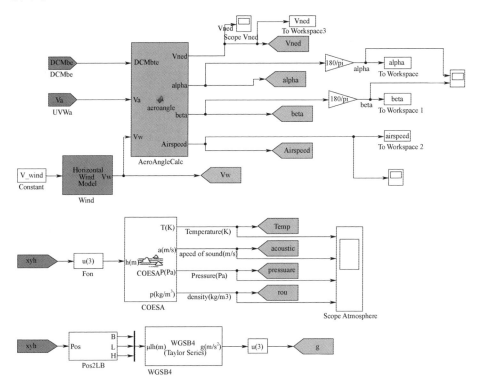

图 10 – 47　环境模型(见彩图)

4. 气动力模型

仿真系统给出了利用半经验模型的仿真框图,根据空速、环境、动力学参数信息计算当前飞艇所受的气动力,如图 10 – 48 所示。

5. 重浮力计算模型

重浮力模型利用浮心计算模块得到的浮心位置以及当前的方向余弦矩阵获取实时的重力/矩、浮力/矩信息,如图 10 – 49 所示。

6. 调姿副气囊受力模型

本书建模中将调姿囊等效成控制力和力矩,因此调姿囊受力模型单独给出。其中包括调姿囊风机和排气阀的伺服特性模型以及控制力/力矩的模型,如图 10 – 50 所示。

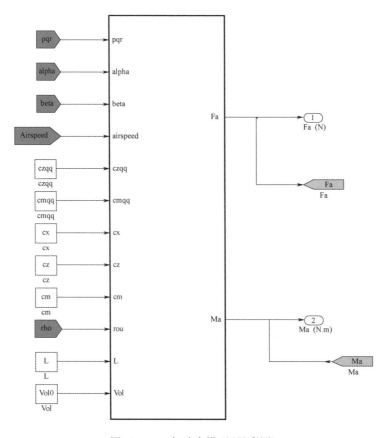

图 10-48 气动力模型(见彩图)

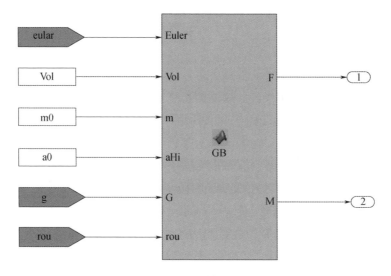

图 10-49 重浮力模型(见彩图)

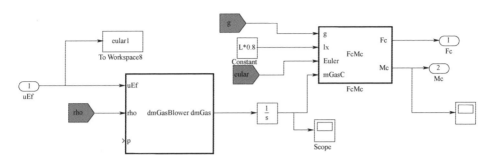

图 10-50 调姿副气囊受力模型(见彩图)

7. 风机和排气阀伺服模型

风机和排气阀伺服模型主要是对伺服特性的建模。风机有流量特性曲线,排气阀则有开关特性曲线和排气流量特性曲线,根据这些伺服特性可以获得开关指令与实际气体流量之间的关系,如图 10-51 所示。

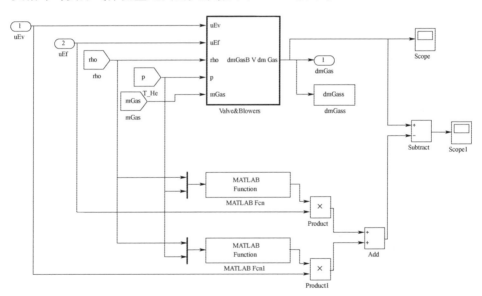

图 10-51 风机和排气阀伺服模型(见彩图)

8. 压力控制器

压力控制器分为平飞阶段和上升阶段,作为本书的重点,这里给出了上升阶段的压力控制器框图。控制器根据当前的压差、姿态角、高度、速度信息给出排气阀风机的控制信息,传递给执行机构加以驱动,完成飞艇的压力控制,如图 10-52 所示。

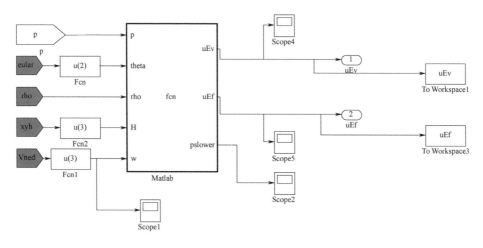

图 10-52 压力控制器（见彩图）

9. 平飞阶段控制器

平飞阶段的控制器包括导引层和控制层两部分，导引层有高度控制和超热控制两部分，导引层控制器根据期望的高度和抵抗超热的系数计算当前所需的俯仰角。控制层则根据导引层给出的俯仰角指令进行调姿囊风机的控制，如图 10-53 所示。

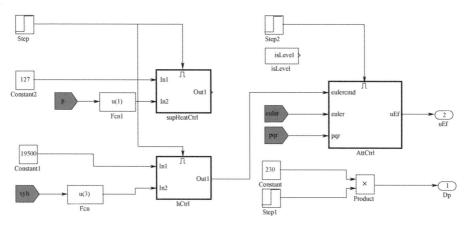

图 10-53 平飞阶段控制器（见彩图）

10.4.2 半物理仿真分析

半物理仿真系统是飞行控制的重要组成部分，主要用于飞行性能仿真演示功能，测试飞控软件的控制逻辑性能和各计算机、传感器、执行机构的长时工作性能,降低飞行风险,大幅度提高飞行成功率。

飞控分系统对半物理仿真系统的基本要求可概括为:仿真演示功能;飞控软件的控制逻辑测试功能;各计算机、传感器、执行机构的长时工作性能测试功能。结合基本需求,将半物理仿真系统的功能需求整理如下。

(1)通过实时仿真机仿真模拟飞艇本体动力学和运动学规律。

(2)通过接口与飞控计算机及相关设备通信,实时仿真验证,测试飞控软件的控制逻辑,验证飞控算法逻辑的有效性,评估飞控算法的实时性能。

(3)连接上位机和飞控地面软件,仿真演示飞艇飞行过程状态,评估飞艇飞控算法与地面监控软件的协同工作能力。

(4)支持长时工作,测试各计算机、传感器、执行机构的长时工作性能。

(5)通过设置各种边界条件,明确浮空器各部件和系统整体的安全工作范围。

半物理仿真测试采用便携式半物理仿真机模拟飞艇的状态,由艇上传感器采集敏感信号,飞控计算机根据控制程序控制各执行机构,反馈到仿真机,完成模拟飞行流程,如图10-54所示。

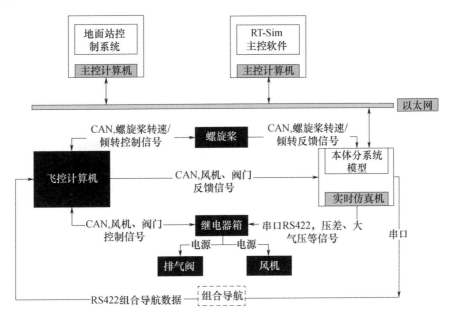

图10-54 半物理仿真系统组成示意图(见彩图)

测试流程即为飞行计划的全过程,包括待飞、起飞、上升、平飞、降落,测试飞控软件的控制逻辑和各计算机、传感器、执行机构的长时工作性能。

飞控计算机配置好软硬件和接口,按照系统连接规则,连接飞控计算机与半物理实时仿真机的硬件接口,进行通信。半物理实时仿真机的上位机进行 Simulink 模型参数监控,地面站监控计算机连接飞控计算机监控飞行状态。

接入可选的传感器、执行机构、测控系统等外接设备。推进器实时接收飞控计算机的控制指令,通过 CAN 总线接口采集推进器当前的转速倾转角等信息,并回传给飞控计算机和半物理实时仿真机。三轴转台、GNSS 模拟器、压差模拟器等按需接入。分别将各外设单独接入半物理仿真系统,测试其功能正确性;再将所有外设集成到半物理仿真系统,进行飞控计算机与外设集成系统测试。

尽可能地在地面试验中集成更多的真实设备,将从分系统集成逐步过渡到多系统集成,可以最大程度地接近外场实飞效果,以确认各设备的完好性、即功能和性能是否正常、长时间工作是否稳定可靠。对浮空器各部件实物的功能和性能进行安装前最后确认;平台各部件在地面集成后进行模拟飞行试验,预测飞行效果;实时记录浮空器本体与地面站上、下行数据,为平台后续的升级优化提供原始数据来源。

第 11 章
平流层飞艇技术发展与应用展望

11.1 技术发展趋势

11.1.1 总体技术发展趋势

平流层飞艇一般是指运行在平流层(从对流层顶到约 50km 高度的大气层)高度的飞艇,主要由艇囊、能源系统、推进系统、载荷舱、艇首和艇尾结构、控制系统等组成,由太阳能为其提供能源动力,具有携带数吨重有效载荷并实现定点,以及主动控制和机动的能力,非常适合作为新型信息平台,用来进行高分辨率对地观测、通信中继、区域预警、区域导航等。同时随着国民经济、国家安全和社会发展,环境、减灾、海洋生态、社会治理、新型城镇化发展等诸多领域对浮空器系统技术应用需求大大增强,世界各国竞相开展平流层飞艇研发、新技术探索与试验。

以美国为代表的一些军事强国正在发展平流层飞艇。美国军方对平流层飞艇有非常紧迫的需求,他们希望在海外冲突中利用平流层飞艇完成通信和侦察任务,来增强作战能力。美国空军司令部在 2005 年的报告中指出,平流层飞艇可为士兵提供持续、快速响应的通信和情报、监视与侦察(ISR)能力;美国海军指出,平流层飞艇不仅在美国边境的空中和海洋监视中,而且在通信、广播和中继领域均有重要用途,在解决区域危机和局部冲突中平流层飞艇也有着重要的用途[129,130]。

美军自 2007 年以来先后投资近 70 亿美元用于 15 个投资超过 100 万美元、既包括平台又包括载荷的"重要"飞艇项目。这些项目中,包含 4 个飞行高度在海拔18km以上的高空飞艇,也即平流层飞艇,其中3个项目因多种原因已经终止,1个项目仍在继续研究。若平流层飞艇研制成功,将大大增强防御和预警能力以及局部战争的联合作战能力。但截至目前,美军已开展的数次飞行试验并不顺利,多数项目的试验结果不如预期。究其项目计划,美军高空飞艇建设有以下特点:一是不偏离作战能力需求,探索各类军事应用载荷技术,并突出实践应用;二是始终坚持前沿技术探索;三是坚持遵循稳步推进策略。但从其运行结果来看,也暴露出两个方面的问题:一是技术风险估计不足,试验故障频发;二是顶层规划不够严谨,造成资源浪费[131-132]。

日本早在2000年就提出了分阶段实施长远的平流层飞艇计划。日本宇宙航空研究开发机构(JAXA)组织实施并开展了无动力验证飞行和多次低空技术验证试飞,积累了大量技术经验。欧盟在2004年启动了为期3年的基于平流层平台的宽带通信技术研究计划,旨在研制基于平流层平台的宽带移动通信技术。2005年,欧洲各国相关研究机构和公司联合启动了高空飞艇研究项目。2014年,泰雷兹·阿莱尼亚宇航公司启动了为期5年的巨型平流层飞艇项目。鉴于平流层飞艇的诸多优势,全球多个国家都在对其开展深入研究与飞行验证[133]。

目前,平流层飞艇由于技术难度大,属国际前沿难题。日、美两国对平流层飞艇相关技术不断发展,在材料、能源和载荷等技术上基础深厚,但总体技术发展不及预期,过程曲折,目前尚无显著突破。

我国在"十五"到"十二五"期间,多个研究所和高校就开展了平流层飞艇的方案论证、关键技术攻关等基础性研究,并将其列为重大科技专项攻关内容进行重点支持,力求突破平流层飞艇总体及分系统技术瓶颈,完成实用型平流层飞艇研制,在气象预报、大气环境监测、灾害监测、资源勘测、土地利用、农业、林业、区域规划、测绘、高速通信、区域侦察预警等方面发挥重要作用。同时,发展平流层飞艇技术在我国国家安全、国民经济建设等方面具有十分重要的意义[134]。

随着相关技术指标逐步达到平流层飞艇的各方面需求,如高性能蒙皮材料在低空飞艇的飞行中得到验证,柔性薄膜太阳能电池得到工业化生产,高比能的燃料电池在汽车、潜艇等行业中取得的长足进展,平流层飞艇的发展已是势在必行。结合国内外主要国家的平流层飞艇发展情况来看,平流层飞艇现有整体式布局、组合式布局等多条技术路线可选,但总体、共性关键技术均未经系统飞行验证。存在以下总体趋势与目标[135]。

（1）平流层飞艇研制的远期目标日益提高。临近空间独特的优势和潜在的军事应用前景，促使平流层飞艇向着具备更长的留空时间（数月甚至数年）、更强大的载荷能力支持（2000kg）、更完备的功能（集预警探测、侦察监视、电子对抗、通信指挥于一体）、更好的机动性能、定点着陆等方向发展。为达到以上要求，必须开展实现超长航时、超大载荷飞行的关键技术攻关。

（2）平台与应用的结合日益紧密，功能型结构和材料在方案设计中得到了应用。目前美国政府和空军支持的平流层飞艇项目，都有明确的应用背景需求。为了实现任务与平台的最优化配置，各种功能材料和结构的研究也成为一种新的发展趋势。

（3）在高性能飞艇研制的同时，低成本飞艇研究也在开展，如美国研制的哨兵平流层飞艇，采用单层气囊、内置太阳能电池，虽无法定点回收，但在未来仍具备连续数天的可控飞行能力。

（4）坚持遵循稳步推进策略，由于技术难度大，平流层飞艇与新概念浮空器的研制仍处在关键技术攻关和样机研制阶段，已开展的少数飞行试验均为缩比飞行或单项关键技术验证，目前国外所有尝试进行的长航时飞行试验均不成功，应逐步验证关键技术。因此，未来会围绕平流层飞艇特色和优势应用领域，突破平流层飞艇总体及分系统技术瓶颈，循序渐进验证关键技术路径，完成实用型平流层飞艇研制。

平流层飞艇属于战略性产品，研制实用型平流层飞艇是发展趋势，不仅可以满足高分辨率对地观测的需要，同时兼顾其他应用领域的战略需求，推进浮空器对地观测、侦察监视预警、艇星组网等产品发展建设，拓展平流层飞艇应用领域。

11.1.2 单项技术发展趋势

目前，平流层飞艇的研制主要受到囊体材料、柔性薄膜太阳能电池、高比能储能电池、巨型结构等关键技术的制约，国外具有循环能源和可控飞行能力的包括飞艇在内的临近空间低速飞行器的研制进展缓慢，多数未取得实质性研究成果，因此我们在分析国外发展现状与趋势的同时，应紧密联系我国技术现状，区分主流与边缘技术，达到正确把握发展方向，指导科研工作的目的。

结合我们目前承担的国家高分辨率对地观测重大专项任务，就整体式布局平流层飞艇而言，要实现长时驻空，需要解决高性能囊体材料、能源循环、飞艇超热超压等关键技术问题。

1. 囊体材料

蒙皮材料一直是限制平流层飞艇发展的瓶颈技术之一。临空环境复杂,长期驻空要求蒙皮材料强度高、气体阻隔性好、面密度小、高耐候性等,技术攻关重点包括高性能蒙皮材料耐候性技术、复合工艺稳定性技术、表层热物性调控技术、核心材料的自主研发及稳定批产技术等。蒙皮材料由多层功能层层压制备,因此蒙皮材料的实际强度受加工工艺的影响很大,层压过程中张力不均匀引起的纤维错位和持续受力的蠕变都将大大降低蒙皮材料的强度。蒙皮材料耐候性要求在材料耐候层中添加紫外吸收剂,这对材料强度的影响也很大。而囊体加工过程中的折压和揉搓对多层层压的蒙皮材料将产生损伤,这将降低囊体的密封性能。

2. 能源循环

长航时飞艇的能量平衡受多种因素制约,如飞行环境、载荷、能源动力系统部件的效率等。因此,对于任何一种长航时飞艇来说,高效太阳能电池、储能电源和电源管理系统技术是执行长航时飞行任务的关键。目前,高转换效率的薄膜太阳能电池、高比能的再生燃料电池及高可靠的电源管理系统构成的综合能源系统被认为是长航时飞艇的最佳能源方案,但距实际工程化应用还有很大差距,需深入研究,提高太阳能电池效率,燃料电池比能量,增加环境适应性,减少燃料电池附加结构重量、发展可高度模块化的再生燃料电池,提高能源管理系统的可控性和可靠性,降低生产成本。将能源控制策略、故障诊断及自主重构机制集成一体是使能源管理系统高效、可靠的关键。能源控制策略在集成化、可靠性、低损耗等方面已在国内外多次平流层飞艇飞行试验中得到验证,而故障诊断及自主重构技术还需要大量的飞行试验进行深入分析。

3. 超热超压

平流层飞艇因昼夜日照差异,引起艇体内部温度变化幅度较大,迫切需要测量分析飞艇平台环境温度高低温交变过程,作为总体设计分析和任务载荷工作环境的输入。艇体内部温度大幅变化将严重影响飞艇平台的内部压力变化、体积变化和高度稳定性。平流层飞艇热问题非常复杂,涉及太阳辐射及风场等气象模型、囊体材料和太阳能电池板传热性能等多方面因素,国内在这方面基础薄弱,需加以重点研究。

4. 可控飞行

平流层飞艇体积庞大,具有大惯量、大时滞和低动态的动力学特性,且需要充分考虑大气绕流场流体惯性力引起的附加质量效应,具有大滞后性和控制特性减弱等控制问题。平流层飞艇由于飞行高度高、大气密度稀薄、飞艇安定面无法发挥效能,因此飞艇前进时多处于气动不稳定状态,需要主动控制迎风飞行。并且,飞艇在飞行过程中受温度影响,需要多次进行充气、放气,球体的质心变化较大,此时需要通过囊体压力调节,改变质心相对于浮心的位置来调整飞艇的姿态。目前,成熟的比例-积分-导数(PID)控制方法效率较低,而过多的飞行参数不确定性加剧了能源消耗,不利于飞艇的长时驻空。因此,亟需研制精密适用的控制器和非线性控制方法,以改善飞艇的长时驻空飞行。

11.2 应用展望

结合各国平流层飞艇技术的发展进程,目前平流层飞艇基本处于平台工程技术验证阶段,尚未进入平流层飞艇成熟应用的地步。国内相关单位正在积极推进载荷搭载飞艇平台,开展应用演示验证飞行的有关工作,从已有的飞行试验来看,相继在平流层飞艇平台开展应用验证的载荷类型主要包括以下几类,即临近空间气象环境探测类载荷、通信侦察类载荷、光电对地观测载荷等,这些也是目前平流层飞行应用需求较迫切,且应用技术较为成熟的载荷类型[136]。

以上几类载荷搭载平流层飞艇平台开展的验证试验,很好地进行了平流层应用技术的探索,验证了平流层飞艇平台在临近空间环境探测、对地观测与电子侦察等领域具有很好的应用前景,积极推动了后续平流层飞艇工程化及应用技术领域的发展。未来,随着平流层飞艇平台逐步工程化,其在气象环境监测、测绘、侦察预警、通信中继等应用技术的发展也将逐步成熟[137]。

1. 气象环境监测

我国目前对地面气象监测主要还是依靠气象卫星。大范围遥感测量的气象卫星上的星载传感器主要是可见光红外扫描辐射计,通过获取云和地表辐射温度或反射率信息为主,并不能直接对大气温度、湿度、风速等进行测量。天气雷达也只能对降水和雷暴等测量。平流层飞艇通过携带数字化探空传感器及测风设备,可实现对陆地和海洋上的气温、气压、湿度、风速等基本气象要素的直接动态测量。平流层飞艇气象监测系统具有探测项目多、可探范围广、隐蔽性高、机动灵活等突出优点,在获取实时高分辨率气象资料方面具有独特的能力,可以不受地区、时间的限制,灵活进入各种地形甚至敏感区域完成气象监测,并且平流层飞艇可利用其自身的机动性选择适当的路径和高度完成多方位、多层次、多项目的全面监测,再由自身通信设备将高分辨率气象资料第一时间传回后方保障中心。利用平流层飞艇作为气象监测平台,其运维成本远低于气象卫星,还可以有针对性地对某一固定地区进行全天候连续监测,在更低的监测高度能获得更精确的数据。因此,平流层飞艇可作为气象卫星和天气雷达的补充,共同协作完成对我国所有区域的气象监测任务。

如今,环境问题已经发展成为全球化的问题,环境监测对资源利用与生态环境的平衡具有重要作用,随着科技不断进步,环境监测应用的技术也趋向多元化,由全球定位系统(GPS)、遥感技术(RS)、地理信息系统(GIS)有机结合起来的"3S"综合技术,可用在大气环境及污染监测、海洋环境监测、环境灾害监测(如森林火情、水文地质灾害)等各环境领域监控监测。基于平流层飞艇平台的遥感技术,具备驻空时间长这一明显优势,在收集信息、处理信息及利用信息方面有显著优越性,能在空中进行大范围和不间断地监测地面情况,获取目标物的图像或数据信息,实时传输到地面指挥中心。

2. 大气环境监测

环境污染、水资源等问题已经严重威胁我国可持续发展,环境污染造成的损失估计占国内生产总值(GDP)的3%~8%;全球气候变化引起世界各国的严重关注,我国温室气体排量已处于世界前列,事关气候外交和国家安全。

在大型城市和工业密集区上空部署平流层大气环境和区域监测系统,采用差分吸收光谱技术、光谱成像技术和激光雷达技术等,进行精细的大气微量成分和污染气体的定量测量和监测,并可以长时间持续进行水系(水体)污染监测,监控污染源,研究污染产生和扩散规律,为执行环保法律法规,加强排放和污染管理提供确切的依据。

3. 海洋环境监测

以海洋环境监测为例。我国有三百多万平方千米的海洋面积,大陆海岸线长达18000km,海域辽阔,跨越热带、亚热带和温带,海洋资源丰富、种类繁多,为开展海洋生态和生物资源保护,需开展全国性海洋生态调查,控制和压缩近海传统渔业资源捕捞强度。

通过搭载光学或微波监测载荷,建立以浮空平台为核心的海洋资源动态监测、海洋环境实时观测、海况监测与预报等综合管理系统,进而提高我国海洋生态监测能力,加强重点渔场、江河出海口、海湾等海域水生资源繁育区的保护,促进海洋生物经济的可持续发展。

4. 环境灾害监测与减灾应急

在环境灾害监测方面,由于我国气候、地形环境复杂,是地震、海啸、火山、飓风、洪水、泥石流、滑坡、干旱、森林火灾、农林病虫害等多种自然灾害频发地区。浮空平台具有长期实时全天候高分辨率对地观测能力,浮空器续航时间长、载荷大、升限高,可携带不同功能的载荷实施环境探测,获取多种类、多要素、高时空分辨率、高精度的环境信息,在灾害预测与早期预警、灾害监测、应急反应、灾后重建等均可发挥重要的作用。

平流层飞艇升空到20km高度,利用携带的可见光/红外相机,多光谱相机、多功能相控阵雷达等有效载荷,对重点地区进行成像观测,将成像信号通过数传通道下发到地面数据中心进行处理,进而建立该地区的可视化地表模型,如数字地形模型、数字高程模型和数字表面模型,对可能存在的灾害进行预测与风险评估。一般平流层飞艇能够提供 50 万 km^2 的实时图像,若以一定速度机动飞行,则监测范围更可大大拓宽,更广的视野和覆盖范围便能对更广袤的地域进行监视和预测,当灾害发生后也能第一时间监控到受灾中心,尽可能多地减少自然灾害损失。

在减灾应急、通信指挥方面,浮空器平台可搭载通信设备、监测、情报分析设备及自动化指挥控制系统等不同任务电子设备,建立集预警探测、侦察监视、通信指挥于一体的综合指挥平台,在执行抢险救灾等行动任务中,地面部队可能受地形限制和交通阻断而无法到达,而飞艇不受地理条件的约束,能够绕开中断的道路第一时间到达灾区上空,向各个受灾地点运送救援人员、药品、食物、饮用水及大型救灾设备。由于续航能力长,它可以长时间执行搜索与救援任务,以及悬停在近地面上空撤离受灾民众。并且,飞艇的运载量较大,可以弥补直升机运载能力的不足,有效解决救援物资的输送问题。飞艇还可通过配置通信中继设备进行空中无线通信,在地面通信电缆遭到严重破坏后迅速恢复灾区与外界的联络。平流层飞艇通信作为一定规模的新兴通信手段,在灾害发生后,可长期驻空在受灾地区上空,携带有效通信载荷,全天候、全方位地进行移动通信,可迅速地组建临时通信组网,保障灾区救援行动的高效、有序进行,对提高应急救灾、灾后重建的效率,维持社会稳定等方面有重要意义。

5. 测绘

目前传统的摄影遥感技术手段包括卫星遥感和普通航空摄影遥感,虽仍是测绘大比例尺地形图的首选技术,但仍然存在着以下几个问题:①航空受天气影响比较大,阴、云、雨等条件下得不到影像或者影像质量差;②卫星飞行高度高,得不到较高分辨率和高清晰度的影像,因此无法获取更详细的地物几何和纹理信息;③用于小区域大比例尺数据采集时航摄成本高,生产周期长,满足不了特定条件下的成图精度和经济效益的要求；④卫星缺乏机动灵活性,不能满足防灾救灾和突发事件应急测绘的需求。

随着国土资源调查和管理的不断深化和应用的不断扩展,对遥感影像数据的需求日趋显著,尤其是在当前"数字城市"、新农村建设、大比例尺地形图测绘、地籍调查、应急测绘等工程项目对测绘大比例尺地形图需求迫切。在未来的若干年内,在我国都将陆续建立各自的省区城镇信息系统,而信息系统的数据采集、更新几乎每隔两三年就要对城镇局部地域或发生变化的建成区进行摄影遥感与测绘以获得现时性数据,实现对城镇信息的动态时效管理,为正确决策提供全面信息支持。各类城镇的改建、扩建、新建或经济开发区、科技园区,实地面积并不大,少则几平方千米,多则十几至数十平方千米。这类任务面积小、比较分散,又要求尽快提交空间基础信息。

传统航空摄影测量应用于小区域大比例尺成图时存在着成本高、机动灵活性差、影像分辨率低、受天气影响大等问题,而且航空飞机协调空域、调机、航路申请审批程序繁琐,运作周期长,现时通用航空遥感业通常不愿承担诸如城镇区域等分散的小面积任务。因此,研究开发机动灵活、反应迅速,便于调机、可在任务现场择地就近起飞,并能适应小面积、大比例尺、高分辨率的低空遥感平台系统,对城镇空间基础影像信息获取具有重要的现实意义。

从航空摄影测量观点来看,无人飞艇应用于摄影测量方面主要有以下几点优势:①可飞得低、飞得慢,低速可减小像移,低空接近目标减弱了辐射强度损失,因此可容易地获取高分辨率、高清晰的目标影像,这是其他航天航空传感器所没有的优势,同时,飞得低则受空中管制的影响小,并且能在阴天云下飞行,减小了天气依赖性;②可靠性和安全性好,无机组人员随艇上天,可避免意外发生时危及生命安全;③内充氦气等轻于空气的气体,自重小;④飞行速度慢,对地面目标构成的威胁小;⑤可对建筑物盘旋,进行多侧面摄影,有利于三维城市建模纹理信息的获取;⑥机动性好,无须专门的机场起降;⑦使用成本低。

因此,通过在无人飞艇平台上集成稳定平台、测绘相机、机载飞控系统、图像后处理系统等设备或系统,形成无人飞艇数字摄影测量系统,在具体运作中具有机动灵活、快速反应的能力,可操作性强,有较高性能价格比的优势,对小面积地区性大比例尺地形图测绘、城镇空间信息获取与更新是一种理想的获取地面影像信息的遥感技术,可满足获取城镇基础空间影像信息发展的需要,且获取的遥感影像信息具有视野广阔、不受地形地物阻隔、快速准确、形象逼真、信息全面、特征突出、整体性好、可比性强,还可挖掘出影像上没有显示的不可见的潜在信息,这有利于对城镇进行全方位的分析研究。特别适用于中小城镇和大城市局部地区以及大型工程项目的大比例尺、高分辨率摄影遥感,是一种行之有效的、实用的城镇空间影像信息获取与更新的技术手段。

同时,无人飞艇用于航测时也有其有待发展的地方,由于无人飞艇应用尚未普及,民用航测类飞艇暂时都无法搭载专业的遥感传感器,因此,根据飞艇的情况,可考虑研发适应于飞艇的专业载荷,同时考虑平流层飞艇在测绘方面的应用。平流层飞艇飞行高度相对较高,艇体抗风能力有所提高,飞艇姿态稳定,且搭载的载荷视角大、像幅大、航拍效率高。随着低空、中高空无人驾驶飞艇遥感系统应用技术的完善,将与卫星遥感和普通航空摄影遥感互为技术补充获取遥感信息。

6. 空中预警

平流层飞艇的另一重要用途是空中预警。通过搭载红外摄像头、红外影像雷达等预警设备,可对海、陆、空、临近空间等实现大规模的立体监视和预警。相比于传统的预警机和预警卫星,平流层飞艇预警系统可对固定区域实现长达数月至数年的定点驻空预警,监视范围可达上千千米,并且预警系统保障成本更低。美国非常重视平流层飞艇空中预警系统,计划在未来 5~10 年构建出 10 余艘平流层飞艇用于美国本土的导弹防御预警、战区空情监视等。特别是对中东和南海等敏感地区,美国希望通过平流层飞艇实现对该地区可能产生的冲突进行长期的空中监测与预警。

平流层飞艇空中预警系统是通过搭载红外设备上升到 20km 以上的高层空间,拟对临近空间目标如高超声速战斗机、巡航导弹、弹道导弹、中低空飞行器以及海面舰队进行监视、预警。弹道导弹的助推段位于高空大气层中,其发动机尾焰的红外辐射强度很高,因此在远距离就能完成红外探测定位;对于中低空飞行器而言,飞行速度更低,也可以通过空中预警系统在较远距离发现。平流层飞艇搭载的红外雷达,在能量够大时,可对 1000km 外的空情进行早期预警;而对中低空目标也能实现 600km 外的预警。此外,平流层飞艇还可以机动到安全警戒线以外的区域,在战区上空组建临时空中预警平台,填补战时预警盲区。因此,平流层空中预警系统将在未来空天防御系统中占据重要地位。

7. 通信与组网

目前,在通信方面,国际电信联盟建议把平流层信息平台称为高空平台系统。虽然同步通信卫星覆盖范围宽、通信容量大,能够传送大量的数据并组成跨越各大洲的数据通路,但是它的延时大、建造费用高、系统组成及操作复杂、效率不高,且终端机的价格和技术风险高。

通常情况下,平台到目标的距离决定了其分辨率和灵敏度的高低。将平流层飞艇平台和典型的400km高的低地球轨道卫星进行比较,前者高度仅为后者的0.1~0.05,这就意味着,在平流层高度上同样尺寸的光学器件的分辨率要高于低地球轨道卫星10~20倍,无源式天线的灵敏度可以提升10~13dB,雷达和激光雷达等有源探测系统载荷的信号强度能够提升40~52dB。事实上,大多数通信卫星并非在400km高的轨道上,而是更高,显然在这种情况下其分辨率和灵敏度要更低。

近年来,空间以及近地空间的无线网络覆盖的概念已被提出,美国奥特莱斯(OUTLET)公司提出了利用微纳卫星提供全球无线局域网(WiFi)覆盖的创新概念,并已经开始进行演示试验。此外,谷歌公司(Google)提出了利用高空气球实现全球无线局域网覆盖的革命性的想法,以上两种概念,前者处于外太空层,后者处于平流层,皆采用无控制的飞行器作为载体,奥特莱斯公司计划的微纳卫星无线局域网要求的发射功率非常大,谷歌公司高空气球则由于平流层的大气东西方向流动,气球可以长期自由飞行,逐渐会造成各国的领空干扰,工程技术难度不高,但是政策难度非常大。

平流层的网路浮空器,其高度远远低于奥特莱斯公司的低轨飞行器,能搭载较大的载荷,具备更强的收发通信能力,如果实现了临近浮空器平台定点控制,其稳定覆盖能力又远远高于谷歌公司平流层气球无线网络全球覆盖计划。

由于可以回收重复使用,能够方便地追加新型的通信设备,快速更新通信系统,升级换代迅速,具有很强的灵活性。因为没有云、雨、雾的影响,在平流层飞艇间可以方便地构筑激光通信链路,构成大容量、高速度的通信网络。

用于宽带接入方面,可大大提高宽带接入速度和容量。欧盟投入600万欧元用于平流层平台在通信和宽带接入的研究计划,该计划的理论研究和试验验证结果表明,平流层飞艇提供的宽带接入速度可达Gb/s量级,是传统调制解调器速度的2000倍,是有线非对称数字用户环路(ADSL)接入速度的100倍。

通过研究临近空间浮空器之间的千兆带宽数据通信及协议,临近空间对地无线局域网等技术,突破地球到浮空器平台10~50km超高速网络传输技术,多通道传输技术,应对海量客户端或手持终端的快速网络路由技术以及网络浮空器之间的超高速传输技术,这一成果可构建适用于我国边缘地区、荒漠地区或者海上等局部覆盖的网络浮空器。

因此,作为一种新型的空中信息平台,基于长航时超压气球、平流层飞艇等的平流层网路通信系统,与通信卫星相比,通信往返延迟短、自由空间衰耗少,有利于实现通信终端的小型化、宽带化和对称双工的无线接入;与地面蜂窝系统相比,平流层平台的作用距离广、覆盖地区大、信道衰减小,因而发射功率可以显著减少。该平台不但大大降低了建设地面信息基础设施的费用,而且也降低了对基站周围的辐射污染。

另外,面向未来信息化发展趋势,未来长航时超压气球或者平流层飞艇平台也可作为通信中继系统,一旦具备实时数据传输能力,便可将飞机、卫星等其他平台的海量应用数据及时、准确地下传至地面接收站,实现几大系统间的组网和数据交换,嵌入到未来覆盖空、天、地、网的信息网络体系中,以网络为中心,实现空天地一体网络化运行,如图 11-1 所示。

图 11-1 艇载通信中继系统想象图

8. 作为空中投放、试验、发射、作战等综合平台

平流层飞艇由于其工作在临近空间环境,可用作空中投放、高空试验、空中发射与补给、空间作战武器的综合平台,并且临近空间的高度可以有效躲避敌军的侦查,直接到达战区前方上空,进行军用物资的投放与补给。

平流层飞艇平台作为高空科学试验平台也有它独特的优势。临近空间是高层大气层,其物理环境已和外太空相似,因此该平台也可搭载科学试验仪器完成类似卫星上的空间环境试验,飞艇平台的运行速度缓慢,平台更加稳定,可连续数月甚至数年不间断试验。并且相比于在卫星上试验,平流层飞艇可稳定降落,设备回收更加容易。随着空间武器研究发展的深入进行,平流层飞艇将成为空间武器的最佳试验平台。

近年来,近空间飞行器有望构建出一个"近空间站",可用作宇宙飞船从地面到轨道空间的高空中转站,也可作为第三方物资补给站。另外,美国的一些民用航空公司也提出了使用浮空器搭载火箭,让火箭在平流层以上的高层空间再点火发射,这样可以减少更多的燃料,释放火箭的起飞重量。当然,对于一些新概念武器设想,也可以将电磁干扰机、激光发射器等搭载到"近空间站",从而实现从临近空间对敌方进行打击。

参考文献

[1] Schmidt D K, Stevens J, Roney J. Near – Space Station – Keeping Performance of a Large High – Altitude Notional Airship [J]. Journal of Aircraft, 2007, 44(2):611 – 615.

[2] Cornella B M, Gimelshein S F, Gimelshein N E, et al. Analysis of Multi – Vane Radiometers in High – Altitude Propulsion[C]. 10th AIAA/ASME Joint Thermophysics and Heat Transfer Conference, Chicago, Illinois, 2010.

[3] Schmidt D K. Modeling and Near – Space Stationkeeping Control of a Large High – Altitude Airship[J]. Journal of Guidance, Control, and Dynamics, 2007, 30(2):540 – 547.

[4] Michael S S, Edward L R. Applications of Scientific Ballooning Technology to High Altitude Airships[C]. AIAA's 3rd Annual Aviation Technology, Integration, and Operations (ATIO) Forum, Denver, Colorado, 2003.

[5] Smith I S J, LeeM. The HiSentinel Airship[C]. 7th AIAA Aviation Technology, Integration, and Operations Conference, Belfast, Northern Ireland, 2007.

[6] Noll J. Determination of Lift Gas Leakage Rate for a Stratospheric Airship Hull[C]. 11th AIAA Aviation Technology, Integration, and Operations (ATIO) Conference, Virginia Beach, VA, 2011.

[7] Smith I S, lee M, Steve S, etal. HiSentinel80: Flight of a High Altitude Airship [C]. 11th AIAA Aviation Technology, Integration, and Operations (ATIO) Conference, Virginia Beach, VA, 2011.

[8] Young M, KeithS, PancottiA. An Overview of Advanced Concepts for Near Space Systems[C]. 45th AIAA/ASME/SAE/ASEE Joint Propulsion Conference and Exhibit, Denver, Colorado, 2009.

[9] Luke B. High Altitude LTA Platforms: Capabilities and Possibilities [C]. 5th AIAA Aviation Technology, Integration and Operations Conference (ATIO), Arlington, Virginia, 2005.

[10] Jenkins J, SamsundarJ, NeradkaV. A Design Methodology for Optimal Power Generation in High Altitude Airships Using Genetic Algorithms[C]. 3rd International Energy Conversion Engineering Conference, San Francisco, California, 2005.

[11] HorwathJ, Grace D, GiggenbachD, et al. Optical Communication from HAPs – Overview of the

Stratospheric Optical Payload Experiment[C]. 22nd AIAA International Communications Satellite Systems Conference and Exhibit 2004 (ICSSC), Monterey, California, 2004.

[12] CandidaSB, GremontD, TozerTC. The Performance of High – Altitude Platform Networks in Rainy Conditions[C]. 22nd AIAA International Communications Satellite Systems Conference and Exhibit 2004 (ICSSC), Monterey, California, 2004.

[13] TozerT, Hendrick P, SträterB. Developing a European Research Strategy in the High Altitude Aircraft and Airship Sector[C]. 7th AIAA ATIO Conf, 2nd CEIAT Int'l Conf on Innov and Integr in Aero Sciences, 17th LTA Systems Tech Conf, followed by 2nd TEOS Forum, Belfast, Northern Ireland, 2007.

[14] Ralf A S, Klaus H W. Flight Mechanicalmodelling of an Air Train Using Methods and Formulations of Multi – Body Systems[R]. Stuttgart University, 2001.

[15] Frank E, KroplinB H, Kornmann. New Possibilities in the Field of High Altitude Airships and Airships for Transportation, the Airworm Concept[R]. Stuttgart University, 2001.

[16] KornmannR, KroplinB H, EpperleinF. Flight Tests of a Remote Controlled Model of an LTA Vehicle Based on a New Airship Concept, the Airworm Principle[R]. Stuttgart University, 2001.

[17] RehmetMA, KropB H. Comparison Between Airship and Aircraft[C]. 3rd International Airship Convention and Exhibition in Friedrichshafen, 2000.

[18] Widiawan AK, Tafazolli R. High Altitude Platform Station (HAPS): A Review of New Infrastructure Development for Future Wireless Communications[J]. Wireless Personal Communications, 2007. (42):387 – 404.

[19] Eguchi K, Yokomaku Y. Overview of Stratospheric Platform Airship R&D Program in Japan [R]. 2nd Stratospheric Platform Systems Workshop, 2015, pp:12 – 15.

[20] OkayaS, Noboru S, SasaT, etal. R&D Status of RFC Technology for SPF Airship in Japan [C]. 9th Annual International Energy Conversion Engineering Conference, San Diego, California, 2011.

[21] HendrickP, HalletL, VerstraeteD. Comparison of Propulsion Technologies for a HALE Airship [C]. 7th AIAA ATIO Conf, Belfast, Northern Ireland, 2007.

[22] Lee S, Bang H. Three – Dimensional Ascent Trajectory Optimization for Stratospheric Airship Platforms in the Jet Stream[J]. Journal of Guidance, Control, and Dynamics 2007, (30): 1341 – 1351.

[23] High Altitude Airship (HAA) [EB/OL]. (2011 – 07 – 28). https://www.globalsecurity.org/intell/systems/haa.htm

[24] Knaupp W, Schafer I. Solar Powered Airship – Challenge and Chance[C]. The IEEE photovoltaic specialists conference, New York, 1993.

[25] 王海峰,宋笔锋,刘斌,等. 高空飞艇总体设计研究方法[J]. 西北工业大学学报,2007,25(1):56-60.

[26] 姚伟,李勇,王文隽,等. 平流层飞艇优化方法和设计参数敏感性分析[J]. 宇航学报,2007,28(6):1524-1528.

[27] 王钢林,罗明强,武哲. 临近空间浮空器总体参数的优化设计研究[J]. 航天控制,2008,26(2):9-14.

[28] Wang Q,Chen J,Fu G,et al. A Methodology for Optimisation Design and Analysis of Stratosphere Airship[J]. The Aeronautical Journal,2009,113(1146):533-540.

[29] Wang Q B,Chen J A,Fu G Y,et al. An Approach for Shape Optimization of Stratosphere Airships Based on Multi-Disciplinary Design Optimization[J]. Journal of Zhejiang University,2009,10(11):1609-1616.

[30] 任一鹏,田中伟,吴子牛. 飞艇空气动力学及其相关问题[J]. 航空学报,2010,31(3):431-443.

[31] Rajkumar SP. A Methodology for Determination of Baseline Specifications of A Non-Rigid Airship[C]. AIAA 3rd Annual Aviation Technology,Integration,and Operations (ATIO) Conference,Denver,Colorado,2003.

[32] Khoury G A,Gillett J D. Airship Technology[M]. Cambridge:Cambridge University Press,1999.

[33] Zhao Y J,Garrard W L,Mueller J. Benefits of Trajectory Optimization in Airship Flights[C]. AIAA 3rd "Unmanned Unlimited" Technical Conference,Workshop and Exhibit,Chicago,Illinois;2004.

[34] 赵攀峰,刘传超. 平流层飞艇总体参数估算[J]. 航空科学技术,2006,(5):37-39.

[35] Gawale A C,Raina A A,Rajkumar S P,et al. Design,Fabrication And Flight Testing Of Remotely Controlled Airship[C]. 26th International Congress of the Aeronautical Science. ICAS 2008.

[36] Vinit G,Prakhil B,Amol G,et al. Design and Fabrication of an Aerostat for Wireless Communication in Remote Areas[C]. AIAA7th ATIO Conf,Belfast,Northern Ireland,2007.

[37] 任鹏,王大华,余刃. 飞艇浮升力随高度变化规律的研究[J]. 海军工程大学学报,2007,19(1):108-112.

[38] 张博,王大华. 对流层飞艇净浮力变化规律的仿真研究[J]. 海军工程大学学报,2009,21(1):107-112.

[39] 刘长安,罗向前,裘伟. 基于某低空飞艇压力高度及载荷能力的研究[J]. 计算机仿真,2008,25(7):38-41.

[40] Kunihisa E,Tsutomu F. Research Progress in Solar Power Technology for SPF Airship[J]. Yokosuka Research Park,SPSW1999,5.

[41] Hoshino T, Okaya S, Fujiwara T, et al. Design and Analysis of Solar Power System for SPF Airship operations[C]. AIAA 13th Lighter – Than – Air Systems Technology Conference,1999.

[42] KhouryGA,Gillett J D. 飞艇技术[M]. 王生译. 北京:科学出版社,2007.

[43] 谭惠丰,刘羽熙,刘宇艳,等. 临近空间飞艇蒙皮材料研究进展和需求分析[J]. 复合材料学报,2012,29(6):1 – 7.

[44] 李斌太,邢丽英,周正刚,等. 高性能蒙皮材料力学性能研究[J]. 材料工程 2010,(12):1 – 4,13.

[45] 刘军虎,刘振辉,纪雪梅等. 平流层飞艇蒙皮材料的研究现状[J]. 信息记录材料,2016,17(2):1 – 5.

[46] 王琳. 飞艇囊体材料的研究与研制[D]. 上海:东华大学,2007.

[47] MaekawaS,ShibasakiK,KuroseT,et al. Tear Propagation of a High – Performance Airship Envelope Material[J]. Journal of Aircraft,2008,45(5):1546 – 1553.

[48] 王全保,陈吉安,段登平,等. 平流层飞艇外形的设计优化[J]. 计算机仿真,2010,27(09):44 – 47,87

[49] 杨留义. 囊体结构设计及其气弹特性计算分析[D]. 哈尔滨:哈尔滨工业大学,2012.

[50] Domenico F. Employ of the Pneumatic Structures in the Unconventional Airship Design[C]. AIAA Balloon Systems Conference,Williamsburg,VA:2007.

[51] Chen WJ,Zhang DX. Equilibrium Configuration Analysis of Non – Rigid Airship Subjected to Weight and Buoyancy[C]. 11th AIAA Aviation Technology, Integration, and Operations (ATIO) Conference,Virginia Beach,VA:2011.

[52] Chen Y F, Chen W J, He Y L, et al. Vibration Characteristic Analysis and Experiment of Non – Rigid Airship with Suspended Curtain[J]. Journal of Shanghai Jiaotong University (Science),2015,(20):625 – 633.

[53] US Department of Transportation, Federal Aviation Administration: Airship Design Criteria [R]. NO. FAA – P – 8110 – 2.

[54] 肖薇薇,陈务军,付功义. 双轴椭球体柔性飞艇外气囊膜剪裁设计与分析方法[J]. 空间结构,2007,13(4):55 – 57,42.

[55] 陈务军,肖薇薇,任小强,等. 大型柔性飞艇外囊体裁剪设计分析方法[C]. 2007 年中国浮空器大会,北京:2007.

[56] Maekawa S,Saito K. The Effect of Ballonet Slosh on an Airship's Longitudinal Motion[J]. Trans. Japan Soc. Aero. Space Sci,2004,47(155):44 – 50.

[57] 游颖捷,糜攀攀,吕明云,等. 基于副气囊耦合的飞艇纵向运动影响分析[J]. 北京航空航天大学学报,2016,42(6):1303 – 1310.

[58] 何泽青,顾逸东,王生,等. 系留气球压差与球体应力变化关系研究[J]. 计算机仿真,

2009,26(2):96 - 100,117.

[59] 张衍垒,李兆杰,张向强. 平流层飞艇光伏能源系统总体参数设计与计算[J]. 太阳能学报,2013,34(2):283 - 288.

[60] 王海峰,宋笔锋,苏建民,等. 高空飞艇薄膜太阳能电池内辐射量计算研究[J]. 太阳能学报,2006,27(8):819 - 823.

[61] David S. Modeling and Near - Space Station keeping Control of a Large High Altitude Airship [J]. Journal of Guidance, Control, and Dynamics,2007,30(2):540 - 547.

[62] Jason E J, John S, Vincent F N. A Design Methodology for Optimal Power Generation in High Altitude Airships Using Genetic Algorithms [C]. 3rd International Energy Conversion Engineering Conference, San Francisco, California:2005.

[63] Liu J, Wang Q B, Chen J, et al. Reliability Analysis for the Power and Propulsion System of Stratospheric Airship[J]. Applied Mechanics and Materials,2012,(225):511 - 516.

[64] 陈声麒. 飞艇推进系统参数优化匹配与验证方法研究[D]. 西安:西北工业大学,2015.

[65] 陈声麒,宋笔锋,王海峰. 高空飞艇推进系统参数匹配设计[J]. 西北工业大学学报,2013,31(4):530 - 534.

[66] 邱国平,丁旭红. 永磁直流无刷电机实用设计及应用技术[M]. 上海:上海科学技术出版社,2015.

[67] 周星,彭桂林,吴晴. 平流层飞艇推进系统设计及其关键技术[C]. 第三届高分辨率对地观测学术年会,长沙:2014.

[68] 宋笔锋,王海峰,杨旭东. 平流层飞艇推进系统研究进展与挑战[C]. 第三届高分辨率对地观测学术年会,长沙:2014.

[69] 张成明,李立毅. 高效率高功率密度电机系统关键技术研究[C]. 第三届高分辨率对地观测学术年会,长沙:2014.

[70] 何琳琳,窦满锋,王光伟. 平流层飞艇电推进系统研究[J]. 微特电机,2009,(12):9 - 12.

[71] 刘沛清. 空气螺旋桨理论及其应用[M]. 北京:北京航空航天大学出版社,2006.

[72] 余东旭. 飞行器结构设计[M]. 西安:西北工业大学出版社,2010.

[73] Nie Y, Zhou J H, Yang Y C, et al. Kinetic Analysis of Vectored Electric Propulsion System Used for Stratosphere Airship[J]. Trans. Nanjing Univ. Aero. Astro.,2016,33(5):559 - 565.

[74] 焦俊,宋笔锋,张玉刚,等. 高空飞艇螺旋桨优化设计与气动性能车载试验[J]. 航空动力学报,2017,32(1):196 - 202.

[75] 张东宁,王洪武,赛庆毅,等. 电机用平流层环境模拟实验装置[C]. 第二届高分辨率对地观测学术年会,北京:2013.

[76] 张泰华,聂营,李兆杰.一种在地面测试高空螺旋桨及其支架振动的方法:中国,CN201310481658.4[P].2016-05-25.

[77] 向星居,马洪强,刘鹏.飞艇飞行试验特种天平研制[C].中国空气动力学会测控技术专委会第六届四次学术交流会,襄阳:2013.

[78] Ma H Q, Yang H, et al. Measuring Technology of Airship Propeller Thrust and Torque in China Academy of Aerospace Aerodymnamics[C]. World Academy of Science, Engineering and Technology International Journal of Aerospace and Mechanical Engineering,2016.

[79] 蔡满意.飞行控制系统[M].北京:国防工业出版社,2007.

[80] 苗景刚.平流层飞艇压力-动力学耦合建模与控制方法研究[D].北京:中国科学院大学.2017.

[81] 周江华.平流层飞艇运动控制律与定点控制律设计[D].北京:中国科学院研究生院博士后出站报告,2009.

[82] 李智斌,吴雷,张景瑞,等.平流层飞艇动力学与控制研究进展[J].力学进展,2012,42(4):482-493.

[83] Chen L, Duan D P. Attitude Control of Stratospheric Airship with Ballonets and Elevator[C]. 32nd Chinese Control Conference, Xi'an, China:2013.

[84] Mueller J B, Paluszek M A, Zhao Y. Development of an Aerodynamic Model and Control Law Design for a High Altitude Airship[C]. AIAA 3rd "Unmanned Unlimited" Technical Conference, Workshop and Exhibit, Chicago, Illinois:2004.

[85] Li Y W, Nahon M. Modeling and Simulation of Airship Dynamics[J]. Journal of Guidance, Control, and Dynamics,2007,30(6):1691-1700.

[86] 于志坚.航天测控系统工程[M].北京:国防工业出版社,2008:568-589.

[87] 季晓光,李屹东.美国高空长航时无人机-RQ-4"全球鹰"[M].北京:航空工业出版社,2011:84-128.

[88] 李奇.基于中继卫星的无人飞行器组网体制研究[J].无线电工程,2015,45(4):1-4.

[89] 徐亦唐.浅谈现代测控技术的发展及其应用[J].科技资讯,2013,(11):35-36.

[90] 樊恒海,杨开忠.我国跟踪与数据中继卫星地面系统建设的几点设想[C].航天测控技术研讨会,成都:2002.

[91] 杨志群,曲晓云.低轨航天器中继测控终端固定宽波束天线覆盖研究[J].航天器工程,2015,24(2):81-86.

[92] 翟政安.下一代数据中继卫星系统发展思考[J].飞行器测控学报,2016,35(2):89-97.

[93] 钱卫平,吴斌.碧空天链-探究测控通信与搜索救援[M].北京:中国宇航出版社,2011:126-153.

[94] 刘嘉兴.飞行器测控通信工程[M].北京:国防工业出版社,2010:388-420.

[95] 何友金,吴凌华,任建存,等. 靶场测控概论[M]. 济南:山东大学出版社,2009:98-134.

[96] 刘嘉兴. 飞行器测控与信息传输技术[M]. 北京:国防工业出版社,2011:13-25.

[97] 柴霖,吴潜,雷厉. 近空间高动态飞行器测控系统发展趋势分析[J]. 电讯技术,2008,48(1):13-19.

[98] 柴霖. 临近空间测控系统技术特征分析[J]. 宇航学报,2010,31(7):1697-1705

[99] Kohno T, Flight Control of Low Altitude Stationary Flight Test Vehicle[C] The Fifth Stratospheric Platform Systems Workshop Proceedings, Tokyo, Japan:2005.

[100] Nakadate M. Flight Test Overview of Low Altitude Stationary Flight Test Vehicle[C]. The Fifth Stratospheric Platform Systems Workshop Proceedings, Tokyo, Japan:2005.

[101] Harada K. Buoyancy Control of Ground to Stratosphere/Low Altitude Stationary Flight Test Vehicles[C]. The Fifth Stratospheric Platform Systems Workshop Proceedings, Tokyo, Japan:2005.

[102] Shoji M, Masaaki N. Structures of the Low - Altitude Stationary Flight Test Vehicle [J]. Journalof Aircraft,2007,44(2):662-666.

[103] Lockheed Martin to Build High Altitude Airship Under $149.2 Million Missile Defense Agency Contract[EB/OL]. (2005-12-30). http://www.lockheedmartin.com/.

[104] Gao. Future Aerostat and Airship Investment Decisions Drive Oversight and Coordination Needs[R]. October 2012. GAO-13-81 Defense Acquisitions.

[105] JAXA. Ground-to-Stratosphere Flight Test and Evaluation of Materials and Structure for Stratospheric Airship Test Vehicle[R]. Tokyo:Japan Aerospace Exploration Agency,2004.

[106] Androulakakis S P, Judy R A. Status and Plans of High Altitude Airship(HAATM) Program [C]. Proceedings of AIAA Lighter-Air Systems Technology(LTA) Conference, Reston, 2012.

[107] Michael L, Steve S, Stavros A. The High Altitude Lighter Than Air Airship Efforts at the US Army Space and Missile Defense Command/Army Forces Strategic Command[C]. 18th AIAA Lighter-Than-Air Systems Technology Conference, Seattle, Washington,2009.

[108] Lockheed Martin:High Altitude Airship[EB](2014-11-10). http://www.lockheedmartin.com/us/products/lighter-than-air-vehicles/.

[109] 赵达,刘东旭,孙康文,等. 平流层飞艇研制现状、技术难点及发展趋势[J]. 航空学报,2016,37(1):45-56.

[110] Frank N, Haverford P. High altitude multi-Stage Data Acquisition System and Method of Launching Stratospheric Altitude Air-Buoyant Vehicles:USA. PCT/4995572[P]. 1991-02-26.

[111] Khaleelullah S, Bhardwaj U, PantRS. Design, Fabrication and Testing of Mooring Masts for

Remotely Controlled Indoor and Outdoor Airships[J]. Journal of the Institution of Engineers (India),2016,(97):257 – 277.

[112] Takashi K,Shuichi S. Control and Guidance of Low Altitude Stationary Flight Test Vehicle [C]. AIAA 5th Aviation,Technology,Integration,and Operations Conference (ATIO),Arlington,Virginia,2005.

[113] ZhuW Y,XuY M,Li J,et al. Research on Optimal Solar Array Layout for Near – Space Airship with Thermal Effect[J]. Solar Energy,2018,(170):1 – 13.

[114] Munk M M. The Aerodynamic Forces on Airship Hulls[R]. NACA Rep. 184,1924.

[115] Allen H J,Perkins E W. A Study of Effects of Viscosity Onflow Over Slender Inclined Bodies of Revolution[R]. NACARep. 1048,1950.

[116] WardlawA B. High – Angle – of – Attack Missile Aerodynamics:Missile Aerodynamics[R]. AGARD Lecture Series 98,1979.

[117] Jones S P,DeLaurier J D. Aerodynamic Estimation Techniques for Aerostats and Airships [J]. Journal of Aircraft,1983,20(2):120 – 126.

[118] Mueller J B,Paluszek M A,Zhao Y. Development of an Aerodynamic Model and Control Law Design for a High Altitude Airship[C]. AIAA 3rd "Unmanned Unlimited" Technical Conference,Workshop and Exhibit,Chicago,Illinois:2004.

[119] 苗景刚,杨新,周江华. 飞艇气动力半经验模型及其参数辨识[C]. 2007 年中国浮空器大会,北京:2007.

[120] 王晓亮,单雪雄. 平流层飞艇艇身外形研究[J]. 宇航学报,2011,32(3):457 – 461

[121] Hoerner S F. Fluid dynamic drag[M]. Hoerner fluid dynamics,Bakersfield CA,1965.

[122] 李峰,叶正寅. 平流层飞艇空气动力学研究进展[J]. 华东交通大学学报,2008,25 (1):24 – 27.

[123] 张中昱. 平流层飞艇气动特性的数值模拟研究[D]. 哈尔滨:哈尔滨工业大学,2014.

[124] Cui Y X,Yang Y C,Zhou J H,et al. Numerical Aerodynamic Investigations on Stratospheric-Airships of Different Tail Configurations[C]. IEEE Aerospace Conference,Big Sky,MT,USA:2015.

[125] 刘强,杨燕初,崔燕香,等. 带太阳能电池的平流层飞艇热特性建模与仿真[C]. 2016 年中国浮空器大会,东莞:2016.

[126] 杨世铭,陶文铨. 传热学(第 4 版)[M]. 北京:高等教育出版社,2006.

[127] 王福军. 计算流体动力学分析(第 1 版)[M]. 北京:清华大学出版社,2004.

[128] Liu Q,Yang Y C,Cui Y Z,et al. Thermal performance of stratospheric airship with photovoltaic array [J]. Advances in Space Research,2017,59(6):1486 – 1501.

[129] 崔尔杰. 近空间飞行器研究发展现状及关键技术问题[J]. 力学进展,2009,39(6):658 – 673.

[130] 尹志忠,李强. 近空间飞行器及其军事应用分析[J]. 装备指挥技术学院学报,2006, 17(5):64-68.

[131] 李联合,程建,王庆. 美军临近空间飞艇项目建设情况及启示[J]. 装备学院学报, 2015,26(1):63-67.

[132] 秦利宇,戴秋敏. 平流层浮空器的现状和技术趋势[J]. 科技创新与应用,2020,(1): 156-157.

[133] 王彦广,王伟志,黄灿林. 平流层飞行器技术的最新发展[J]. 航天返回与遥感,2019, 40(2):1-13.

[134] 胡文琳,丛力田. 平流层飞艇预警探测技术进展及应用展望[J]. 现代雷达,2011,33 (1):5-7.

[135] 王彦广,李健全,李勇,等. 近空间飞行器的特点及其应用前景[J]. 航天器工程, 2017,16(1):50-57.

[136] 鲁亚飞,邓小龙. 平流层飞艇光电载荷技术特点与应用模式[J]. 飞航导弹,2019, (8):65-70.

[137] 马明,陈凤贵,蒋雪莲. 平流层飞艇大气海洋环境探测应用分析[C]. 2011年中国浮空器大会,荆门:2011.

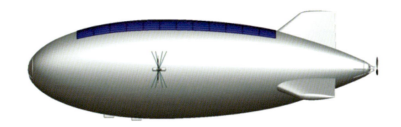

图1-1 平流层飞艇概念图

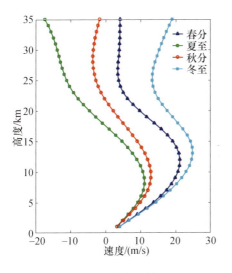

图1-4 纬向风剖面

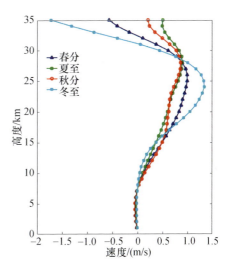

图1-5 经向风剖面

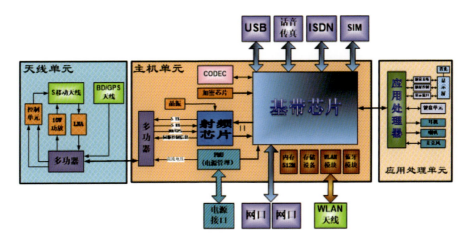

图7-9 车载终端模块组成

彩1

图 10-3　倒 Y 形尾翼构型

图 10-4　十字形尾翼构型

图 10-5　X 形尾翼构型

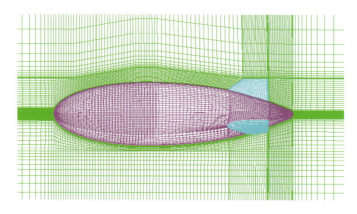

图 10-6　倒 Y 形尾翼飞艇周围网格

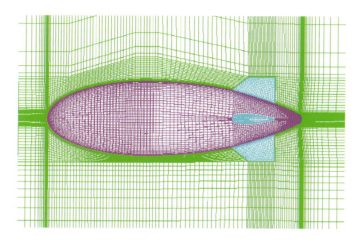

图 10-7 十字形尾翼飞艇周围网格

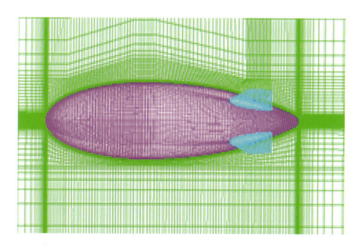

图 10-8 X 形尾翼飞艇周围网格

图 10-9 Lotte 艇带尾翼计算模型

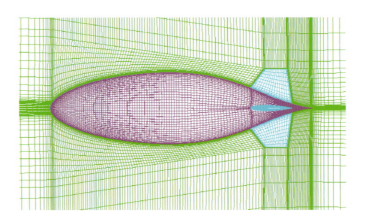

图 10-10 Lotte 艇体与尾翼周围及对称面网格

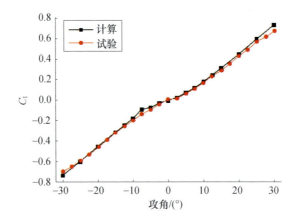

图 10-11 Lotte 十字形尾翼艇计算与试验升力系数

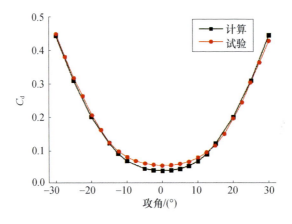

图 10-12 Lotte 十字形尾翼艇计算与试验阻力系数

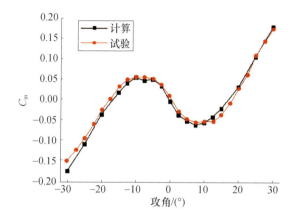

图 10-13 Lotte 十字形尾翼艇计算与试验俯仰力矩系数

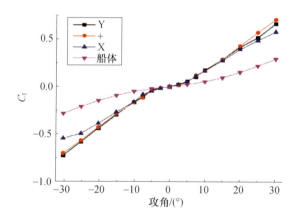

图 10-14 3 种尾翼飞艇与裸艇体的升力系数

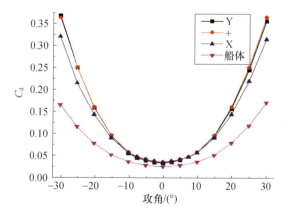

图 10-15 3 种尾翼飞艇与裸艇体的阻力系数

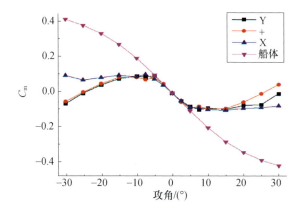

图 10-16　3 种尾翼飞艇与裸艇体的俯仰力矩系数

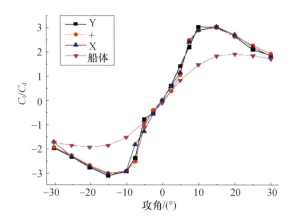

图 10-17　3 种尾翼飞艇与裸艇体的升阻比

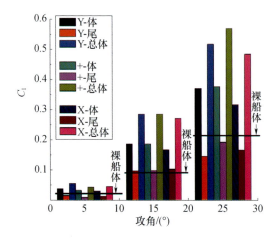

图 10-18　不同尾翼布局中部件对升力系数的影响

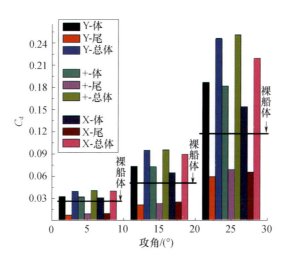

图 10-19　不同尾翼布局中部件对阻力系数的影响

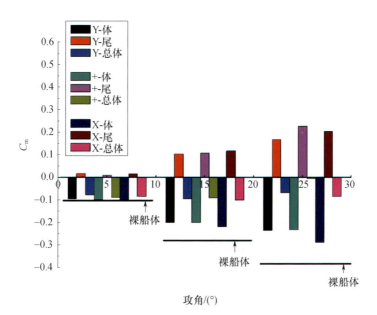

图 10-20　不同尾翼布局中部件对俯仰力矩系数影响

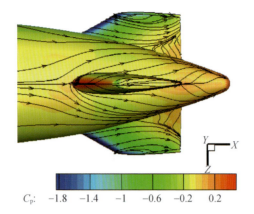

图 10-21 倒 Y 形尾翼飞艇表面极限流线（$\alpha = 15°$）

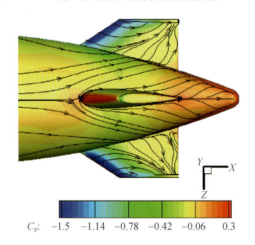

图 10-22 十字形尾翼艇表面极限流线（$\alpha = 15°$）

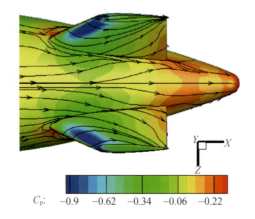

图 10-23 X 形尾翼艇表面极限流线（$\alpha = 15°$）

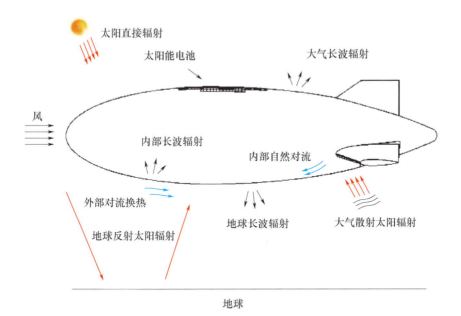

图 10-24　平流层飞艇热环境

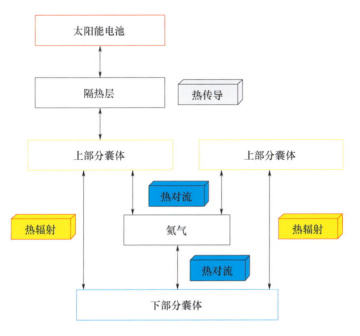

图 10-25　平流层飞艇各节点换热关系

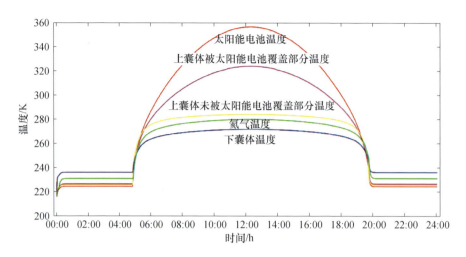

图 10-26 平流层飞艇各节点平均温度数据

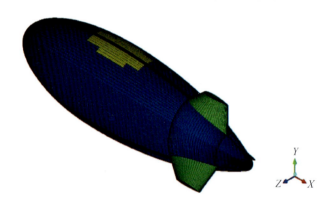

图 10-27 平流层飞艇热特性计算网格

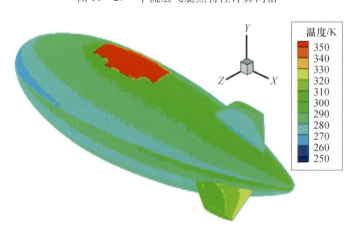

图 10-28 平流层飞艇表面温度分布

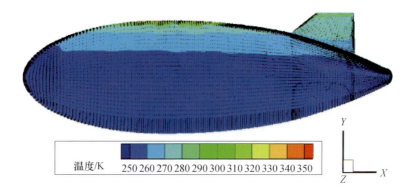

图 10-29 平流层飞艇内部纵截面温度场和流场分布

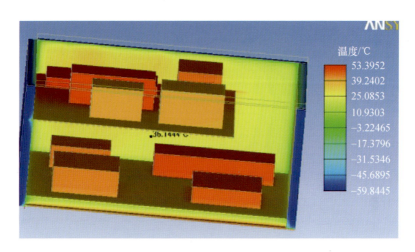

图 10-30 内部设备热分布情况

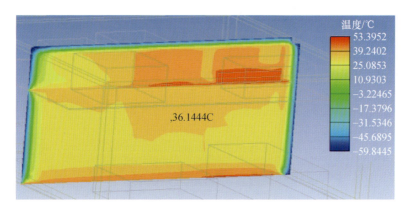

图 10-31 内部温度切面示意图

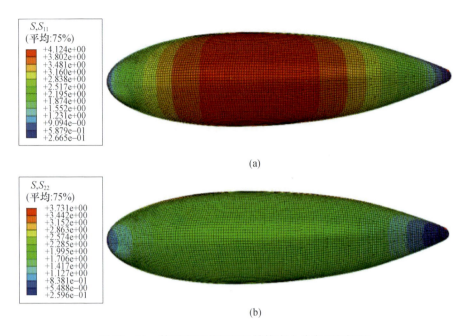

图 10-34　某平流层飞艇柔性结构应力分布(见彩图)

(a)纬向应力;(b)经向应力。

图 10-35　某平流层飞艇三维模型

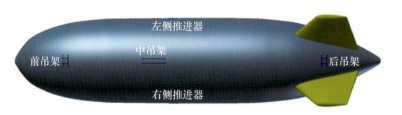

图 10-36　吊架结构分布

图 10-37　飞艇有限元网格图

图 10-38　飞艇内压加载

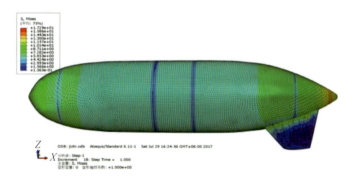

图 10-39　总体应力分布

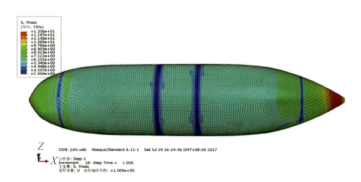

图 10-40　艇体应力分布

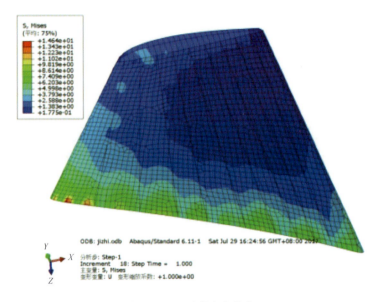

图 10-41　尾翼应力分布

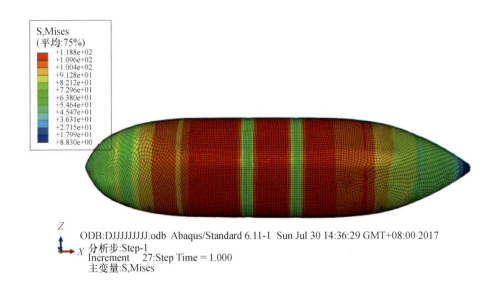

图 10-42　艇体应力分布

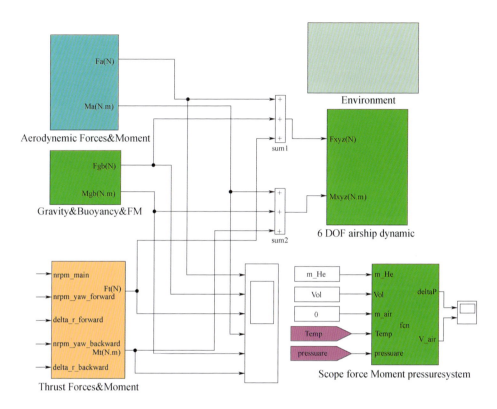

图 10-44 基于 Matlab/Simulink 的飞艇动力学数字仿真模型

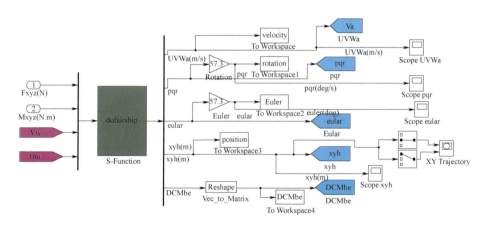

图 10-45 动力学积分模块

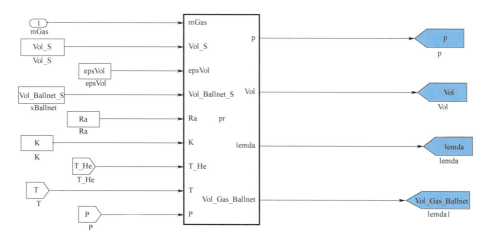

图 10-46 压力系统模块

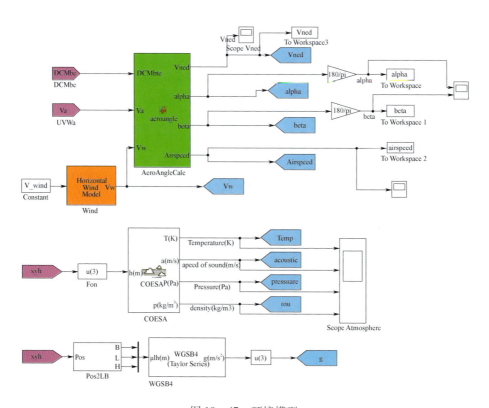

图 10-47 环境模型

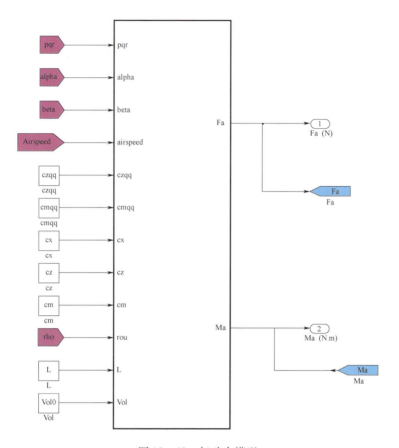

图 10-48 气动力模型

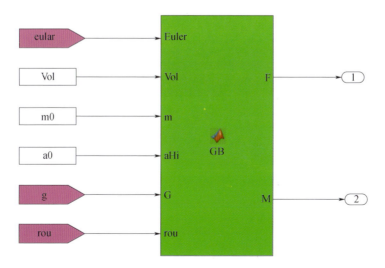

图 10-49 重浮力模型

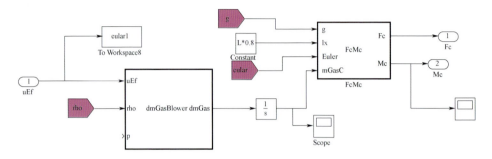

图 10-50　调姿副气囊受力模型

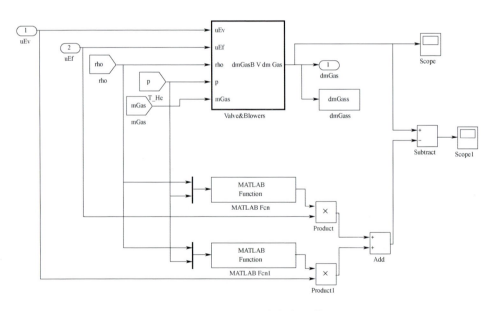

图 10-51　风机和排气阀伺服模型

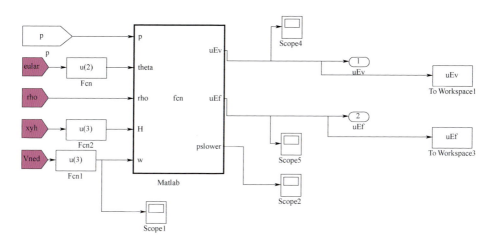

图 10-52 压力控制器

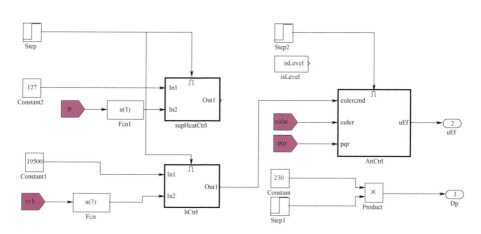

图 10-53 平飞阶段控制器

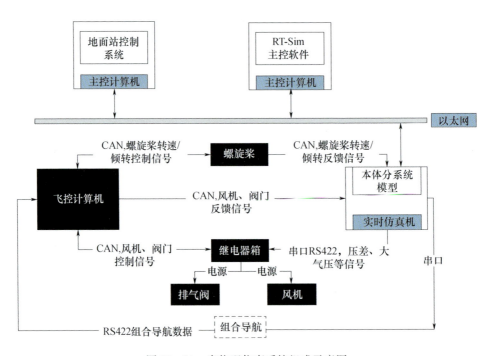

图 10-54 半物理仿真系统组成示意图